Physik in Formeln und Tabellen

Joachim Berber · Heinz Kacher · Rudolf Langer

Physik in Formeln und Tabellen

13. Auflage

Springer Spektrum

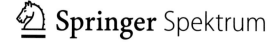

Joachim Berber
Coburg, Deutschland

Rudolf Langer
Coburg, Deutschland

Heinz Kacher
Coburg, Deutschland

ISBN 978-3-658-21804-1

Die Deutsche Nationalbibliothek verzeichnet diese Publikation in der Deutschen Nationalbibliografie; detaillierte bibliografische Daten sind im Internet über http://dnb.d-nb.de abrufbar.

Springer Spektrum
Die erste Auflage des Buches erschien 1975 unter dem gleichen Namen im Verlag Handwerk und Technik.

Verantwortlich im Verlag: Margit Maly

Gedruckt auf säurefreiem und chlorfrei gebleichtem Papier

Springer Spektrum ist ein Imprint der eingetragenen Gesellschaft Springer Fachmedien Wiesbaden GmbH und ist ein Teil von Springer Nature
Die Anschrift der Gesellschaft ist: Abraham-Lincoln-Str. 46, 65189 Wiesbaden, Germany

Vorwort

In der vorliegenden Formelsammlung findet der Benutzer außer Gleichungen, die allgemeine Gesetze kurz beschreiben, vor allem solche Formeln, welche für Berechnungen unter speziellen Bedingungen gebraucht werden. Derartige Rechnungen sind bei Übungs- und Prüfungsaufgaben durchzuführen, wie sie in Physikvorlesungen und im Physikpraktikum an Hochschulen vorkommen, besonders im praxisbezogenen Bereich. Es wurden daher auch viele Gebiete aus der angewandten Physik berücksichtigt, die zu den entsprechenden technischen Fächern hinführen.

Zu jeder physikalischen Größe wird die Einheit des Internationalen Maßsystems (SI) angegeben. Andere gebräuchliche Einheiten findet man ebenfalls, zusammen mit der Umrechnungsgleichung. Formelzeichen sind kursiv gedruckt und Einheiten steil, ebenso wie Zahlen und Buchstaben, die Stellvertreter für Zahlen sind. Eine physikalische Größe X ist das Produkt aus ihrem Zahlenwert $\{X\}$ und ihrer Einheit $[X]$.

Die Worterklärung der in den Formeln stehenden Zeichen wird durch zahlreiche Skizzen verdeutlicht. Konsequent wird zwischen Vektorgröße, -betrag und -koordinate, sowie zwischen Momentan-, Scheitel-, und Mittelwert, Zustands- und Übergangsgrößen unterschieden. Wichtige Konstanten stehen bei den entsprechenden Formeln oder im Tabellenanhang.

Die differenzierte Gliederung mit den drucktechnisch herausgehobenen Überschriften erleichtert zusammen mit dem ausführlichen Sachwortverzeichnis das schnelle Auffinden einer gesuchten Größe oder Gleichung.

Die Autoren

Inhaltsverzeichnis

1 Mechanik des Massenpunktes und der festen Körper 9

1.1 Statik ... 9
1.2 Klassische Kinematik ... 15
1.3 Klassische Dynamik ... 19
1.4 Gravitation und Satellitenbewegung ... 26
1.5 Relativitätsmechanik ... 29

2 Mechanik der Fluide (Flüssigkeiten und Gase) 33

2.1 Ruhende Fluide ... 33
2.2 Stationäre Strömungen inkompressibler Fluide ... 36

3 Mechanische Schwingungen und Wellen. Akustik 39

3.1 Längs- und Drehschwingungen ... 39
3.2 Sinuswellen ... 46
3.3 Ausbreitungsgeschwindigkeit von mechanischen Wellen ... 49
3.4 Schallfeld in Fluiden ... 50
3.5 Schallschluckung ... 53
3.6 Raumakustik ... 54
3.7 Bauakustik ... 54

4 Kalorik 56

4.1 Lineare Änderung der Ausdehnung, der Spannung und des Druckes mit der Temperatur ... 56
4.2 Thermische Zustandsgleichung von Gasen ... 57
4.3 Hauptsätze der Thermodynamik ... 59
4.4 Kalorimetrie ... 61
4.5 Zustandsänderungen idealer Gase ... 62
4.6 Ungeordnete (thermische) Bewegung von Molekülen ... 63
4.7 Stationärer Wärmetransport ... 65
4.8 Temperaturstrahlung ... 67
4.9 Nichtstationärer Wärmetransport ... 68
4.10 Feuchtigkeit ... 69

5 Elektrik und Magnetik 71

5.1 Elektrische Potentialfelder in homogenen, isotropen Medien ... 71
5.2 Gleichstrom ... 76
5.3 Magnetische Felder in homogenen, isotropen Medien ... 80
5.4 Elektromagnetische Induktion ... 83
5.5 Wechselstrom ... 86
5.6 Elektromagnetische Schwingungen ... 90
5.7 Elektromagnetische Wellen ... 93
5.8 Freie Ladungsträger in elektrischen und magnetischen Feldern ... 96
5.9 Stromleitung ... 98

6 Optik 102

6.1 Reflexion und Brechung ... 102
6.2 Paraxiale Abbildung in Luft ... 104
6.3 Wellenoptik ... 108
6.4 Optische Instrumente ... 112
6.5 Strahlung und Photometrie ... 113

7 Quantenmechanik und Atombau 116

7.1 Photonen ... 116
7.2 Wellenmechanik ... 117
7.3 Atomhülle ... 118
7.4 Aufbau und Umwandlung des Atomkerns ... 121
7.5 Wechselwirkung ionisierender Strahlung mit Materie ... 125
7.6 Systeme freier Teilchen ... 128

8 Tabellen 129

Dezimale Vielfache und Teile von Einheiten ... 129
Tab. 1 Allgemeine Konstanten ... 129
Tab. 2 Atome und Atombausteine ... 129
Tab. 3 Astronomische Daten ... 130
Tab. 4 Planetendaten ... 130
Tab. 5 Fläche A, Volumen V, Schwerpunkt S, Flächenmoment 2. Grades I und Hauptträgheitsmoment J ... 131
Tab. 6a Dichte ϱ fester Stoffe ... 132
Tab. 6b Dichte ϱ von Flüssigkeiten ... 132
Tab. 6c Dichte ϱ_n von Gasen ... 132
Tab. 7 Elastizitätsmodul E, Kompressionsmodul K und Poissonzahl μ ... 132
Tab. 8 Reibungszahlen μ' bzw. μ für Haft- bzw. Gleitreibung ... 133
Tab. 9 Rollreibungszahlen μ_R ... 133
Tab. 10 Rollreibungslänge f ... 133
Tab. 11 Kompressionsmodul K von Flüssigkeiten ... 133
Tab. 12 Kapillaritätskonstante σ von Flüssigkeiten ... 133

Tab. 13 Dynamische Viskosität η 133
Tab. 14 Eigenschaften von Wasser in Abhängigkeit von der Temperatur ϑ 134
Tab. 15 Widerstandsbeiwerte (Richtwerte) c_W 134
Tab. 16 Schallgeschwindigkeit c 134
Tab. 17 Bewerteter Schallpegel L_A 135
Tab. 18 Schallabsorptionsgrad α von Schallabsorbern 135
Tab. 19 Schallschluckung A' von Schallabsorbern 135
Tab. 20 Raumvolumen V und optimale Nachhallzeit T 135
Tab. 21 Längenausdehnungskoeffizient α von festen Stoffen 136
Tab. 22 Volumenausdehnungskoeffizient γ von Flüssigkeiten 136
Tab. 23 Sättigungsdruck p_s von Dämpfen 136
Tab. 24 Kritische Temperatur T_k und kritischer Druck p_k 136
Tab. 25 Kalorimetrische Werte 137
Tab. 26 Baustoffkennwerte 138
Tab. 27 Wärmeübergangswiderstände $1/\alpha$ nach DIN 4108 138
Tab. 28 Wärmedurchlaßwiderstand $1/\Lambda$ von Luftschichten 139
Tab. 29 Emissionsgrad ε (Gesamtstrahlung) von Oberflächen bei der Temperatur ϑ 139
Tab. 30 Absorptionsgrad α von Baustoffen und Anstrichen 139
Tab. 31 Sättigungsdruck (-dichte) p_s, (ϱ_s) von Wasserdampf in Abhängigkeit von der Temperatur ϑ 139
Tab. 32 Permittivitätszahl ε_r 140
Tab. 33 Spezifischer Widerstand ϱ und Temperaturkoeffizient α 140
Tab. 34 Dichtebezogene magnetische Suszeptibilität $\varkappa_m$ von para- und diamagnetischen Stoffen 140
Tab. 35 Daten einiger Thermoelemente 141
Tab. 36 Ionenbeweglichkeit b_+ und b_- in stark verdünnter wäßriger Lösung 141
Tab. 37 Hall-Konstante R_H 141
Tab. 38 Mengenkonstante A_r und Austrittsarbeit ΔW_A der thermischen Elektronenemission 141
Tab. 39 Brechzahl n und Abbezahl ν für verschiedene Wellenlängen λ_L 141
Tab. 40 Grenzwinkel ε_G der Totalreflexion 142
Tab. 41 Spektrale Hellempfindlichkeit $V(\lambda)$ des menschlichen Auges für Tagsehen 142
Tab. 42 Schwächungskoeffizient μ für Photonenstrahlung 142
Tab. 43 γ-Dosiskonstante K_γ für Punktquellen 142
Tab. 44 Bewertungsfaktor q der Äquivalentdosis 142
Tab. 45 Auswahl an Radionukliden 143
Tab. 46 Natürliche Umwandlungsreihen 144
Tab. 47 Auswahl an Teilchen und Antiteilchen 144

Periodensystem der Elemente (PSE) 145

Sachwortverzeichnis 153

Griechisches Alphabet

A α alpha	Z ζ zeta	Λ λ lambda	Π π pi	Φ φ phi
B β beta	H η eta	M μ mü	P ϱ rho	X χ chi
Γ γ gamma	Θ ϑ theta	N ν nü	Σ σ sigma	Ψ ψ psi
Δ δ delta	I ι iota	Ξ ξ xi	T τ tau	Ω ω omega
E ε epsilon	K $\varkappa$ kappa	O o omikron	Y υ ypsilon	

1 Mechanik des Massenpunktes und der festen Körper

1.1 Statik

1.1.1 Grundgrößen

Länge[1]) l (r, d, …) einer Strecke oder Kurve — *Einheit*: **1 Meter m**

Ortskoordinaten x, y, z eines Punktes P — *Einheit*: 1 m

Ortsvektor $\vec{r} = \begin{pmatrix} x \\ y \\ z \end{pmatrix}$

$$\vec{r} = x\,\vec{e}_x + y\,\vec{e}_y + z\,\vec{e}_z$$

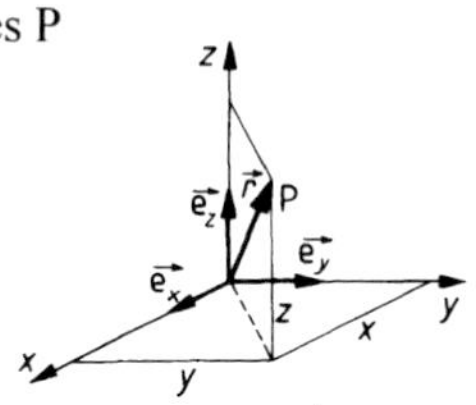

x, y, z Ortskoordinaten (skalare Komponenten)

$$\vec{e}_x = \begin{pmatrix} 1 \\ 0 \\ 0 \end{pmatrix};\ \vec{e}_y = \begin{pmatrix} 0 \\ 1 \\ 0 \end{pmatrix};\ \vec{e}_z = \begin{pmatrix} 0 \\ 0 \\ 1 \end{pmatrix}$$

Flächeninhalt A (Tab. 5) — *Einheit*: 1 Quadratmeter m^2

Gerichtete ebene Fläche $\vec{A}$:

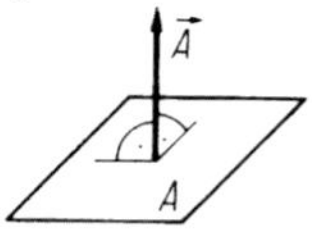

Volumen (Rauminhalt) V (Tab. 5) — *Einheit*: 1 Kubikmeter m^3

Ebener Winkel α (β, γ, δ, …) — *Einheit*: 1 m/1 m = 1 Radiant rad

$$\alpha = \frac{s}{r}$$

$$1\ \text{Grad} = \frac{\pi}{180}\ \text{rad}$$

s Kreisbogen mit dem Zentriwinkel α, r Kreisradius

Winkelkoordinate, Phasenwinkel φ (ψ, …) eines Strahls — *Einheit*: 1 m/1 m = 1 rad = 1

Masse[1]) (Gewicht) m — *Einheit*: **1 Kilogramm kg**

1 Tonne t = 10^3 kg

Kraft $\vec{F}$ — *Betragseinheit*: 1 kg m s^{-2} = 1 Newton N

Speziell: Gewichtskraft $\vec{F}_G$

1 Kilopond kp = 9,81 N

1 dyn = 1 g cm s^{-2} = 10^{-5} N

Dichte ϱ (Tab. 6) — *Einheit*: 1 kg/m^3

$$\varrho = m/V$$

1 kg/dm^3 = 10^3 kg/m^3

m Masse eines Körpers mit dem Volumen V

Normalspannung σ — *Einheit*: 1 N/m^2 = 1 Pascal Pa

$$\sigma = F/A$$

1 MPa = 1 N/mm^2

F Kraft senkrecht zur Fläche mit dem Inhalt A

Tangentialspannung (Schubspannung) τ — *Einheit*: 1 N/m^2 = 1 Pa

$$\tau = \frac{F}{A}$$

F Kraft parallel zur Fläche mit dem Inhalt A

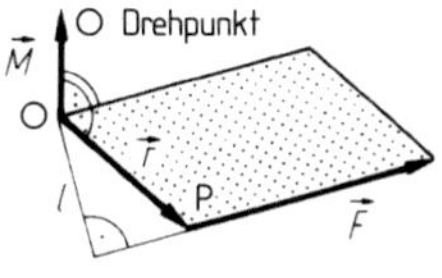

Drehmoment $\vec{M}$ — *Betragseinheit*: 1 N m

$$\vec{M} = \vec{r} \times \vec{F}$$

$\vec{r}$ Ortsvektor des Angriffspunktes P der Kraft $\vec{F}$

Speziell: Ein starrer Körper hat eine feste Drehachse, die senkrecht auf der von $\vec{r}$ und $\vec{F}$ aufgespannten Ebene steht

$$M = l\,F$$

l Abstand der Kraftwirkungslinie von der Drehachse (Hebelarm)

---

[1]) Basisgröße

J. Berber et al., *Physik in Formeln und Tabellen*

1.1.2 Gleichgewichtsbedingungen eines starren Körpers

Addition von Kräften und Drehmomenten

Speziell: Wirkungslinien aller Kräfte und Bezugspunkt O liegen in einer Ebene

Rechtwinklige Koordinaten der Kräfte:

$$F_{1x} = F_1 \cos \varphi_1 \; ; \quad F_{1y} = F_1 \sin \varphi_1$$
$$F_{2x} = F_2 \cos \varphi_2 \; ; \quad F_{2y} = F_2 \sin \varphi_2$$
$$\ldots \qquad \ldots$$

$F_1, F_2, \ldots,$ Beträge der Kräfte
$\varphi_1, \varphi_2, \ldots, \varphi$ Winkelkoordinaten der Kraftrichtungen
$r_1, r_2, \ldots$ Beträge der Ortsvektoren
$\vartheta_1, \vartheta_2, \ldots$ zugehörige Winkelkoordinaten
F_x, F_y Koordinaten der resultierenden Kraft $\vec{F}$

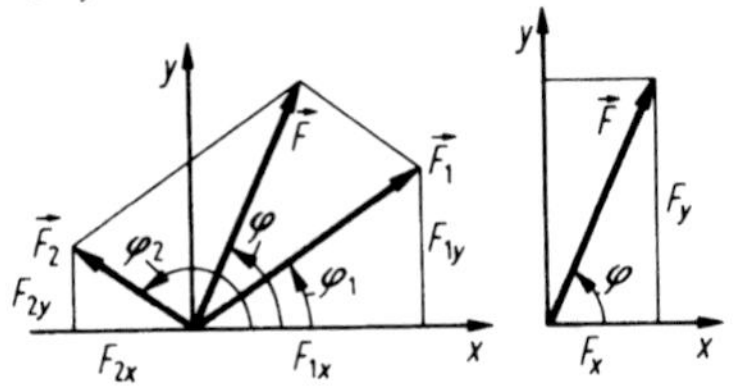

Zusammensetzung der Kräfte:

$$F_{1x} + F_{2x} + \cdots + F_{nx} = F_x \; ; \quad F = \sqrt{F_x^2 + F_y^2}$$
$$F_{1y} + F_{2y} + \cdots + F_{ny} = F_y \; ; \quad \tan \varphi = F_y / F_x$$

Drehmomente:

$$M_{1z} = r_{1x} F_{1y} - r_{1y} F_{1x}$$
$$M_{2z} = r_{2x} F_{2y} - r_{2y} F_{2x} \; ; \quad M_z = M_{1z} + M_{2z} + \cdots$$
$$\ldots$$

$$r_{1x} = r_1 \cdot \cos \vartheta_1 \qquad r_{1y} = r_1 \cdot \sin \vartheta_1$$
$$r_{2x} = r_2 \cdot \cos \vartheta_2 \qquad r_{2y} = r_2 \cdot \sin \vartheta_2$$
$$\ldots \qquad \ldots$$

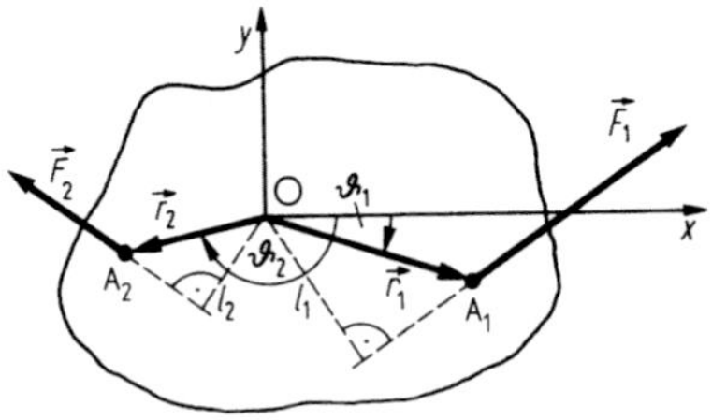

Gleichgewichtsbedingungen:

$$F_x = 0 \; ; \quad F_y = 0 \; ; \quad M_z = 0$$

$\vec{M} = \begin{pmatrix} 0 \\ 0 \\ M_z \end{pmatrix}$ resultierendes Drehmoment

Da die Drehmomentvektoren hier parallele Wirkungslinien haben, kann man sie in rechtsdrehende und linksdrehende Momente einteilen und nur mit Beträgen rechnen.

Rechtsdrehende Momente Linksdrehende Momente

$$M_{r1} = l_{r1} \cdot F_{r1} \qquad M_{l1} = l_{l1} \cdot F_{l1}$$
$$M_{r2} = l_{r2} \cdot F_{r2} \qquad M_{l2} = l_{l2} \cdot F_{l2}$$
$$\ldots \qquad \ldots$$

F_{ri} Beträge der rechtsdrehenden Kräfte
l_{ri} zugehörige Hebelarme
F_{li} Beträge der linksdrehenden Kräfte
l_{li} zugehörige Hebelarme

Zusammensetzung:

$$M_{r1} + M_{r2} + \cdots = M_r$$
$$M_{l1} + M_{l2} + \cdots = M_l \qquad M = |M_r - M_l|$$

M_r Summe der rechtsdrehenden Momente
M_l Summe der linksdrehenden Momente
M Betrag des resultierenden Drehmoments

Keine Drehung, wenn $M = 0$ oder

$M_r = M_l$ (*Hebelgesetz*)

Allgemeine Gleichgewichtsbedingungen

$$\sum_{i=1}^{n} \vec{F}_i = \vec{0}$$

$$\sum_{i=1}^{n} \vec{M}_i = \sum_{i=1}^{n} \vec{r}_i \times \vec{F}_i = \vec{0}$$

$\vec{F}_i$ Einzelkräfte mit den Angriffspunkten A_i
$\vec{r}_i = \overrightarrow{OA}_i$ Ortsvektoren der Angriffspunkte
n Anzahl der Einzelkräfte

1.1.3 Schwerpunkt

Schwerpunktskoordinaten x_S, y_S, z_S

$$x_S\, m = \int_m x\, dm; \quad y_S\, m = \int_m y\, dm; \quad z_S\, m = \int_m z\, dm$$

x, y, z Koordinaten des Masseelements dm
m Masse des Körpers

Speziell: Homogene Massenverteilung

$$x_S\, V = \int_V x\, dV; \quad y_S\, V = \int_V y\, dV; \quad z_S\, V = \int_V z\, dV$$

x, y, z Koordinaten des Volumenelements dV
V Körpervolumen

Momentensatz für Körper

$$x_S\, F_G = x_1\, F_{G,1} + x_2\, F_{G,2} + \cdots$$
$$y_S\, F_G = y_1\, F_{G,1} + y_2\, F_{G,2} + \cdots$$
$$z_S\, F_G = z_1\, F_{G,1} + z_2\, F_{G,2} + \cdots$$
$$F_G = F_{G,1} + F_{G,2} + \cdots$$

$S(x_S|y_S|z_S)$ Körperschwerpunkt (Massenmittelpunkt)
$S_1(x_1|y_1|z_1)$, $S_2(x_2|y_2|z_2)$, ... Teilkörperschwerpunkte (Tab. 5)
$F_{G,1}, F_{G,2}, \ldots$ Beträge der Gewichtskräfte der Teilkörper
F_G Betrag der Gewichtskraft des Körpers

Bei einem homogenen Körper kann man in den obigen Formeln die Gewichtskräfte durch die zugehörigen Rauminhalte ersetzen.

Momentensatz für Flächen

$$x_S\, A = x_1\, A_1 + x_2\, A_2 + \cdots$$
$$y_S\, A = y_1\, A_1 + y_2\, A_2 + \cdots$$
$$A = A_1 + A_2 + \cdots$$

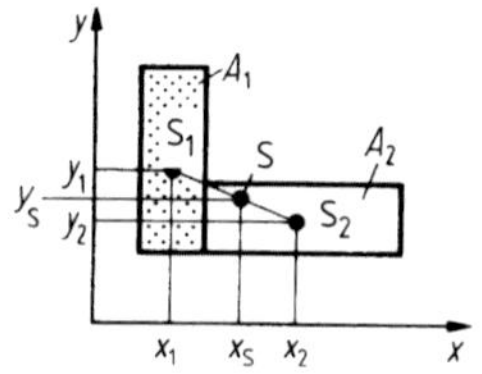

$S(x_S|y_S)$ Flächenschwerpunkt der Gesamtfläche A
$S_1(x_1|y_1)$, $S_2(x_2|y_2)$, ... Schwerpunkte der Teilflächen $A_1, A_2, \ldots$ (Tab. 5)

Schwerpunktskoordinaten x_S, y_S

$$x_S\, A = \int_A x\, dA; \quad y_S\, A = \int_A y\, dA$$

x Abstand des Flächenelements dA von der y-Achse
y Abstand des Flächenelements dA von der x-Achse

1.1.4 Elastizität

Relative Längenänderung $\Delta\varepsilon$ eines stabförmigen Körpers

$$\Delta\varepsilon = \frac{\Delta l}{l}; \quad \Delta l = |l_2 - l_1|$$

l_1 bzw. l_2 Länge bei der Normalspannung σ_1 bzw. σ_2 (senkrecht zur Querschnittsfläche)
$l \approx l_1 \approx l_2$

Normalspannungsänderung $\Delta\sigma$
für die relative Längenänderung $\Delta\varepsilon$

$$\Delta\sigma = E \cdot \Delta\varepsilon; \quad \Delta\sigma = |\sigma_2 - \sigma_1|$$

(Gesetz von Hooke)

Bedingung: $\sigma_1 < \sigma_P$; $\sigma_2 < \sigma_P$
σ_P Spannung an der Proportionalitätsgrenze

E Elastizitätsmodul (Tab. 7)

Einheit: 1 N/m²

Relative Queränderung $\Delta\varepsilon_q$ eines stabförmigen Körpers

$$\Delta\varepsilon_q = \frac{\Delta d}{d}; \quad \Delta d = |d_2 - d_1|$$

d_1 bzw. d_2 Dicke bei der Normalspannung σ_1 bzw. σ_2
$d \approx d_1 \approx d_2$

Poissonzahl (Querkontraktionszahl) μ eines festen Stoffes

$$\mu = \Delta\varepsilon_q / \Delta\varepsilon \qquad \text{(Tab. 7)}$$

Tangentialspannung τ
zur Aufrechterhaltung der Verscherung eines prismatischen Körpers

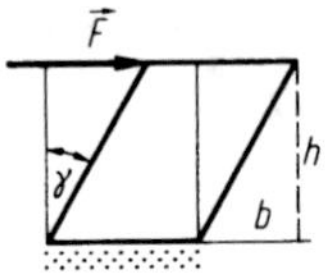

$$\tau = G\gamma; \qquad \gamma = b/h$$

γ Scherung ($b \ll h$)
G Schubmodul

Einheit: 1 N/m²

G Schubmodul oder Torsionsmodul

$$G = \frac{E}{2(1+\mu)}$$

E Elastizitätsmodul
μ Poissonzahl

Drehmoment M
zur Aufrechterhaltung der Verdrillung eines kreiszylindrischen Körpers

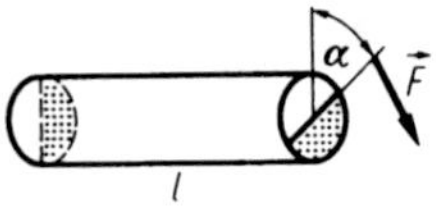

$$M = G\,\frac{\pi r^4}{2l}\cdot\alpha$$

r Radius der Querschnittsfläche
l Länge des Körpers
α Verdrillungswinkel, G Torsionsmodul

Allseitige Normalspannungsänderung $\Delta\sigma$
für die Volumenänderung ΔV

$$\Delta\sigma = K\,\frac{\Delta V}{V}; \qquad \Delta V = |V_2 - V_1|; \qquad \Delta\sigma = |\sigma_2 - \sigma_1|$$

V_1 bzw. V_2 Volumen bei der Spannung σ_1 bzw. σ_2
$V \approx V_1 \approx V_2$

K Kompressionsmodul (Tab. 7)

Einheit: 1 N/m²

Kompressibilität $\varkappa$

Einheit: 1 m²/N

$$\varkappa = \frac{1}{K}; \qquad \varkappa = \frac{3(1-2\mu)}{E}$$

E Elastizitätsmodul
μ Poissonzahl

Flächenmoment 2. Grades I
(Flächenträgheitsmoment) von ebenen Flächen

Einheit: 1 m⁴

$$I = \int_A l^2\,\mathrm{d}A$$

l Abstand des Flächenelements dA von der Bezugsachse in der Flächenebene oder senkrecht dazu

Speziell: Axiale Flächenmomente (Tab. 5)

$$I_y = \int_A x^2\,\mathrm{d}A; \qquad I_x = \int_A y^2\,\mathrm{d}A$$

x, y Koordinaten des Flächenelements dA

Speziell: Polare Flächenmomente

$$I_\mathrm{p} = \int_A r^2\,\mathrm{d}A; \qquad I_\mathrm{p} = I_x + I_y$$

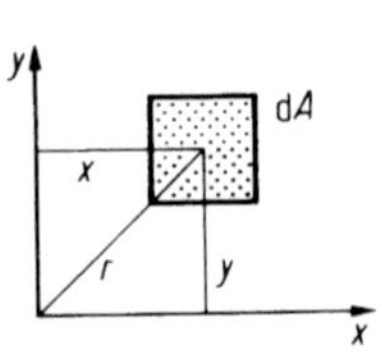

r Abstand des Flächenelements dA vom Schnittpunkt der beiden zueinander senkrechten Bezugsachsen von I_x und I_y

Satz von Steiner:

$$I = I_\mathrm{S} + A\,s^2$$

I_S Flächenmoment für eine Achse durch den Schwerpunkt der Fläche A
I Flächenmoment bezüglich einer zur Schwerpunktachse parallelen Achse im Abstand s

Zentrifugalflächenmoment

$$I_{xy} = \int_A x\,y\,\mathrm{d}A$$

Trägheitsellipse:

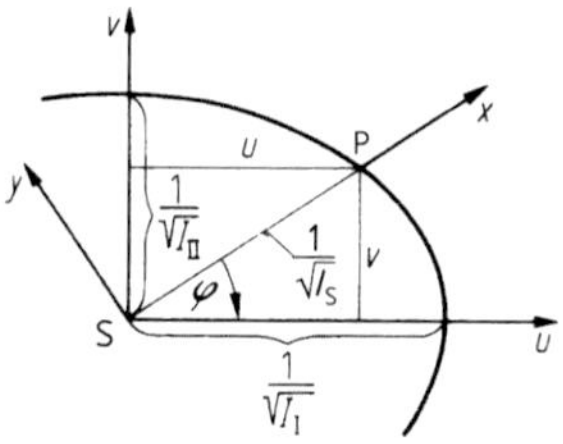

$$a = \frac{1}{\sqrt{I_\mathrm{I}}}; \quad b = \frac{1}{\sqrt{I_\mathrm{II}}}$$

$$I_\mathrm{I}\, u^2 + I_\mathrm{II}\, v^2 = 1$$

$$\frac{1}{\sqrt{I_\mathrm{s}}} = \sqrt{u^2 + v^2}$$

a, b Halbachsen der Trägheitsellipse in m^{-2}
I_I, I_II Hauptflächenmomente (Tab. 5)
u, v Koordinaten eines Punktes P auf der Trägheitsellipse in m^{-2}
I_S Flächenmoment für die Schwerpunktachse durch P
x, y Achsen eines rechtwinkligen Koordinatensystems mit dem Ursprung S

$$I_\mathrm{I} = I_x \cos^2\varphi + I_y \sin^2\varphi - I_{xy} \sin 2\varphi$$

$$I_\mathrm{II} = I_x \sin^2\varphi + I_y \cos^2\varphi + I_{xy} \sin 2\varphi$$

$$\tan\varphi = \frac{2\, I_{xy}}{I_y - I_x}$$

φ Winkel zwischen der x-Achse und der u-Achse

Durchbiegung *d* von Trägern

$$d = \frac{1}{3\,E\,I}\,F\,l^3$$

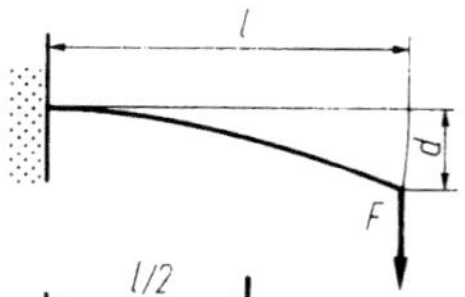

l Trägerlänge, E Elastizitätsmodul
I Flächenmoment 2. Grades des Querschnitts in bezug auf die horizontale Achse durch den Flächenschwerpunkt in der Flächenebene (Tab. 5)

$$d = \frac{1}{48\,E\,I}\,F\,l^3$$

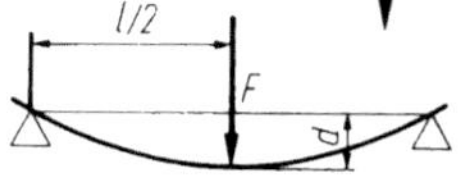

F Einzelkraft

$$d = \frac{1}{8\,E\,I}\,q\,l^4$$

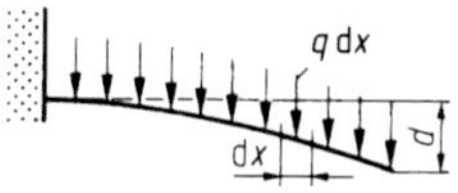

q konstante Streckenlast

$$d = \frac{5}{384\,E\,I}\,q\,l^4$$

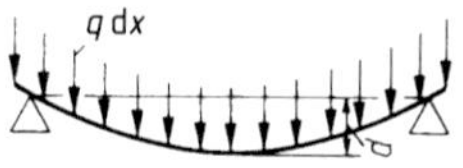

Längenbezogene Kraft *q*

Einheit: 1 N/m

$$q(x) = \mathrm{d}F/\mathrm{d}x$$

$\mathrm{d}F$ Kraft auf das Längenelement $\mathrm{d}x$

Gesetz von Hooke für Federn

1. Linearauslenkung:

$$F_x = D\,x$$

D Richtgröße (Federkonstante)

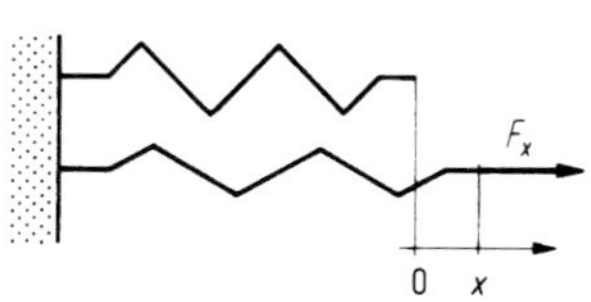

F_x Kraft zur Aufrechterhaltung einer Verformung
x Koordinate des Federendes

Einheit: 1 N/m

Federschaltungen:

Hintereinander: $\frac{1}{D} = \frac{1}{D_1} + \frac{1}{D_2} + \cdots$

D_1, D_2, ... Richtgrößen der Einzelfedern

Parallel: $D = D_1 + D_2 + \cdots$

D Gesamtrichtgröße

2. Drehauslenkung:

$$M_z = D^*\,\varphi$$

D^* Winkelrichtgröße

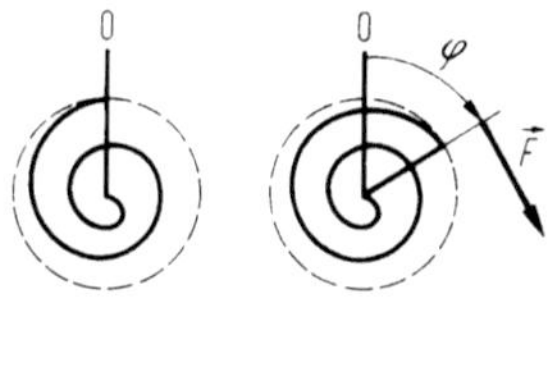

M_z Drehmoment zur Aufrechterhaltung der Verformung
φ Winkelkoordinate eines Strahles vom Drehpunkt zum Federende

Einheit: 1 N m

1.1.5 Reibung

Haftreibungskraft F'_R

$$F'_R = \mu' F_N; \qquad \mu' = \tan \varrho'$$

F_N Normalkraft (⊥ zu den reibenden Flächen)
μ' Haftreibungszahl (Tab. 8)
ϱ' Haftreibungswinkel, bei dem der Körper auf einer schiefen Ebene gerade noch nicht gleitet

Gleitreibungskraft F_R

$$F_R = \mu F_N; \qquad \mu = \tan \varrho$$

μ Gleitreibungszahl (Tab. 8)
ϱ Gleitreibungswinkel, bei dem der Körper auf einer schiefen Ebene gerade noch gleitet

Rollreibungskraft $F_{R,R}$

$$F_{R,R} = \mu_R F_N; \qquad \mu_R = \frac{f}{r}$$

μ_R Rollreibungszahl (Tab. 8)
r Radius des rollenden Körpers (z. B. Rad)
f Rollreibungslänge (Tab. 10)

1.1.6 Einfache Maschinen

Schiefe Ebene

Hangabtriebskraft F_H:

$$F_H = F_G \sin \alpha; \qquad \sin \alpha = \frac{h}{l}$$

Normalkraft F_N:

$$F_N = F_G \cos \alpha; \qquad \cos \alpha = \frac{b}{l}$$

F_G Gewichtskraft, α Steigungswinkel

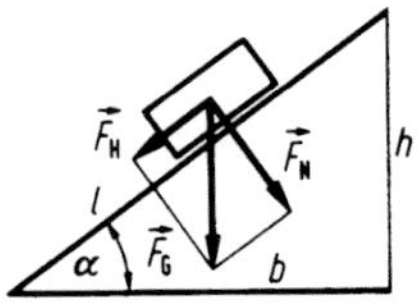

Flachgängige Schraube in fester Mutter

$$\tan \alpha = \frac{h}{2\pi r}; \qquad \tan \varrho = \mu$$

α Steigungswinkel, h Ganghöhe
r mittl. Radius (Flankenradius)
μ Gleitreibungszahl
ϱ Gleitreibungswinkel

Theoretische Kraft $F_{1,\text{th}}$ ohne Reibung zur Hebung oder zum Festhalten einer Last mit der Gewichtskraft F_2:

$$F_{1,\text{th}} = F_2 \frac{h}{2\pi l}$$

l Hebelarm

Wirkliche Drehkraft F_1 zur Hebung einer Last mit der Gewichtskraft F_2:

$$F_1 = F_2 \frac{r}{l} \tan(\alpha + \varrho)$$

Wirkliche Drehkraft F_1 zum Festhalten einer Last mit der Gewichtskraft F_2:

$$F_1 = F_2 \frac{r}{l} \tan(\alpha - \varrho)$$

Speziell $\alpha \leq \varrho$: $F_1 = 0$ (Selbsthemmung)

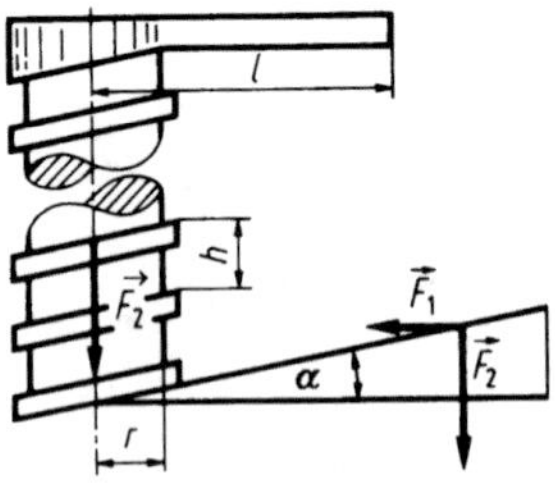

Keil

Spaltkraft F_N:

$$F_N = \frac{F}{2(\sin \alpha + \mu \cos \alpha)}$$

Theoretische Spaltkraft $F_{N,\text{th}}$ für $\mu = 0$:

$$F_{N,\text{th}} = \frac{F}{2 \sin \alpha} = \frac{w}{b} F$$

F Kraft auf den Keilrücken

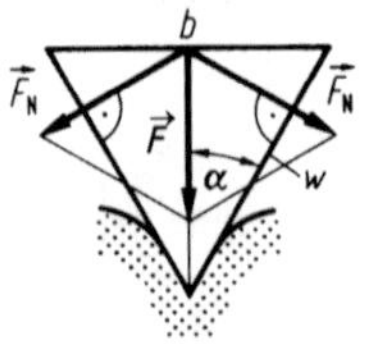

Umschlingung eines feststehenden Zylinders
Zugkraft für gleichförmige Aufwärtsbewegung:

$F_Z = F_L\, e^{\mu\alpha}$

Zugkraft für gleichförmige Abwärtsbewegung:

$F_Z = F_L\, e^{-\mu\alpha}$

Keine Bewegung des Zugmittels relativ zum Zylinder:

$F_Z\, e^{-\mu'\alpha} < F_L < F_Z\, e^{\mu'\alpha}$

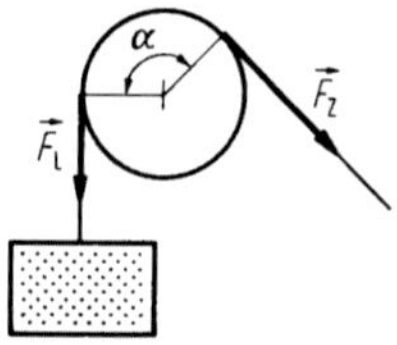

F_L Lastkraft, F_Z Zugkraft
μ Gleitreibungszahl
μ' Haftreibungszahl
α Umschlingungswinkel (in rad)

Seilmaschinen
F_Z Zugkraft bei vernachlässigter Reibung, F_L Lastkraft

Rolle fest: $F_Z = F_L$
lose: $F_Z = \frac{1}{2} F_L$

Stufenscheibe (Wellrad): $F_Z = \frac{d}{D} F_L$

d Durchmesser der kleinen Scheibe
D Durchmesser der großen Scheibe

Faktorenflaschenzug: $F_Z = \frac{1}{2n} F_L$

n Anzahl der losen Rollen

Differentialflaschenzug: $F_Z = \frac{D-d}{2D} F_L$

1.2 Klassische Kinematik

1.2.1 Grundgrößen

Zeit[1]) t

Einheit: **1 Sekunde s**
1 (siderisches) Jahr a = 365,26 d

Geschwindigkeit $\vec{v}(t)$
eines Punktes

$$\vec{v}(t) = \frac{d\vec{r}(t)}{dt} = \dot{\vec{r}}(t)$$

$$\vec{v} = v_x\,\vec{e}_x + v_y\,\vec{e}_y + v_z\,\vec{e}_z = \dot{x}\,\vec{e}_x + \dot{y}\,\vec{e}_y + \dot{z}\,\vec{e}_z$$

Betragseinheit: 1 m/s
1 km/h = (1/3,6) m/s

$\vec{r}(t)$ Ortsvektor des Punktes zur Zeit t (s. S. 9)
$\vec{e}_x, \vec{e}_y, \vec{e}_z$ Einheitsvektoren

Beschleunigung $\vec{a}(t)$

Betragseinheit: 1 m/s²

$$\vec{a}(t) = \dot{\vec{v}}(t) = \ddot{\vec{r}}(t)$$

$$\vec{a} = a_x\,\vec{e}_x + a_y\,\vec{e}_y + a_z\,\vec{e}_z = \ddot{x}\,\vec{e}_x + \ddot{y}\,\vec{e}_y + \ddot{z}\,\vec{e}_z$$

Weg s

Einheit: 1 m

$$s = \int_{t_1}^{t_2} \sqrt{\dot{x}^2 + \dot{y}^2 + \dot{z}^2}\, dt$$

s Weg zwischen dem Anfangspunkt zur Zeit t_1 und dem Endpunkt zur Zeit t_2

$\dot{x}, \dot{y}, \dot{z}$ Geschwindigkeitskoordinaten des Punktes zur Zeit t

1.2.2 Geradlinige Bewegung mit konstanter Geschwindigkeit *v* (gleichförmige Bewegung)

Weg s

Einheit: 1 m

$$s = v \cdot t$$

t Zeit, in der s durchlaufen wird

[1]) Basisgröße

1.2.3 Geradlinige Bewegung mit konstanter Beschleunigung *a* (gleichmäßig beschleunigte bzw. verzögerte Bewegung)

Mittlere Geschwindigkeit $\bar{v}$

$$\bar{v} = \frac{1}{2}(v_0 + v) = \frac{s}{t}$$

v_0 bzw. v Anfangs- bzw. Endgeschwindigkeit
t Zeit, in welcher der Weg s durchlaufen wird

1. Zunehmende Geschwindigkeit

$$v = v_0 + a\,t; \qquad v = \sqrt{v_0^2 + 2\,a\,s}$$

$$s = v_0\,t + \tfrac{1}{2}a\,t^2; \qquad s = \tfrac{1}{2}(v_0 + v)\,t$$

Wurf nach unten: $a = g$

g Fallbeschleunigung
$g = 9{,}81\ \text{m/s}^2$

Speziell: $v_0 = 0$

$$v = a\,t; \qquad v = \sqrt{2\,a\,s}$$

$$s = \tfrac{1}{2}a\,t^2; \qquad s = \tfrac{1}{2}v\,t$$

Freier Fall: $a = g$

2. Abnehmende Geschwindigkeit

$$v = v_0 - a\,t; \qquad v = \sqrt{v_0^2 - 2\,a\,s}$$

$$s = v_0\,t - \tfrac{1}{2}a\,t^2; \qquad s = \tfrac{1}{2}(v_0 + v)\,t$$

Wurf nach oben: $a = g$

Speziell: $v = 0$

Bremszeit: $t_\text{B} = v_0/a$

Bremsweg: $s_\text{B} = \tfrac{1}{2}a\,t_\text{B}^2 = \tfrac{1}{2}v_0\,t_\text{B} = \tfrac{1}{2}v_0^2/a$

Steigzeit: $t_\text{st} = v_0/g$

Steighöhe: $s_\text{st} = \tfrac{1}{2}g\,t_\text{st}^2$

1.2.4 Schiefer Wurf (ohne Luftwiderstand)

Geschwindigkeitskoordinaten

$$v_x = v_0 \cos\alpha; \qquad v_z = v_0 \sin\alpha - g\,t$$

v_0 Betrag der Abwurfgeschwindigkeit
α Winkelkoordinate der Richtung von $\vec{v}_0$
g Fallbeschleunigung

Geschwindigkeitsbetrag

$$v = \sqrt{v_x^2 + v_z^2}$$

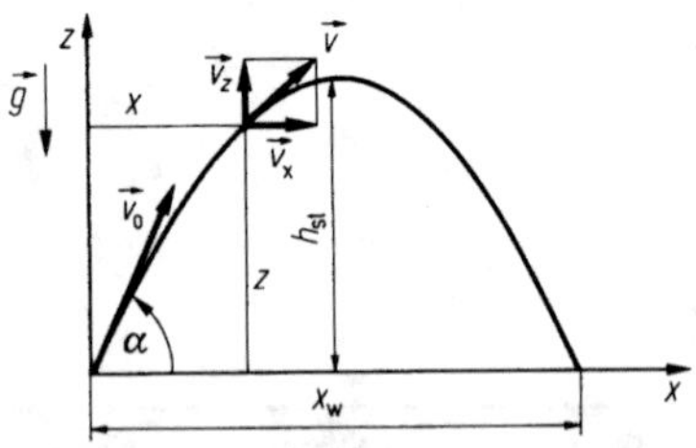

Ortskoordinaten

$$x = v_0\,t\cos\alpha; \qquad z = v_0\,t\sin\alpha - \tfrac{1}{2}g\,t^2$$

Gleichung der Wurfparabel

$$z = x\tan\alpha - \frac{g}{2\,v_0^2\cos^2\alpha}\,x^2$$

Steigzeit t_st:

$$t_\text{st} = \frac{v_0 \sin\alpha}{g}$$

Steighöhe h_st:

$$h_\text{st} = \frac{v_0^2 \sin^2\alpha}{2\,g}$$

v_0 Anfangsgeschwindigkeit
α Winkelkoordinate der Richtung von $\vec{v}_0$
g Fallbeschleunigung

Wurfzeit t_w:

$$t_w = 2\,t_{st}$$

Wurfweite x_w:

$$x_w = \frac{v_0^2 \sin 2\alpha}{g}$$

Speziell $\alpha = 0$: **Horizontaler Wurf**

$$x = v_0\,t; \qquad z = -\frac{g}{2\,v_0^2}\,x^2$$

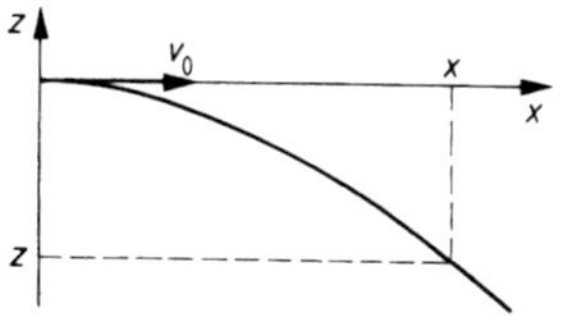

1.2.5 Drehbewegung eines Strahls

Winkelgeschwindigkeit $\vec{\omega}(t)$

Betragseinheit: $1\,\mathrm{s}^{-1}$

$$\omega(t) = \frac{\mathrm{d}\varphi(t)}{\mathrm{d}t} = \dot{\varphi}(t)$$

$\varphi(t)$ Winkelkoordinate zur Zeit t

Winkelbeschleunigung $\vec{\alpha}(t)$

Betragseinheit: $1\,\mathrm{s}^{-2}$

$$\alpha(t) = \dot{\omega}(t) = \ddot{\varphi}(t)$$

Drehwinkel ε

$$\varepsilon = \varphi_2 - \varphi_1$$

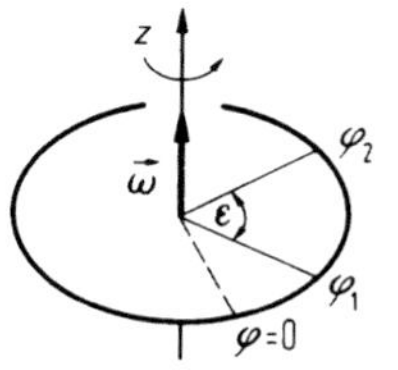

φ_1 bzw. φ_2 Winkelkoordinate zur Zeit t_1 bzw. t_2

1.2.6 Drehbewegung mit konstanter Winkelgeschwindigkeit ω (gleichförmige Drehbewegung)

Drehwinkel ε

Einheit: 1 rad

$$\varepsilon = \omega\,t; \qquad \omega = 2\pi\,f = \frac{2\pi}{T}$$

t Zeit, in der sich der Strahl um ε dreht
T Umdrehungsdauer (= Zeit, in der sich der Strahl um 2π rad dreht)

Drehfrequenz f (Drehzahl n)

Einheit: $1\,\mathrm{s}^{-1}$
$1\,\mathrm{min}^{-1} = \frac{1}{60}\,\mathrm{s}^{-1}$

$$f = \frac{1}{T}; \qquad f = \frac{N}{t}$$

N Zahl der Umdrehungen in der Zeit t

1.2.7 Drehbewegung mit konstanter Winkelbeschleunigung α (gleichförmig beschleunigte bzw. verzögerte Drehbewegung)

Mittlere Winkelgeschwindigkeit $\bar{\omega}$

$$\bar{\omega} = \frac{1}{2}(\omega_0 + \omega) = \frac{\varepsilon}{t}$$

ω_0 bzw. ω Anfangs- bzw. Endwinkelgeschwindigkeit
t Zeit, in der sich der Strahl um den Winkel ε dreht

1. Zunehmende Winkelgeschwindigkeit

$$\omega = \omega_0 + \alpha\,t; \qquad \omega = \sqrt{\omega_0^2 + 2\alpha\,\varepsilon}$$

$$\varepsilon = \omega_0\,t + \tfrac{1}{2}\alpha\,t^2; \qquad \varepsilon = \tfrac{1}{2}(\omega_0 + \omega)\,t$$

ω_0 Anfangswinkelgeschwindigkeit
ω Endwinkelgeschwindigkeit nach der Zeit t

2. Abnehmende Winkelgeschwindigkeit

$$\omega = \omega_0 - \alpha t; \qquad \omega = \sqrt{\omega_0^2 - 2\alpha\varepsilon}$$

$$\varepsilon = \omega_0 t - \tfrac{1}{2}\alpha t^2; \qquad \varepsilon = \tfrac{1}{2}(\omega_0 + \omega)\, t$$

ε Drehwinkel in der Zeit t
α Winkelbeschleunigung

Speziell: $\omega = 0$

Bremszeit: $t_B = \dfrac{\omega_0}{\alpha}$ Bremswinkel: $\varepsilon_B = \tfrac{1}{2}\alpha t_B^2 = \tfrac{1}{2}\omega_0 t_B = \tfrac{1}{2}\omega_0^2/\alpha$

1.2.8 Kreisbewegung eines Punktes

Weg s

$$s = \varepsilon\varrho = \varepsilon r \sin\gamma$$

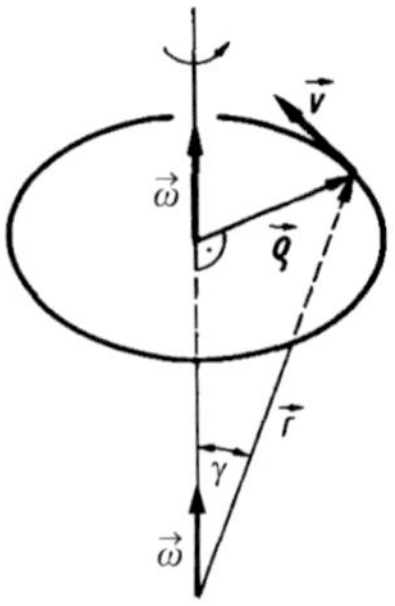

ε Drehwinkel
ϱ Abstand des rotierenden Punktes von der Drehachse
γ Winkel zwischen $\vec{r}$ und $\vec{\omega}$

Momentane Geschwindigkeit $\vec{v}$

$$\vec{v} = \vec{\omega} \times \vec{r}$$

$\vec{\omega}$ momentane Winkelgeschwindigkeit
$\vec{r}$ Ortsvektor des rotierenden Punktes

Beschleunigung $\vec{a}$

$$\vec{a} = \dot{\vec{v}} = \vec{\alpha} \times \vec{r} + \vec{\omega} \times \vec{v}$$

$$\vec{a} = \vec{a}_t + \vec{a}_p$$

$\vec{v}$ Geschwindigkeit
$\vec{\alpha}$ Winkelbeschleunigung $\parallel \vec{\omega}$

Tangentialbeschleunigung $\vec{a}_t$

$$\vec{a}_t = \vec{\alpha} \times \vec{r}; \qquad a_t = \alpha\varrho; \qquad \vec{a}_t \parallel \vec{v}$$

$\vec{\alpha}$ Winkelbeschleunigung
$\vec{r}$ Ortsvektor des rotierenden Punktes

Zentripetalbeschleunigung $\vec{a}_p$

$$\vec{a}_p = \vec{\omega} \times \vec{v} = -\omega^2 \vec{\varrho}$$

$\vec{\varrho}$ senkrechte Projektion von $\vec{r}$ auf die Kreisebene

Zentrifugalbeschleunigung $\vec{a}_f$
(im rotierenden Bezugssystem)

$$\vec{a}_f = \omega^2 \vec{\varrho}$$

ω Winkelgeschwindigkeit

Spezialfall $\vec{\varrho} = \vec{r}$

$$s = r\varepsilon$$

$$v = r\omega$$

$$a_t = r\alpha$$

$$a_p = a_f = r\omega^2 = \frac{v^2}{r}$$

$$a = \sqrt{a_t^2 + a_p^2}$$

r Kreisradius
s Weg
ε Drehwinkel
v Umfangsgeschwindigkeit
ω Winkelgeschwindigkeit
α Winkelbeschleunigung
a_t Tangentialbeschleunigung
a_p Zentripetalbeschleunigung
a_f Zentrifugalbeschleunigung
a Gesamtbeschleunigung

Speziell: ω konstant (gleichförmige Kreisbewegung)

$$\omega = 2\pi f = \frac{2\pi}{T}; \qquad s = r\,\frac{2\pi}{T}\,t$$

T Umlaufdauer (= Zeit, in welcher der Punkt den Kreis einmal umläuft)
f Frequenz; ω Kreisfrequenz
s Weg des Punktes auf dem Kreis mit den Radius r in der Zeit t

Corioliskraft $\vec{F}_C$

s. S. 30

1.3 Klassische Dynamik

1.3.1 Impuls und Kraft

Impuls (Bewegungsgröße) $\vec{p}$

Betragseinheit: $1\ \mathrm{kg\,m\,s^{-1}} = 1\ \mathrm{N\,s}$

$$\vec{p} = m\vec{v}$$

$$p = \sqrt{2\,m\,W_{\text{trans}}}$$

m momentane Masse
$\vec{v}$ momentane Geschwindigkeit
W_{trans} Translationsenergie

Dynamisches Grundgesetz

$$\vec{F} = \dot{\vec{p}}$$

$\vec{F}$ Kraft, welche die zeitliche Änderung des Impulses $\vec{p}$ bewirkt

Speziell: $m =$ konstant

$$\vec{F} = m\vec{a}$$

$\vec{F}$ Kraft, welche die Beschleunigung $\vec{a}$ eines Körpers mit der Masse m bewirkt

Speziell: $a = g$

$$F_{\text{G}} = m\,g$$

F_{G} Gewichtskraft eines Körpers mit der Masse m
g Fallbeschleunigung

Trägheitskraft $\vec{F}_{\text{tr}}$ (im beschleunigten Bezugssystem)

$$\vec{F}_{\text{tr}} = -m\vec{a}$$

$\vec{a}$ Beschleunigung eines Körpers mit der Masse m

$$\sum_{i=1}^{n} \vec{F}_{\text{i}} + \vec{F}_{\text{tr}} = \vec{0}$$

$\sum_{i=1}^{n} \vec{F}_{\text{i}}$ Summe aller an diesem Körper angreifenden Kräfte

(Prinzip von d'Alembert)

Kraftstoß $\vec{I}$

Betragseinheit: $1\ \mathrm{N\,s} = 1\ \mathrm{kg\,m\,s^{-1}}$

$$\vec{I} = \int_{t_1}^{t_2} \vec{F}(t)\,\mathrm{d}t = \vec{F}_{\text{m}}\,\Delta t$$

$\vec{F}_{\text{m}}$ mittlere Kraft in der Zeit $\Delta t = t_2 - t_1$

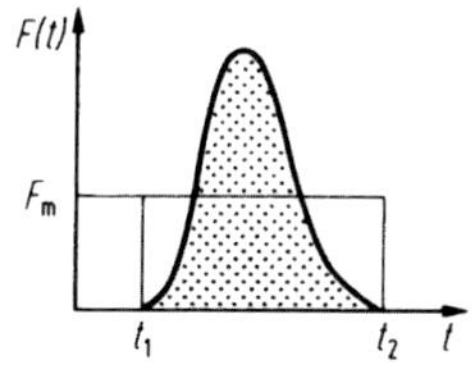

$$\vec{I} = \Delta\vec{p}$$
$$\Delta\vec{p} = \vec{p}(t_2) - \vec{p}(t_1)$$

$\vec{I}$ Kraftstoß, $\Delta\vec{p}$ Impulsänderung
$\vec{p}(t_1)$ bzw. $\vec{p}(t_2)$ Impuls vor bzw. nach dem Stoß

Impulssumme
in einem abgeschlossenen System

$$\sum_{i=1}^{n} \vec{p}_{\text{i}}(t_1) = \sum_{i=1}^{n} \vec{p}_{\text{i}}(t_2)$$

(Impulserhaltungssatz)

$\vec{p}_{\text{i}}(t_1)$ bzw. $\vec{p}_{\text{i}}(t_2)$ Impuls des i-ten Massenpunktes zur Zeit t_1 bzw. t_2 im abgeschlossenen System von n Massenpunkten

(*Speziell* n = 2: s. S. 21)

$$\sum_{i=1}^{n} \vec{p}_{\text{i}} = M\,\vec{v}_{\text{S}} = \text{zeitlich konstant}$$

M Gesamtmasse des Systems von n Körpern mit den Einzelimpulsen $\vec{p}_{\text{i}}$
$\vec{v}_{\text{S}}$ Geschwindigkeit des Schwerpunktes S (s. S. 11)

1.3.2 Arbeit, Energie, Leistung

Mechanische Arbeit ΔW

$$\Delta W = \int_A^B \vec{F}\,d\vec{r} = \int_A^B F\cos\varphi\,ds$$

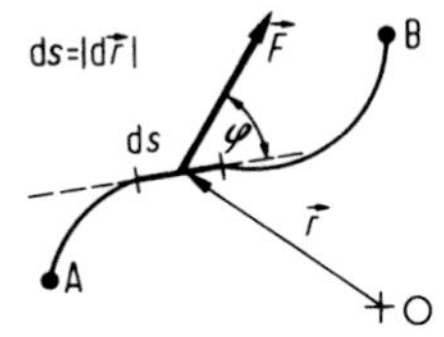

Einheit: 1 N m = 1 W s = Joule J
1 kp m = 9,81 N m

$\vec{F}$ Kraft am Ort $\vec{r}$

$ds = \sqrt{\dot{x}^2 + \dot{y}^2 + \dot{z}^2}\,dt$ Wegelement

Speziell: $\vec{F}$ = konstant in Richtung einer geraden Bahn

$$\Delta W = F\,s$$

s zurückgelegter Weg

Beschleunigungsarbeit ΔW_{trans}:

$$\Delta W_{trans} = \tfrac{1}{2}\,m\,(v_2^2 - v_1^2)$$

v_1 Anfangsgeschwindigkeit
v_2 Endgeschwindigkeit

Spannarbeit ΔW_{def}:

$$\Delta W_{def} = \tfrac{1}{2}\,D\,(x_2^2 - x_1^2); \qquad \Delta W_{def} = \tfrac{1}{2}\,D^*(\varphi_2^2 - \varphi_1^2)$$

x_1 Anfangskoordinate der Deformation
x_2 Endkoordinate
D Richtgröße, D^* Winkelrichtgröße (S. 13)
φ_1 Anfangsdrillwinkel, φ_2 Enddrillwinkel

Hubarbeit ΔW_{grav}:

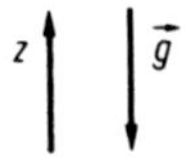

$$\Delta W_{grav} = m\,g\,(z_2 - z_1)$$

z_1 Anfangshöhe, z_2 Endhöhe
m Masse, g Fallbeschleunigung (konstant)

Mechanische Energie W

$$W = W_{pot} + W_{kin}$$

Einheit: 1 N m = 1 W s = 1 J
1 erg = 1 dyn · cm = 10^{-7} J

W_{pot} potentielle Energie
W_{kin} kinetische Energie (Bewegungsenergie)

Kinetische Energie eines starren Körpers:

$$W_{kin} = W_{trans} + W_{rot}$$

W_{trans} Translationsenergie
W_{rot} Rotationsenergie (S. 23)

Translationsenergie W_{trans}:

$$W_{trans} = \frac{1}{2}\,m\,v^2; \qquad W_{trans} = \frac{p^2}{2m}$$

m Masse
v momentane Geschwindigkeit
p Impuls

Potentielle Energie eines deformierten Körpers:

$$W_{def} = \tfrac{1}{2}\,D\,x^2; \qquad W_{def} = \tfrac{1}{2}\,D^*\,\varphi^2$$

D Richtgröße, D^* Winkelrichtgröße
x Dehnung bzw. Stauchung
φ Verdrillungswinkel

Potentielle Energie eines Körpers im homogenen Gravitationsfeld:

$$W_{grav} = m\,g\,z$$

m Masse, g Fallbeschleunigung (konstant)
z Höhe des Schwerpunktes

Arbeit und Energieänderung

$$\Delta W = W(t_2) - W(t_1)$$

$W(t_1)$ bzw. $W(t_2)$ mechanische Energie eines Körpers zur Zeit t_1 bzw. t_2; ΔW Arbeit in der Zeit $t_2 - t_1$, die der Körper verrichtet bzw. die an ihm verrichtet wird

Energieerhaltungssatz

$$\sum_{i=1}^{n} W_i(t_1) = \sum_{i=1}^{n} W_i(t_2)$$

$W_i(t_1)$ bzw. $W_i(t_2)$ mechanische Energie des i-ten Körpers oder Massenpunktes in einem abgeschlossenen System von n Körpern oder Massenpunkten zur Zeit t_1 bzw. t_2

Leistung *P*

Einheit: $1\,\frac{\text{J}}{\text{s}} = 1\,\frac{\text{N m}}{\text{s}} = 1\,\text{Watt W}$

1 PS = 736 W

$$P = \frac{\mathrm{d}W}{\mathrm{d}t} = \vec{F}\vec{v}$$

dW Arbeit in der Zeit dt

$\vec{F}$ Kraft, $\vec{v}$ Geschwindigkeit

$$\overline{P} = \frac{1}{\Delta t}\int_{t_1}^{t_2} P\,\mathrm{d}t = \frac{\Delta W}{\Delta t}$$

$\overline{P}$ mittlere Leistung in der Zeit $\Delta t = t_2 - t_1$

ΔW Arbeit während der Zeit Δt

Wirkungsgrad η

Einheit: $1 = 100\,\%$

$$\eta = \frac{\Delta W_{\text{nutz}}}{\Delta W_{\text{zu}}} = \frac{\overline{P}_{\text{nutz}}}{\overline{P}_{\text{zu}}}$$

ΔW_{nutz} Nutzarbeit, ΔW_{zu} zugeführte Arbeit

$\overline{P}_{\text{nutz}}$ bzw. $\overline{P}_{\text{zu}}$ mittlere Nutz- bzw. zugeführte Leistung

1.3.3 Zentraler Stoß (ohne Rotationen)

Die Stoßnormale geht durch die Schwerpunkte S_1 und S_2 der beiden Körper.

Gerader Stoß

Impulserhaltungssatz:

$$m_1\vec{v}_{1\,\text{a}} + m_2\vec{v}_{2\,\text{a}} = m_1\vec{v}_{1\,\text{e}} + m_2\vec{v}_{2\,\text{e}}$$

m_1, m_2 Massen der Körper

$\vec{v}_{1\,\text{a}}$, $\vec{v}_{2\,\text{a}}$ Geschwindigkeiten vor dem Stoß

$\vec{v}_{1\,\text{e}}$, $\vec{v}_{2\,\text{e}}$ Geschwindigkeiten nach dem Stoß

Energieerhaltungssatz:

$$\tfrac{1}{2}m_1 v_{1\,\text{a}}^2 + \tfrac{1}{2}m_2 v_{2\,\text{a}}^2 = \tfrac{1}{2}m_1 v_{1\,\text{e}}^2 + \tfrac{1}{2}m_2 v_{2\,\text{e}}^2 + \Delta W_{\text{f}}$$

ΔW_{f} Formänderungsarbeit

Stoßzahl k: $k = \dfrac{|\vec{v}_{1\,\text{e}} - \vec{v}_{2\,\text{e}}|}{|\vec{v}_{2\,\text{a}} - \vec{v}_{1\,\text{a}}|}$

Speziell Kugeln: $k = \sqrt{h_{\text{e}}/h_{\text{a}}}$

h_{e} Rückprallhöhe einer Kugel, die aus der Höhe h_{a} auf eine horizontale, ruhende Platte des gleichen Materials fällt

1. Wirklicher Stoß: $0 < k < 1$

$$\vec{v}_{1\,\text{e}} = (1+k)\,\frac{m_1\vec{v}_{1\,\text{a}} + m_2\vec{v}_{2\,\text{a}}}{m_1 + m_2} - k\,\vec{v}_{1\,\text{a}}$$

$$\vec{v}_{2\,\text{e}} = (1+k)\,\frac{m_1\vec{v}_{1\,\text{a}} + m_2\vec{v}_{2\,\text{a}}}{m_1 + m_2} - k\,\vec{v}_{2\,\text{a}}$$

$$\Delta W_{\text{f}} = \tfrac{1}{2}(1-k^2)\,\frac{m_1 m_2}{m_1 + m_2}\,(\vec{v}_{1\,\text{a}} - \vec{v}_{2\,\text{a}})^2$$

2. Elastischer Stoß: $k = 1$ bzw. $\Delta W_f = 0$

$$\vec{v}_{1\,e} = 2\,\frac{m_1\,\vec{v}_{1\,a} + m_2\,\vec{v}_{2\,a}}{m_1 + m_2} - \vec{v}_{1\,a} = \frac{m_1 - m_2}{m_1 + m_2}\,\vec{v}_{1\,a} + \frac{2\,m_2}{m_1 + m_2}\,\vec{v}_{2\,a}$$

$$\vec{v}_{2\,e} = 2\,\frac{m_1\,\vec{v}_{1\,a} + m_2\,\vec{v}_{2\,a}}{m_1 + m_2} - \vec{v}_{2\,a} = \frac{2\,m_1}{m_1 + m_2}\,\vec{v}_{1\,a} + \frac{m_2 - m_1}{m_1 + m_2}\,\vec{v}_{2\,a}$$

Speziell $m_1 = m_2$: $\vec{v}_{1\,e} = \vec{v}_{2\,a}$; $\vec{v}_{2\,e} = \vec{v}_{1\,a}$

Speziell $\vec{v}_{2\,a} = \vec{0}$: $\vec{v}_{1\,e} = \dfrac{2m_1\,\vec{v}_{1\,a}}{m_1 + m_2} - \vec{v}_{1\,a} = \dfrac{m_1 - m_2}{m_1 + m_2}\,\vec{v}_{1\,a}$; $\vec{v}_{2\,e} = \dfrac{2m_1}{m_1 + m_2}\,\vec{v}_{1\,a}$

$$\Delta W_{2\,e} = W_{1\,a}\,\frac{4m_1\,m_2}{(m_1 + m_2)^2} = W_{1\,a}\,q; \qquad q = \frac{4m_1\,m_2}{(m_1 + m_2)^2}$$

$W_{1\,a}$ Energie des 1. Körpers vor dem Stoß Stoß
$\Delta W_{2\,e}$ Energie, die vom Körper der Masse m_1 auf den mit der Masse m_2 übertragen wird.
q Stoßparameter

Speziell $m_2 \to \infty$ und $\vec{v}_{2\,a} = \vec{0}$ (ruhende Wand):

$$\vec{v}_{1\,e} = -\vec{v}_{1\,a}; \qquad \vec{v}_{2\,e} = \vec{0}; \qquad \Delta\vec{p} = 2m_1\,\vec{v}_{1\,a}$$

$\Delta\vec{p}$ Impulsänderung des stoßenden Körpers

3. Unelastischer Stoß: $k = 0$ bzw. $\vec{v}_{1\,e} = \vec{v}_{2\,e} = \vec{v}$

$$\vec{v} = \frac{m_1\,\vec{v}_{1\,a} + m_2\,\vec{v}_{2\,a}}{m_1 + m_2}; \qquad \Delta W_f = \frac{1}{2}\,\frac{m_1\,m_2}{m_1 + m_2}\,(\vec{v}_{1\,a} - \vec{v}_{2\,a})^2$$

$\vec{v}$ gemeinsame Geschwindigkeit der Körper nach dem Stoß
ΔW_f Verformungsarbeit

Speziell $\vec{v}_{2\,a} = \vec{0}$: $\Delta W_f = W_{1\,a}\,\dfrac{m_2}{m_1 + m_2}$

$W_{1\,a}$ Translationsenergie des stoßenden Körpers vor dem Stoß

Schiefer elastischer Stoß zweier Kugeln

Speziell $\vec{v}_{2\,a} = \vec{0}$:

Übertragene Energie: $\Delta W_{2\,e} = W_{1\,a}\,\dfrac{4m_1\,m_2}{(m_1 + m_2)^2}\cos^2\varphi$

Restenergie der stoßenden Kugel:

$$W_{1\,e} = W_{1\,a}\left\{\frac{(m_1 - m_2)^2}{(m_1 + m_2)^2}\cos^2\varphi + \sin^2\varphi\right\}$$

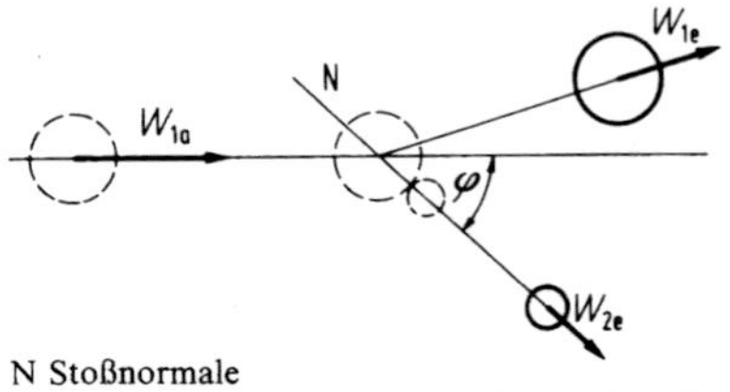

N Stoßnormale
$W_{1\,a}$ Translationsenergie der stoßenden Kugel
m_1 Masse der stoßenden Kugel
m_2 Masse der gestoßenen Kugel

1.3.4 Rakete (ohne Berücksichtigung der Reibung)

Massenstrom $\dot{m}$

$$\dot{m} = \left|\frac{dm}{dt}\right|$$

Einheit: 1 kg/s

dm Treibstoffmasse, die in der Zeit dt ausgestoßen wird

Brennschlußzeit τ

$$\tau = \frac{m_0 - m_E}{\dot{m}} = \frac{m_{Tr}}{\dot{m}}$$

Einheit: 1 s

m_0 Startmasse, m_E Endmasse (Leermasse)
m_{Tr} Treibstoffmasse, $\dot{m}$ Massenstrom

Schubkraft $\vec{F}_S$

$$\vec{F}_S = \dot{m}\,\vec{v}_{Tr}$$

Einheit: 1 N

$\vec{v}_{Tr}$ Ausströmgeschwindigkeit der Treibmittel relativ zur Rakete, $\dot{m}$ Massenstrom

Einstufenrakete bei senkrechtem Aufstieg

Startmasse m_0: $m_0 = m_E + m_{Tr}$

m_E Endmasse (Leermasse), m_{Tr} Treibstoffmasse

Massenverhältnis Z: $Z = \frac{m_0}{m_E}$

Endgeschwindigkeit v_E nach der Brennschlußzeit τ:

$$v_E = v_{Tr} \ln Z - \bar{g}\tau; \qquad \bar{g} = g \frac{r_Z}{r_Z + h_\tau}$$

v_{Tr} konstante Ausströmgeschwindigkeit des Treibmittels
$\bar{g}$ mittlere Fallbeschleunigung
g Fallbeschleunigung am Abschußort
r_Z Radius des Zentralkörpers

Brennschlußhöhe h_τ:

$$h_t = \frac{u_{Tr} t}{m_{Tr}} \left[m_{Tr} - m_E \ln Z \right] - \frac{1}{2} \bar{g} t^2$$

m_E Endmasse (Leermasse), m_{Tr} Treibstoffmasse

Mehrstufenrakete bei senkrechtem Aufstieg

Endgeschwindigkeit v_E nach der Gesamtbrennschlußzeit τ_{ges}:

$$v_E = v_{Tr,1} \ln Z_1 + v_{Tr,2} \ln Z_2 + \ldots + v_{Tr,n} \ln Z_n - \bar{g}\,\tau_{ges}$$

n Anzahl der Stufen
$v_{Tr,i}$ Ausströmgeschwindigkeit des Treibmittels der i-ten Stufe mit dem Massenverhältnis $Z_i = m_{0,i} / m_{E,i}$
$\bar{g}$ mittlere Fallbeschleunigung

Speziell gleiche Ausströmgeschwindigkeit v_{Tr}:

$$v_E = v_{Tr} \ln Z_{ges} - \bar{g}\,\tau_{ges}; \qquad Z_{ges} = Z_1 Z_2 Z_3 \ldots Z_n$$

Z_{ges} Gesamtmassenverhältnis

1.3.5 Kreisbewegung eines Massenpunktes (siehe Bild S. 18)

Drehimpuls $\vec{L}$

Betragseinheit: $1\,\mathrm{kg\,m^2\,s^{-1}} = 1\,\mathrm{N\,m\,s}$

$$\vec{L} = \vec{r} \times \vec{p}; \qquad \vec{L} = \vec{r} \times m(\vec{\omega} \times \vec{r}) = r^2 m \vec{\omega} - m(\vec{\omega}\vec{r})\vec{r}$$

Komponente $\parallel$ Drehachse: $\vec{L}_\omega = \varrho^2 m \vec{\omega}$

$$\vec{L}_\omega = J \vec{\omega}$$

Komponente $\perp$ Drehachse: $L_\varrho = L_\omega \cot \gamma$

$\vec{r}$ Ortsvektor des rotierenden Massenpunktes
$\vec{p}$ Bahnimpuls des Massenpunktes
$\vec{\omega}$ Winkelgeschwindigkeit
ϱ Abstand des Massenpunktes von der Drehachse
J Trägheitsmoment bezogen auf die Drehachse
γ Winkel zwischen Ortsvektor $\vec{r}$ und Drehachse

Trägheitsmoment J

$$J = \varrho^2 m$$

ϱ Abstand des Massenpunktes von der Drehachse

Dynamisches Grundgesetz

$$\vec{M} = \dot{\vec{L}}; \qquad \vec{M} = \vec{r} \times \vec{F}$$
$$\vec{M}_\omega = J\vec{\alpha}; \qquad M_\omega = F_t\,\varrho$$

$\vec{M}$ Drehmoment; $\vec{L}$ Drehimpuls
$\vec{r}$ Ortsvektor des Angriffspunktes der Kraft $\vec{F}$
$\vec{M}_\omega$ Komponente des Drehmomentes $\vec{M}$ parallel zur Drehachse, $\vec{\alpha}$ Winkelbeschleunigung
F_t Betrag der Tangentialkomponente der Kraft

Rotationsenergie W_{rot}

$$W_{rot} = \frac{1}{2} J \omega^2$$

J Trägheitsmoment, ω Winkelgeschwindigkeit

Zentripetalkraft $\vec{F}_p$

$$\vec{F}_p = m\,\vec{a}_p$$

$\vec{a}_p$ Zentripetalbeschleunigung, m Masse

Zentrifugalkraft $\vec{F}_f$ (im rotierenden Bezugssystem)

$$\vec{F}_f = m\,\vec{a}_f$$

$\vec{a}_f$ Zentrifugalbeschleunigung, m Masse

Speziell: $\vec{\varrho} = \vec{r}$

$$F_f = m\,r\,\omega^2 = \frac{m\,v^2}{r} = F_p$$

r Kreisradius
v Umfangs- oder Bahngeschwindigkeit des Punktes mit der Masse m

1.3.6 Rotierender starrer Körper mit raumfester Drehachse

Trägheitsmoment J (Tab. 5)
(Massenträgheitsmoment)

$$J = \int_m \varrho^2 \,\mathrm{d}m; \qquad J = m\,\varrho_t^2$$

$$J = J_s + m\,s^2$$

(*Satz von Steiner*)

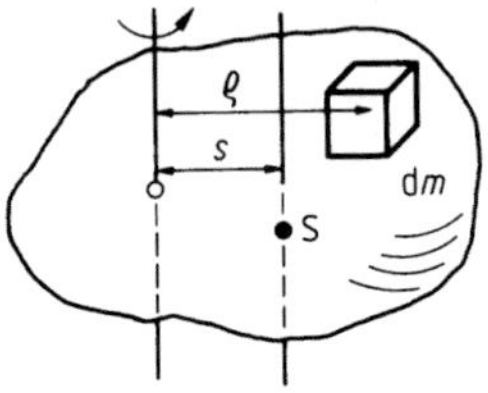

Einheit: 1 kg m²

ϱ Abstand des Massenelementes dm von der Drehachse
ϱ_t Trägheitsradius, m Masse des Körpers
s Abstand der zur Drehachse parallelen Achse durch den Körperschwerpunkt S
J_s Trägheitsmoment des Körpers in bezug auf diese Schwerpunktachse

Trägheitsellipsoid:

$$a = \frac{1}{\sqrt{J_\mathrm{I}}}; \qquad b = \frac{1}{\sqrt{J_\mathrm{II}}}; \qquad c = \frac{1}{\sqrt{J_\mathrm{III}}}$$

$$J_\mathrm{I} u^2 + J_\mathrm{II} v^2 + J_\mathrm{III} w^2 = 1$$

$$\frac{1}{\sqrt{J_s}} = \sqrt{u^2 + v^2 + w^2}$$

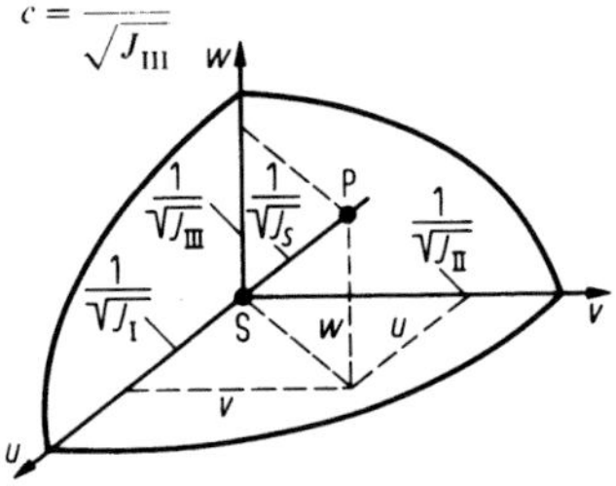

a, b, c Halbachsen des Trägheitsellipsoids in kg$^{-1/2}$ m^{-1}
J_I, J_II, J_III Hauptträgheitsmomente
u, v, w Koordinaten eines Punktes P auf dem Trägheitsellipsoid in kg$^{-1/2}$ m^{-1}
J_s Trägheitsmoment für die Schwerpunktachse durch P

$$\begin{vmatrix} (J_{xx} - J) & -J_{xy} & -J_{xz} \\ -J_{xy} & (J_{yy} - J) & -J_{yz} \\ -J_{xz} & -J_{yz} & (J_{zz} - J) \end{vmatrix} = 0$$

mit den Lösungen: $J = J_\mathrm{I}$ bzw. $J = J_\mathrm{II}$ bzw. $J = J_\mathrm{III}$

x, y, z Ortskoordinaten des Massenelementes dm in bezug auf ein beliebiges körperfestes kartesisches Koordinatensystem mit dem Ursprung in S

$$J_{xx} = \int (y^2 + z^2)\,\mathrm{d}m; \quad J_{yy} = \int (x^2 + z^2)\,\mathrm{d}m; \quad J_{zz} = \int (x^2 + y^2)\,\mathrm{d}m$$

$$J_{xy} = \int x\,y\,\mathrm{d}m; \quad J_{yz} = \int y\,z\,\mathrm{d}m; \quad J_{xz} = \int x\,z\,\mathrm{d}m$$

J_{xx}, J_{yy}, J_{zz} axiale Trägheitsmomente
J_{xy}, J_{yz}, J_{xz} Zentrifugalmomente (Deviationsmomente)

Trägheitsmoment J eines Körpers, der aus den Massenelementen Δm_i zusammengesetzt ist:

$$J = \sum_i \varrho_i^2 \,\Delta m_i$$

ϱ_i Abstand des Massenelementes Δm_i von der Drehachse

Drehmoment $\vec{M}$

$$\vec{M} = \sum_i \vec{r}_i \times \vec{F}_i$$

Betragseinheit: 1 N m

$\vec{r}_i$ Ortsvektor des Massenelementes Δm_i
$\vec{F}_i$ Kraft auf das Massenelement Δm_i

Drehimpuls (Drall) $\vec{L}$

$$\vec{L} = \sum_i \vec{r}_i \times \vec{p}_i$$

Betragseinheit: 1 kg m² s⁻¹ = 1 N m s

$\vec{p}_i$ Impuls des Massenelementes Δm_i

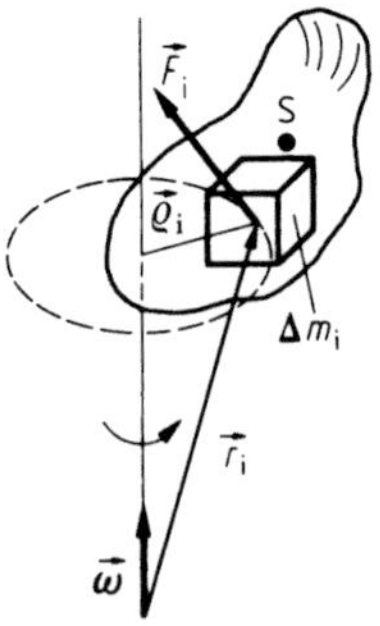

Spezialfall $\vec{\varrho}_i = \vec{r}_i$

F_i orthogonal zu $\vec{\varrho}_i$ und $\vec{\omega}$

Drehimpuls $\vec{L}$

$$\vec{L} = J\,\vec{\omega}$$

J Trägheitsmoment bezüglich der Drehachse
$\vec{\omega}$ Winkelgeschwindigkeit

Dynamisches Grundgesetz

$$\vec{M} = \dot{\vec{L}}$$

Speziell $J =$ konstant:

$$\vec{M} = J\vec{\alpha}$$

$\vec{M}$ Drehmoment parallel zur Drehachse, das die Winkelbeschleunigung $\vec{\alpha}$ eines Körpers mit dem Trägheitsmoment J in bezug auf die (konstante) Drehachse bewirkt

Drehstoß $\vec{H}$

Betragseinheit: $1\,\mathrm{kg\,m^2\,s^{-1}} = 1\,\mathrm{N\,m\,s}$

$$\vec{H} = \int_{t_1}^{t_2} \vec{M}(t)\,\mathrm{d}t = \vec{M}_\mathrm{m}\,\Delta t$$

$\vec{M}$ Drehmoment
$\vec{M}_\mathrm{m}$ mittl. Drehmoment in der Zeit $\Delta t = t_2 - t_1$

$$\vec{H} = \Delta\vec{L}$$
$$\Delta\vec{L} = \vec{L}(t_2) - \vec{L}(t_1)$$

Speziell $\vec{H} = \vec{0}$:

$$J\vec{\omega} = \text{konstant}$$

$\vec{H}$ Drehstoß
$\Delta\vec{L}$ Drehimpulsänderung
$\vec{L}(t_1)$ bzw. $\vec{L}(t_2)$ Drehimpuls vor bzw. nach dem Drehstoß
$\vec{\omega}$ momentane Winkelgeschwindigkeit
J momentanes Trägheitsmoment in bezug auf die (konstante) Drehachse

In einem abgeschlossenen System ist der Drehimpuls eines Körpers oder die Summe der Drehimpulse mehrerer Körper zeitlich konstant.
(Drehimpulserhaltungssatz)

Drehleistung P_rot

Einheit: 1 W

$$P_\mathrm{rot} = \vec{M}\,\vec{\omega} = M \cdot \omega$$

$\vec{M}$ Drehmoment, $\vec{\omega}$ Winkelgeschwindigkeit

Dreharbeit ΔW_rot

Einheit: 1 J

$$\Delta W_\mathrm{rot} = \int_{\varphi_1}^{\varphi_2} M(\varphi)\,\mathrm{d}\varphi$$

$M(\varphi)$ ist das bei der Winkelkoordinate φ wirksame Drehmoment in Richtung der Drehachse

Speziell $M =$ konstant:

$$\Delta W_\mathrm{rot} = M\,\varepsilon$$

ε Drehwinkel

Speziell Winkelbeschleunigungsarbeit:

$$\Delta W_\mathrm{rot} = \tfrac{1}{2}\,J\,(\omega_2^2 - \omega_1^2)$$

J Trägheitsmoment bezüglich der Drehachse
ω_1 bzw. ω_2 ist die bei der Winkelkoordinate φ_1 bzw. φ_2 vorhandene Winkelgeschwindigkeit

Rotationsenergie W_rot

Einheit: 1 J

$$W_\mathrm{rot} = \tfrac{1}{2}\,J\,\omega^2$$

J Trägheitsmoment bezüglich der Drehachse
ω Winkelgeschwindigkeit

1.3.7 Kreisel (symmetrisch)

Drehmomentfreier Kreisel
bei kardanischer Lagerung

$\vec{L} = \vec{L}_K + \vec{L}_Z = \text{konstant}$

$\vec{L}_K = J_K \vec{\omega}_K ; \quad \vec{L}_Z = J_Z \vec{\omega}_Z$

$\vec{\omega} = \vec{\omega}_K + \vec{\omega}_Z$

$\omega_N = \dfrac{L}{J_Z}$

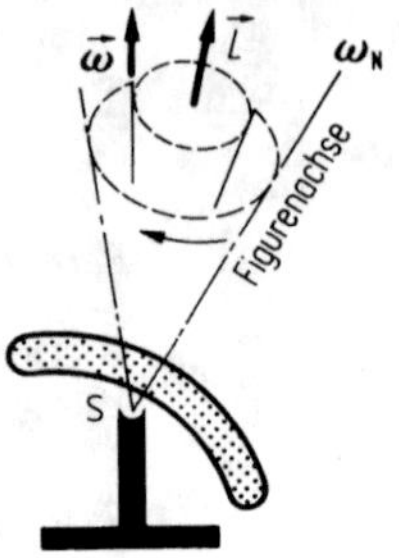

$\vec{L}$ raumfester Gesamtdrehimpuls
$\vec{\omega}_K$ Anfangswinkelgeschwindigkeit parallel zur Figurenachse
$\vec{L}_K$ Anfangsdrehimpuls
J_K Hauptträgheitsmoment bezüglich der Figurenachse
$\vec{\omega}_Z$ Winkelgeschwindigkeit parallel zu einer zur Figurenachse senkrechten Achse
$\vec{L}_Z$ Zusatzdrehimpuls
J_Z Hauptträgheitsmoment bezüglich dieser Achse

$\vec{\omega}$ Winkelgeschwindigkeit parallel zur momentanen Drehachse

ω_N Kreisfrequenz der Figurenachse (Nutationsbewegung um die raumfeste Drehimpulsachse)

Präzessionsbewegung
unter der Einwirkung einer Kraft $\vec{F}$

$\vec{M} = \dot{\vec{L}} ; \quad \vec{M} = \vec{r} \times \vec{F}$

Speziell $\vec{\omega} \parallel \vec{L}$ und $\vec{M} \perp \vec{L}$:

$\omega_P = \dfrac{M}{J\omega} ; \quad \vec{M} = \vec{\omega}_P \times \vec{L}$

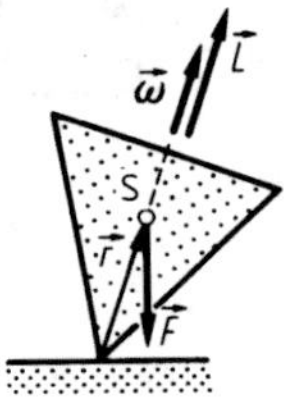

$\vec{M}$ äußeres Drehmoment, $\vec{L}$ momentaner Drehimpuls
ω momentane Winkelgeschwindigkeit
J Massenträgheitsmoment für die Figurenachse
ω_P Winkelgeschwindigkeit der Präzessionsbewegung der Figurenachse

1.4 Gravitation und Satellitenbewegung

1.4.1 Grundgrößen

Gravitationsfeldstärke (Gravitationsbeschleunigung) $\vec{G}$

Einheit: $1\ \text{N/kg} = 1\ \text{m/s}^2$

$$\vec{G} = \frac{\Delta \vec{F}}{\Delta m}$$

$\Delta \vec{F}$ Gravitationskraft auf die Probemasse Δm

Gravitationsgesetz von Newton
(Kraft $\vec{F}$ zwischen zwei Massenpunkten)

$$\vec{F}_1(r) = m_1 \vec{G}_2(r)$$

$$\vec{F}_2(r) = m_2 \vec{G}_1(r)$$

$$|\vec{F}_1| = |\vec{F}_2| = F = f \, \frac{m_1 m_2}{r^2}$$

m_1, m_2 Massen
$\vec{F}_1$ bzw. $\vec{F}_2$ Kraft auf die 1. bzw. 2. Masse
$\vec{G}_1$ bzw. $\vec{G}_2$ Feldstärke der 1. bzw. 2. Masse am Ort der 2. bzw. 1. Masse
r Abstand der Massenpunkte
f Gravitationskonstante (Tab. 1)

Potential φ_{grav} (P)
in einem Feldpunkt P

Einheit: $1\ \text{J/kg} = 1\ \text{m}^2/\text{s}^2$

$$\varphi_{grav}(\text{P}) = -\int_{\text{P}_0}^{\text{P}} \vec{G}(\vec{r})\, \text{d}\vec{r}$$

mit $\varphi_{grav}(\text{P}_0) = 0$

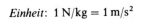

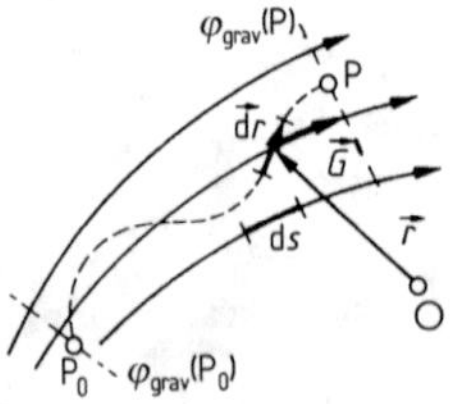

$\vec{G}(\vec{r})$ Feldstärke auf einem Wegelement $\text{d}\vec{r}$ mit dem Ortsvektor $\vec{r}$
P_0 Potentialnullpunkt (beliebig)

Flächen, auf denen φ_{grav} = konstant: **Äquipotentialflächen**

Kontinuierliche Massenverteilung:

$$\varphi_{\text{grav}}(\text{P}) = -f \int_m \frac{\mathrm{d}m}{r} + f \int_m \frac{\mathrm{d}m}{r_0}$$

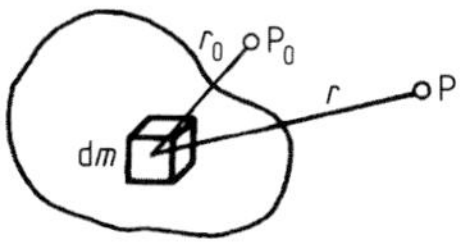

r bzw. r_0 Abstand des Punktes P bzw. P_0 vom felderzeugenden Massenelement dm eines Körpers mit der Masse m, f Gravitationskonstante
$\varphi_{\text{grav}}(P_0) = 0$

Potentielle Energie W_{pot}(P)
einer Masse m an der Stelle P

$$W_{\text{pot}}(\text{P}) = m\,\varphi_{\text{grav}}(\text{P})$$

φ_{grav}(P) Potential an der Stelle P

Überführungsarbeit ΔW an m von P_1 zu P_2

$$\Delta W = W_{\text{pot},2} - W_{\text{pot},1} = m(\varphi_{\text{grav},2} - \varphi_{\text{grav},1})$$

$W_{\text{pot},1}$ bzw. $W_{\text{pot},2}$ potentielle Energie der Masse m an der Stelle P_1 (Potential $\varphi_{\text{grav},1}$) bzw. P_2 (Potential $\varphi_{\text{grav},2}$)

Zusammenhang zwischen $\vec{G}$ und φ_{grav}

$$\vec{G} = -\operatorname{grad} \varphi_{\text{grav}}; \qquad G = \left|\frac{\mathrm{d}\varphi_{\text{grav}}}{\mathrm{d}s}\right|$$

dφ_{grav} Potentialänderung längs eines Feldlinienelements ds
$\operatorname{grad} \varphi(x,y,z) = \frac{\partial\varphi}{\partial x}\vec{e}_x + \frac{\partial\varphi}{\partial y}\vec{e}_y + \frac{\partial\varphi}{\partial z}\vec{e}_z$
$\vec{e}_x, \vec{e}_y, \vec{e}_z$: s. S. 9

1.4.2 Spezielle Gravitationsfelder

$\vec{G}$ Gravitationsfeldstärke, φ_{grav} Potential, ΔW Arbeit

Homogenes Feld
(näherungsweise in einem Radialfeld bei kleinen Niveauunterschieden)

Feldstärke $\vec{G}$:	$\vec{G} = \text{konstant}$
Kraft $\vec{F}$ auf die Masse m:	$\vec{F} = m\vec{G}$
Überführungsarbeit ΔW:	$\Delta W = mG(z_2 - z_1)$
Potential φ_{grav} im Punkt P:	$\varphi_{\text{grav}}(\text{P}) = G(z - z_0)$

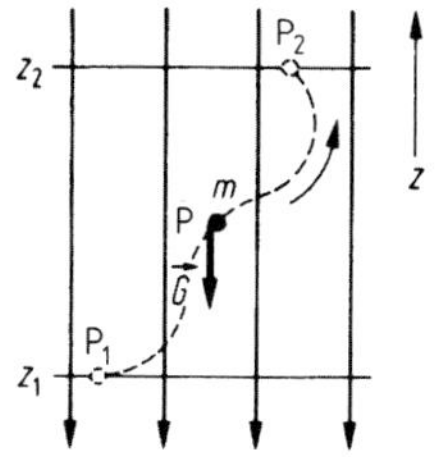

z_1 bzw. z_2 Anfangs- bzw. Endkoordinate
z_0 Koordinate des Potentialnullpunktes

Radialfeld eines Zentralkörpers

Feldstärke $\vec{G}$:	$\lvert\vec{G}\rvert = f\,\frac{m_Z}{r^2}$
Kraft $\vec{F}$ auf die Masse m:	$\vec{F} = m\vec{G}$
Überführungsarbeit ΔW:	$\Delta W = f\,m\,m_Z\left(\frac{1}{r_1} - \frac{1}{r_2}\right)$
Potential im Punkt P:	$\varphi_{\text{grav}}(\text{P}) = f\,m_Z\left(\frac{1}{r_0} - \frac{1}{r}\right)$

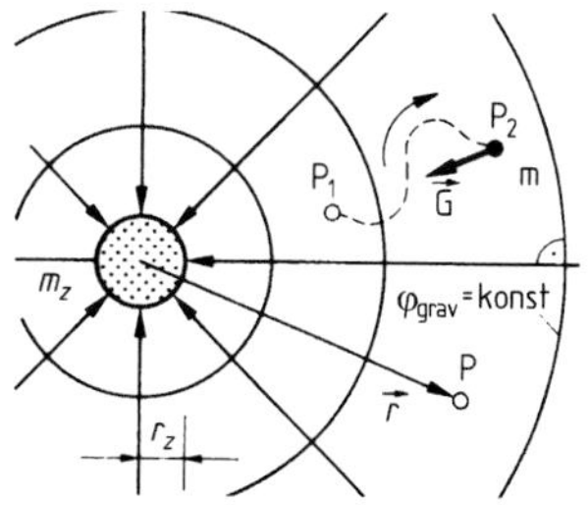

r_0 Abstand des Potentialnullpunktes vom Massenmittelpunkt des Zentralkörpers der Masse m_Z

Gravitationsbeschleunigung $\vec{g}_0(r) = \vec{G}(r)$ im Abstand r vom Mittelpunkt eines Zentralkörpers:

$$g_0(r) = f\,\frac{m_Z}{r^2}; \qquad \vec{g}_0 \downarrow\uparrow \vec{r}; \qquad r \geqslant r_Z$$

$$g_0(r) = g_0(r_Z)\,\frac{r_Z^2}{r^2} = g_0(r_Z)\,\frac{1}{n^2} \qquad \text{mit} \qquad n = \frac{r}{r_Z}$$

$g_0(r_Z)$ Gravitationsbeschleunigung an der Oberfläche des Zentralkörpers der Masse m_Z und des Radius r_Z

n Entfernungsfaktor

Fallbeschleunigung $\vec{g}$ eines mitrotierenden Körpers:

$$\vec{g} = \vec{g}_0 + \vec{a}_f; \qquad \vec{a}_f = \omega^2 \vec{\varrho}$$

Gewichtskraft F_G:

$$F_G = m\,g$$

$\vec{a}_f$ Zentrifugalbeschleunigung
ϱ Abstand von der Drehachse (= Radius des Breitenkreises)
$\vec{g}_0$ Gravitationsbeschleunigung eines Körpers mit der Masse m
ω Winkelgeschwindigkeit des Zentralkörpers

Speziell Erde am Normort ($h = 0$; $\varphi = 45°$):

$$g = g_n = 9{,}806\,65\ \text{m/s}^2$$

Endgeschwindigkeit v für freien Fall aus der Höhe h:

$$v = \frac{\sqrt{2 g_n h}}{1 + \frac{1}{2}\frac{h}{r_E}}$$

φ geographische Breite
h Höhe über dem Meeresspiegel
g_n Normfallbeschleunigung

r_E Erdradius

1.4.3 Satellitenbewegung (im Feld eines Zentralkörpers, ohne Berücksichtigung der Rotation des Zentralkörpers und der Reibung)

Kreisbahnen (Zentralkörper im Mittelpunkt)

Bahn mit dem Radius r bzw. der Höhe $h = r - r_Z$:

$$v_K(r) = \sqrt{r\,g_0(r)} = \sqrt{\frac{f\,m_Z}{r}}; \qquad v_K(r) = \frac{\sqrt{n}}{n}\,v_{gr}$$

$$T_K(r) = 2\pi\sqrt{\frac{r}{g_0(r)}} = n\sqrt{n}\,T_{gr}; \qquad n = \frac{r}{r_Z}$$

r_Z Radius des Zentralkörpers

v_K Kreisbahngeschwindigkeit
T_K Kreisbahnumlaufdauer
$g_0(r)$ Gravitationsbeschleunigung im Abstand r
f Gravitationskonstante,
m_Z Masse des Zentralkörpers
n Entfernungsfaktor

Grenzbahn $r = r_Z$ bzw. $h = 0$:

$$v_{gr} = \sqrt{r_Z\,g_0(r_Z)}; \qquad T_{gr} = 2\pi\sqrt{\frac{r_Z}{g_0(r_Z)}}$$

v_{gr} Grenzgeschwindigkeit
T_{gr} Grenzbahnumlaufdauer

Speziell Erde: $v_{gr} = 7{,}9$ km/s **(1. kosmische Geschwindigkeit)**
$T_{gr} = 84{,}4$ min

Ellipsenbahn

1. Gesetz von Kepler: Satelliten bewegen sich auf Ellipsenbahnen, in deren einem Brennpunkt der Zentralkörper steht (Tab. 3 und 4).

2. Gesetz von Kepler: Der Fahrstrahl $\vec{r}$ vom Zentralkörper zum Satelliten überstreicht in gleichen Zeiten gleiche Flächen.

$$|\vec{r} \times \vec{v}| = \text{konstant}$$

Speziell Sonne:
P Perihel, A Aphel

Speziell Erde:
P Perigäum, A Apogäum

$r_P + r_A = 2a; \qquad h_P = r_P - r_Z$

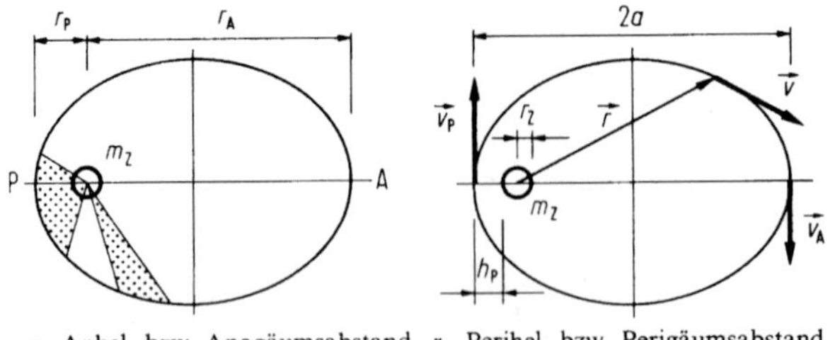

r_A Aphel- bzw. Apogäumsabstand, r_P Perihel- bzw. Perigäumsabstand
a große Halbachse der Ellipse

3. Gesetz von Kepler: Die Quadrate der Umlaufzeiten verschiedener Satelliten eines Zentralkörpers verhalten sich wie die dritten Potenzen der großen Halbachsen ihrer Bahnellipsen.

$$\frac{T_1^2}{T_2^2} = \frac{a_1^3}{a_2^3}; \qquad T^2 = \frac{4\pi^2 a^3}{f(m_Z + m)}$$

T Umlaufdauer, a große Halbachse
m_Z Masse des Zentralkörpers, m Satellitenmasse
f Gravitationskonstante

Parabelbahn (Zentralkörper im Brennpunkt)
Erforderliche Abschußgeschwindigkeit aus einer Kreisbahn mit dem Radius r um den Zentralkörper:

$$v_F = \sqrt{\frac{2 f m_Z}{r}} = v_K \sqrt{2}$$

f Gravitationskonstante
m_Z Masse des Zentralkörpers
v_K Kreisbahngeschwindigkeit

Speziell Erde und $r = r_Z$: $v_F = v_{gr}\sqrt{2} = 11{,}2\,\text{km/s}$
(2. kosmische Geschwindigkeit, Fluchtgeschwindigkeit)

v_{gr} Grenzgeschwindigkeit

Hyperbelbahnen (Zentralkörper im Brennpunkt des Hyperbelastes)
Abschußgeschwindigkeit aus einer Kreisbahn mit dem Radius r um den Zentralkörper:

$$v_H > v_F$$

v_F Abschußgeschwindigkeit aus der gleichen Kreisbahn für Parabelbahn

Speziell Erde und $r = r_Z$: $v_H > 11{,}2\,\text{km/s}$

1.5 Relativitätsmechanik

1.5.1 Kinematik bei kleinen Geschwindigkeiten

Inertialsysteme
Ein Inertialsystem S′ bewegt sich gleichförmig relativ zu einem Inertialsystem S mit der Geschwindigkeit $\vec{v} = (v_x, 0, 0)$.

Galilei-Transformation: *Speziell* $\vec{r}\,' = \vec{r}$ für $t = 0$

Ortsvektor $\vec{r}\,'$: $\vec{r}\,' = \vec{r} - \vec{v}\,t$

Geschwindigkeit $\vec{u}\,'$: $\vec{u}\,' = \vec{u} - \vec{v}$

Beschleunigung $\vec{a}\,'$: $\vec{a}\,' = \vec{a}$

$\vec{r}$ bzw. $\vec{u}$ bzw. $\vec{a}$ Ortsvektor bzw. Geschwindigkeit bzw. Beschleunigung eines Punktes P im System S
$\vec{r}\,'$ bzw. $\vec{u}\,'$ bzw. $\vec{a}\,'$ Ortsvektor bzw. Geschwindigkeit bzw. Beschleunigung von P in S′

Spezielle Lage der Systeme S, S′ (siehe Bild)

$x' = x - v_x t$;	$u'_x = u_x - v_x$;	$a'_x = a_x$
$y' = y$;	$u'_y = u_y$;	$a'_y = a_y$
$z' = z$;	$u'_z = u_z$;	$a'_z = a_z$

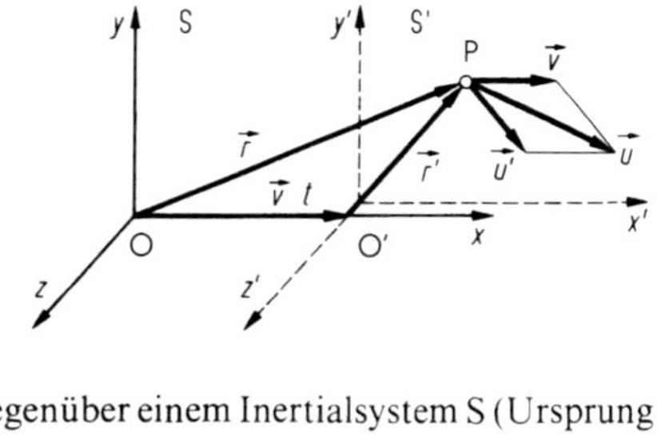

Beschleunigtes Bezugssystem
Ein Bezugssystem S′ (Ursprung O′) bewegt sich beschleunigt gegenüber einem Inertialsystem S (Ursprung O).

Ortsvektor $\vec{r}$ eines Punktes P in S:

$$\vec{r} = \vec{r}_{O'} + \vec{r}\,' \text{(s. Bild S. 30)}$$

$\vec{r}_{O'}$ Ortsvektor von O′ in S
$\vec{r}\,'$ Ortsvektor von P in S′

Führungsgeschwindigkeit $\vec{v}_F$ (Geschwindigkeit eines Punktes in S, der in S′ ruht):

$$\vec{v}_F = \vec{v}_{trans} + \vec{\omega} \times \vec{r}'; \qquad \vec{v}_{trans} = \frac{d\vec{r}_{0'}}{dt}$$

Geschwindigkeit $\vec{u}$ von P in S:

$$\vec{u} = \vec{u}' + \vec{v}_F; \qquad \vec{u}' = \frac{d\vec{r}'}{dt}$$

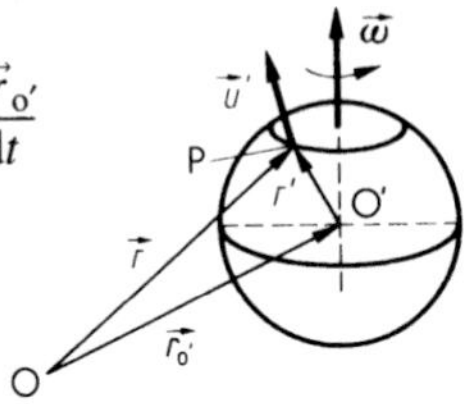

$\vec{r}' = \overrightarrow{O'P}$; $\vec{r}_0' = \overrightarrow{OO'}$

$\vec{v}_{trans}$ bzw. $\vec{\omega}$ Translations- bzw. Winkelgeschwindigkeit von S′ in S

$\vec{u}'$ Geschwindigkeit von P in S′

Führungsbeschleunigung $\vec{a}_F$ (Beschleunigung eines Punktes in S, der in S′ ruht):

$$\vec{a}_F = \vec{a}_{trans} + \vec{a}_t - \vec{a}_f; \qquad \vec{a}_t = \vec{\alpha} \times \vec{r}'$$

$$\vec{a}_{trans} = \frac{d\vec{v}_{trans}}{dt}; \qquad \vec{a}_f = \vec{\omega} \times (\vec{r}' \times \vec{\omega})$$

$\vec{a}_{trans}$ bzw. $\vec{\alpha}$ Translations- bzw. Winkelbeschleunigung von S′ in S
$\vec{a}_t$ Tangentialbeschleunigung
$\vec{a}_f$ Zentrifugalbeschleunigung

Beschleunigung $\vec{a}$ von P in S:

$$\vec{a} = \vec{a}' + \vec{a}_F - \vec{a}_C; \qquad \vec{a}' = \frac{d\vec{u}'}{dt}$$

$$\vec{a}_C = 2\vec{u}' \times \vec{\omega}$$

$\vec{a}'$ Beschleunigung von P in S′
$\vec{a}_C$ Coriolisbeschleunigung
$\vec{u}'$ Geschwindigkeit von P in S′
$\vec{\omega}$ Winkelgeschwindigkeit von S′ in S

Corioliskraft $\vec{F}_C$:

$$\vec{F}_C = m\,\vec{a}_C$$

m Masse des Punktes P
$\vec{a}_C$ Coriolisbeschleunigung

1.5.2 Kinematik in Inertialsystemen bei Geschwindigkeiten vergleichbar mit c_0

Lorentztransformation

c_0 = 299 792 458 m/s Vakuumlichtgeschwindigkeit
(x, y, z, t) bzw. (x', y', z', t') Raumzeitkoordinaten eines Punktes im Inertialsystem S bzw. S′
v konstante Geschwindigkeit von S′ in S ($v = |\vec{v}| = v_x$)

Speziell: $x' = x$ für $t' = t = 0$,
$v_y = v_z = 0$ für alle Zeiten
und $y' = y$, $z' = z$ für alle Zeiten

Ortskoordinate:

$$x' = \frac{x - v_x t}{\sqrt{1-\beta^2}}; \qquad x = \frac{x' + v_x t'}{\sqrt{1-\beta^2}}; \qquad \beta = \frac{v}{c_0}$$

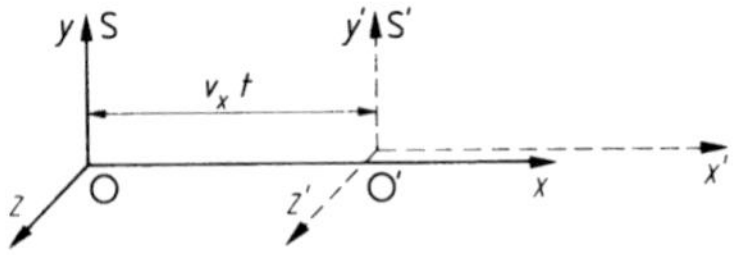

Zeitkoordinate:

$$t' = \frac{t - \beta x/c_0}{\sqrt{1-\beta^2}}; \qquad t = \frac{t' + \beta x'/c_0}{\sqrt{1-\beta^2}}$$

Geschwindigkeitskoordinaten:
(Additionstheorem der Geschwindigkeiten)

(u_x, u_y, u_z) bzw. (u'_x, u'_y, u'_z) Geschwindigkeitskoordinaten eines Punktes in S bzw. S′

$$u'_x = \frac{dx'}{dt'} = \frac{u_x - v_x}{1 - \beta u_x/c_0}; \qquad u_x = \frac{dx}{dt} = \frac{u'_x + v_x}{1 + \beta u'_x/c_0}$$

$$u'_y = \frac{u_y\sqrt{1-\beta^2}}{1-\beta u_x/c_0}; \qquad u'_z = \frac{u_z\sqrt{1-\beta^2}}{1-\beta u_x/c_0}; \qquad u_y = \frac{u'_y\sqrt{1-\beta^2}}{1+\beta u'_x/c_0}; \qquad u_z = \frac{u'_z\sqrt{1-\beta^2}}{1+\beta u'_x/c_0}$$

Speziell: Der Beobachter ruht in dem einen der beiden Systeme, der beobachtete Körper im anderen

Zeitdilatation
Dauer Δt eines Vorganges am beobachteten Körper für den Beobachter:

$$\Delta t = \frac{\Delta t_0}{\sqrt{1-\beta^2}}; \qquad \beta = \frac{v}{c_0}$$

v Geschwindigkeit des Körpers relativ zum Beobachter
Δt_0 Dauer des Vorganges für einen relativ zum Körper ruhenden Beobachter (Eigenzeit)

Längenkontraktion
Länge Δx einer Strecke am beobachteten Körper für den relativ und parallel zu ihr bewegten Beobachter:

$$\Delta x = \Delta x_0 \sqrt{1-\beta^2}; \qquad \beta = \frac{v}{c_0}$$

v Geschwindigkeit der Strecke relativ zum Beobachter
Δx_0 Länge der Strecke für einen relativ zu ihr ruhenden Beobachter (Ruhe- oder Eigenlänge)

1.5.3 Dynamik in Inertialsystemen bei Geschwindigkeiten vergleichbar mit c_0

Dynamische (träge) Masse m
des beobachteten Körpers (Massenpunktes, Teilchens) für den Beobachter

$$m = \frac{m_0}{\sqrt{1-\beta^2}}; \qquad \beta = \frac{v}{c_0}$$

$$m = m_0\,(1+\varepsilon)$$

v Geschwindigkeit relativ zum Beobachter
m_0 Masse für einen relativ zu ihr ruhenden Beobachter (Ruhemasse)
c_0 Vakuumlichtgeschwindigkeit
ε relativer Massen- oder Energiezuwachs

Impuls $\vec{p}$

$$\vec{p} = m\vec{v}$$

$\vec{v}$ Geschwindigkeit relativ zum Beobachter
m dynamische Masse

Kraft $\vec{F}$,
die einen Körper (Massenpunkt, Teilchen) mit der dynamischen Masse m beschleunigt

$$\vec{F} = \frac{\mathrm{d}\vec{p}}{\mathrm{d}t} = m\left(\frac{\mathrm{d}\vec{v}}{\mathrm{d}t} + \frac{v\,\vec{v}}{c_0^2}\,\frac{\mathrm{d}v}{\mathrm{d}t}\,\frac{1}{1-\beta^2}\right); \qquad \beta = \frac{v}{c_0}$$

$\vec{v}$ Geschwindigkeit relativ zum Beobachter
c_0 Vakuumlichtgeschwindigkeit

Ruheenergie W_0 eines Körpers (Massenpunktes, Teilchens)

$$W_0 = m_0\,c_0^2$$

m_0 Ruhemasse

Gesamtenergie W
eines gegenüber einem Beobachter bewegten Körpers (Massenpunktes, Teilchens)

$$W = m\,c_0^2 \qquad \text{(\textit{Äquivalenzprinzip von Einstein})}$$

m dynamische Masse

$$W = \sqrt{W_0^2 + (c_0\,p)^2}$$

W_0 Ruheenergie
p Impulsbetrag

Speziell freier Körper:

$$W_{\text{pot}} = 0$$

$$W = W_0 + W_{\text{kin}}$$

W_{pot} potentielle Energie
W_{kin} kinetische Energie

Energiezuwachs ΔW
beim Massenzuwachs Δm

$$\Delta W = \Delta m\, c_0^2$$

$$\Delta W = W - W_0$$

$$\Delta m = m - m_0$$

c_0 Vakuumlichtgeschwindigkeit
W Gesamtenergie, m dynamische Masse
W_0 Ruheenergie, m_0 Ruhemasse

Relativer Energie- bzw. Massenzuwachs ε

$$\varepsilon = \frac{m - m_0}{m_0} = \frac{W - W_0}{W_0}$$

m bzw. m_0 dynamische bzw. Ruhemasse
W bzw. W_0 Gesamt- bzw. Ruheenergie

Geschwindigkeit v

$$v = c_0 \sqrt{1 - 1/(1+\varepsilon)^2} = c_0 \sqrt{1 - (W_0/W)^2}$$

ε relativer Massen- oder Energiezuwachs

Energie- bzw. Massenerhaltungssatz
in einem abgeschlossenen System von Körpern (Massenpunkten, Teilchen)

$$\sum_{i=1}^{n_a} W_{i,a} = \sum_{j=1}^{n_e} W_{j,e}$$

n_a bzw. n_e Anzahl der Körper (Massenpunkte, Teilchen) vor bzw. nach der Reaktion
$W_{i,a}$ bzw. $W_{j,e}$ Gesamtenergie des Körpers (Massenpunktes, Teilchens) i bzw. j vor bzw. nach der Reaktion

$$\sum_{i=1}^{n_a} m_{i,a} = \sum_{j=1}^{n_e} m_{j,e}$$

$m_{i,a}$ bzw. $m_{j,e}$ dynamische Masse des Körpers (Massenpunktes, Teilchens) i bzw. j vor bzw. nach der Reaktion

2 Mechanik der Fluide (Flüssigkeiten und Gase)

2.1 Ruhende Fluide

2.1.1 Druck

Druck p

$$p = \frac{\Delta F}{\Delta A}$$

Einheit: 1 N/m² = 1 Pascal Pa
1 Bar bar = 10^5 Pa; 1 Torr = 133,322 Pa
1 mm WS = 9,80665 Pa

ΔF Druckkraft senkrecht zur Fläche mit dem Inhalt ΔA

Isotherme Druckänderung Δp
für die relative Volumänderung $\Delta V/V$

$$\Delta p = K\frac{\Delta V}{V}; \qquad \Delta V = |V_2 - V_1|; \qquad \Delta p = |p_2 - p_1|$$

$$K = 1/\varkappa$$

V_1 bzw. V_2 Volumen beim Druck p_1 bzw. p_2
$V \approx V_1 \approx V_2$
K Kompressionsmodul (Tab. 11)
$\varkappa$ Kompressibilität

Speziell ideale Flüssigkeit: $\varkappa = 0$

Speziell ideales Gas: $\varkappa = 1/p$

p Gasdruck

2.1.2 Grenzflächeneffekte realer Fluide

Kapillaritätskonstante σ (Oberflächen-, Grenzflächenspannung) einer Flüssigkeit (Tab. 12)

$$\sigma = \frac{\Delta W}{\Delta A}; \qquad \sigma = \frac{\Delta F}{\Delta l}$$

Einheit: 1 N/m = 1 J/m² = 1 kg/s²

ΔW Arbeit zur Vergrößerung der Flüssigkeitsoberfläche um ΔA
ΔF Kraft auf ein Teilstück Δl der Berandungslinie der Flüssigkeitsoberfläche

Kraft F zum Heben eines Drahtbügels:

$$F = F_G + 2\,b\sigma$$

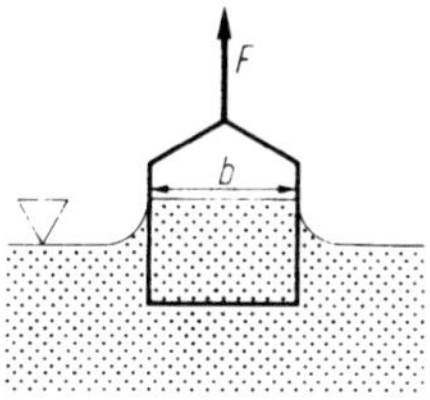

F Kraft kurz vor dem Abreißen der Lamelle
σ Kapillaritätskonstante
b bzw. F_G Breite bzw. Gewichtskraft des Bügels

Kraft F zum Heben eines Drahtringes:

$$F = F_G + 4\,\pi r\sigma$$

F Kraft kurz vor dem Abreißen der Lamelle
σ Kapillaritätskonstante
r bzw. F_G Radius bzw. Gewichtskraft des Drahtringes

Kohäsionsdruck p_k auf Teilchen
in einer gewölbten Oberfläche (Meniskus)

$$p_k = p_e + \frac{2\sigma}{r}$$

$r > 0$: konvexer Meniskus
$r < 0$: konkaver Meniskus

p_e Kohäsionsdruck bei ebener Oberfläche
σ Kapillaritätskonstante der Flüssigkeit
r Krümmungsradius

Dampfsättigungsdruck $p_{s,k}$ in einer Kapillare

$$p_{s,k} = p_{s,e} + \frac{2\sigma}{r}\frac{\varrho_s}{\varrho_{Fl}}$$

$p_{s,k}$ Dampfsättigungsdruck einer Flüssigkeit mit kugelförmiger Oberfläche
$p_{s,e}$ Dampfsättigungsdruck der gleichen Flüssigkeit bei ebener Oberfläche
ϱ_s Dampfsättigungsdichte, ϱ_{Fl} Flüssigkeitsdichte

Überdruck Δp in einer kugelförmigen Blase

$$\Delta p = \frac{4\sigma}{r}$$

σ Kapillaritätskonstante
r Radius der Blase mit innerer und äußerer Oberfläche

J. Berber et al., *Physik in Formeln und Tabellen*

Haftspannung und Kapillarität
(1) Gas, (2) Flüssigkeit, (3) Wand

Haftspannung σ_H: $\sigma_H = \sigma_{1,3} - \sigma_{2,3}$

Kapillaritätsgesetz: $\sigma_H = \sigma_{1,2} \cos \theta$

Vollständige Benetzung: $\theta = 0°$ bzw. $\sigma_H \geqq \sigma_{1,2}$

Unvollständige Benetzung: $0° < \theta < 90°$ bzw.

$\sigma_{1,2} > \sigma_H > 0$

Nichtbenetzung: $\theta > 90°$ bzw. $\sigma_H < 0$

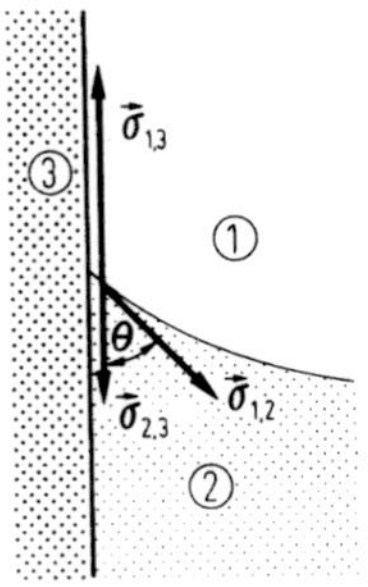

$\vec{\sigma}_{i,k}$ Grenzflächenspannung zwischen den Medien (i) und (k)
θ Randwinkel

Steighöhe bzw. Depressionstiefe h einer Flüssigkeit in einem kreiszylindrischen Kapillarrohr:

$$h = \frac{2\sigma_{1,2} \cos \theta}{r \varrho g}; \quad \sigma_{1,2} = \sigma$$

Speziell Wasser/Glas: $h \approx 15 \text{ mm}^2/r$
Speziell Quecksilber/Glas: $h \approx -7 \text{ mm}^2/r$

σ Kapillaritätskonstante der Flüssigkeit gegen Luft
θ Randwinkel
r Kapillarrohrradius
ϱ Flüssigkeitsdichte
g Fallbeschleunigung

2.1.3 Druck und Kraft in offenen Gefäßen

Hydrostatischer Druck *p* in der Tiefe *h* einer Flüssigkeit
mit freier Oberfläche

$$p = p_G + p_O = \varrho g h + p_O$$
$$p_G = \varrho g h$$

p_G Schweredruck durch die Flüssigkeit
p_O Druck auf die Flüssigkeitsoberfläche
ϱ Flüssigkeitsdichte (Tab. 6), g Fallbeschleunigung

Druckkraft *F*
auf horizontale Boden- bzw. Deckflächen

$$F = A \varrho g h$$

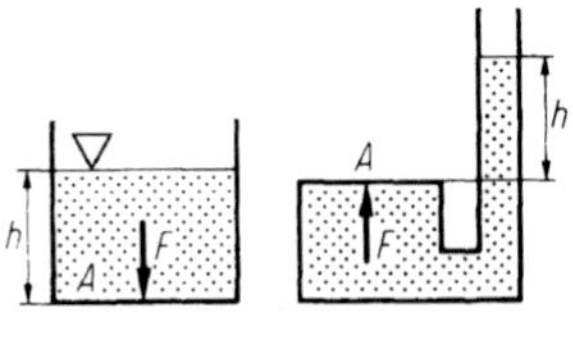

A Boden- bzw. Deckfläche
ϱ Dichte, g Fallbeschleunigung
h Höhe der Flüssigkeitsoberfläche über der Boden- bzw. Deckfläche

Druckkraft *F*
auf symmetrische ebene Seitenwand

$$F = A \varrho g h_S$$
$$F = A \varrho g y_S \sin \alpha$$

Angriffspunkt von F (Druckmittelpunkt D):

$$y_D = y_S + e$$
$$h_D = y_D \sin \alpha$$

$$e = \frac{I_S}{A y_S}$$

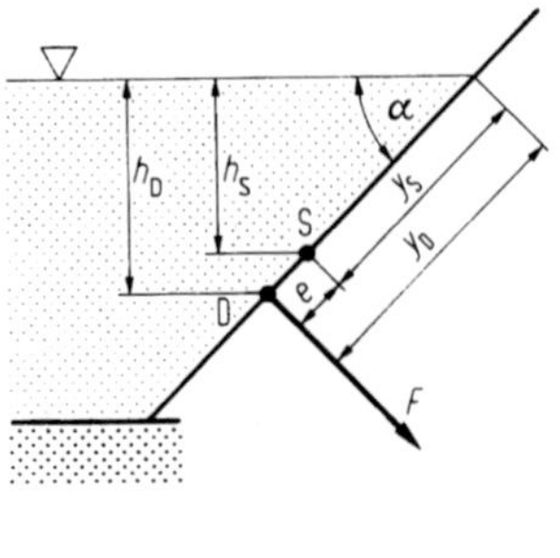

A benetzte Seitenfläche
ϱ Dichte
g Fallbeschleunigung
h_S (senkrechter) Abstand des Flächenschwerpunktes S der benetzten Wandfläche vom Flüssigkeitsspiegel
I_S axiales Flächenmoment 2. Grades der benetzten Seitenfläche in bezug auf die horizontale Achse durch S (S. 12 u. Tab. 5)

2.1.4 Druck und Kraft in geschlossenen Gefäßen

Hydraulischer Druck p (ohne Schweredruck) an jeder Stelle der Flüssigkeit

$$p = \frac{F}{A}$$

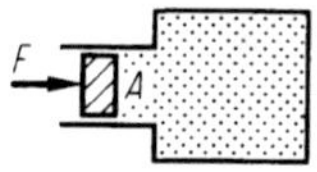

F Kraft auf die Kolbenfläche A

Hydraulische Kraft- bzw. Druckübertragung

$$F_2 = \frac{A_2}{A_1} F_1; \qquad s_2 = \frac{A_1}{A_2} s_1$$

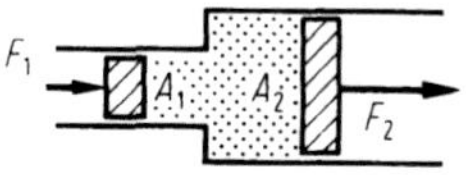

F_1, F_2 Kolbenkräfte
A_1, A_2 Kolbenflächen
s_1, s_2 Kolbenwege

$$p_2 = \frac{A_1}{A_2} p_1$$

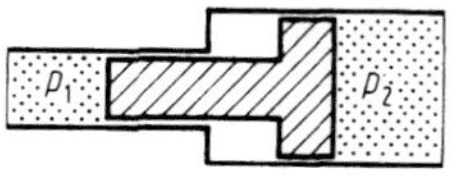

p_1, p_2 hydraulischer Druck der Flüssigkeit in den Zylindern

2.1.5 Auftrieb und Schwimmen

Auftriebskraft F_A

$$F_A = \varrho\, g\, V'_K$$

(Gesetz von Archimedes)

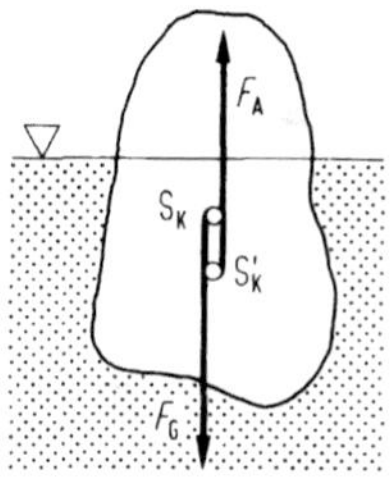

V'_K Teil des Körpervolumens, der sich in einem Fluid der Dichte ϱ befindet
g Fallbeschleunigung
S_K Schwerpunkt des Gesamtkörpers
S'_K Schwerpunkt des eingetauchten Teiles
ϱ_K Dichte des Körpers
F_G Gewichtskraft des Gesamtkörpers

Scheinbare Gewichtskraft F'_G eines Körpers in einem Fluid

$$F'_G = F_G - F_A$$

Schwimmbedingung: $F_G = F_A$

F_G (absolute) Gewichtskraft des Körpers
F_A Auftriebskraft des Körpers im Fluid

Dichte ϱ_K eines festen Körpers

$$\varrho_K = \frac{F_G}{F_G - F'_G} \cdot \varrho$$

(Messung mit der hydrostatischen Waage)
F_G Gewichtskraft des Körpers in Luft
F'_G scheinbare Gewichtskraft des Körpers in einer Flüssigkeit der Dichte ϱ bei vollständigem Eintauchen

2.1.6 Luftdruck und Gasdruck

Barometrische Höhenformel für konstante Temperatur

$$p_2 = p_1 \cdot e^{-\frac{\varrho_1 g}{p_1}(h_2 - h_1)}; \qquad h_2 = h_1 + \frac{p_1}{\varrho_1 g} \cdot \ln \frac{p_1}{p_2}$$

Speziell $\vartheta = 0$ °C: $\quad h_2 - h_1 = 18{,}4 \text{ km} \cdot \lg \frac{p_1}{p_2}$

p_1 bzw. p_2 atmosphärischer Luftdruck in der Höhe h_1 bzw. h_2
ϱ_1 Luftdichte in der Höhe h_1
g Fallbeschleunigung
ϑ Celsius-Temperatur

Gesetz von Boyle-Mariotte

$p_1 V_1 = p_2 V_2$ (Temperatur konstant)

V_1 bzw. V_2 Volumen des Gases beim Druck p_1 bzw. p_2

2.2 Stationäre Strömung inkompressibler Fluide

2.2.1 Grundgrößen

Volumenstrom (Volumendurchfluß) $\dot{V}$ (Q)

Einheit: 1 m³/s

$$\dot{V} = \frac{\mathrm{d}V}{\mathrm{d}t} = v\,A = \text{konstant}$$

dV Volumen der Fluidmenge, die in der Zeit dt senkrecht durch die Querschnittsfläche A fließt
v Geschwindigkeit des Fluids

Massenstrom (Massendurchfluß) $\dot{m}$

Einheit: 1 m³/s

$$\dot{m} = \frac{\mathrm{d}m}{\mathrm{d}t} = \varrho\,\dot{V} = \text{konstant}$$

dm Masse der Fluidmenge, die in der Zeit dt mit der Geschwindigkeit v senkrecht durch die Querschnittsfläche A fließt
ϱ Dichte des Fluids

Dynamischer Druck (Geschwindigkeitsdruck, Staudruck) p_d

$$p_d = \tfrac{1}{2}\,\varrho\,v^2$$

ϱ Dichte, v Strömungsgeschwindigkeit

2.2.2 Ideale Fluide

Kontinuitätsgleichung

$$\dot{V} = v\,A = \text{konstant}$$

$$v_1\,A_1 = v_2\,A_2$$

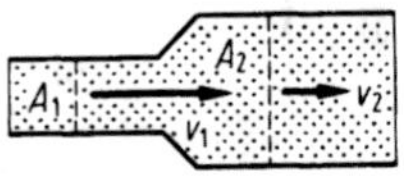

$\dot{V}$ Volumenstrom, v Geschwindigkeit
A Querschnittsfläche
v_1 bzw. v_2 Strömungsgeschwindigkeit in der Querschnittsfläche A_1 bzw. A_2

Bernoullische Gleichung

$$p_1 + \tfrac{1}{2}\,\varrho\,v_1^2 + h_1\,\varrho\,g = p_2 + \tfrac{1}{2}\,\varrho\,v_2^2 + h_2\,\varrho\,g$$

$$\frac{p_1}{\varrho g} + \frac{v_1^2}{2g} + h_1 = \frac{p_2}{\varrho g} + \frac{v_2^2}{2g} + h_2$$

p_1 bzw. p_2 statischer Druck, v_1 bzw. v_2 Strömungsgeschwindigkeit
h_1 bzw. h_2 Ortshöhe an der 1. bzw. 2. Meßstelle im Stromfaden

Speziell horizontale Strömung: $h_1 = h_2$

$$p + \tfrac{1}{2}\,\varrho\,v^2 = p_{ges} = \text{konstant}$$

p_{ges} Gesamtdruck, p statischer Druck
v Strömungsgeschwindigkeit an der Meßstelle
ϱ Fluiddichte

Venturi-Rohr: $\Delta p = \Delta p_d = (\varrho_{fl} - \varrho)\,g\,\Delta h$

$$v_1 = \sqrt{\frac{2\,\Delta p}{\left[\left(\frac{A_1}{A_2}\right)^2 - 1\right]\varrho}}$$

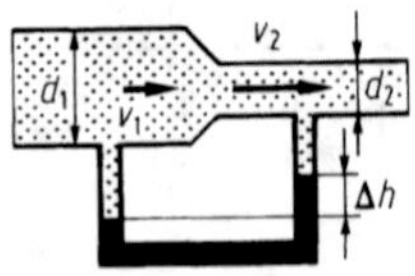

ϱ bzw. ϱ_{fl} Dichte des Fluids bzw. der Manometerflüssigkeit
g Fallbeschleunigung
A_1, A_2 Querschnittsflächen der Rohre mit den Durchmessern d_1, d_2

Prandtl-Rohr: $p_d = (\varrho_{fl} - \varrho)\,g\,\Delta h$

$$v = \sqrt{\frac{2p_d}{\varrho}}$$

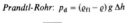

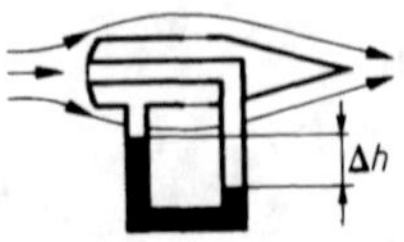

p_d dynamischer Druck

2.2.3 Reale Fluide

1. Laminare Strömung ($v < v_{krit}$)

v_{krit} siehe S. 38

Reibungskraft F_R zwischen zwei Fluidschichten

$$F_R = \eta A \frac{dv}{dy}$$

η dynamische Viskosität
dv/dy Geschwindigkeitsgefälle senkrecht zur Berührungsfläche A

Dynamische Viskosität η (Tab. 13 u. 14)

Speziell ideales Gas: siehe Seite 65

Einheit: $1 \text{ Pa s} = 1 \frac{\text{N s}}{\text{m}^2} = 1 \frac{\text{kg}}{\text{m s}}$

1 Poise = 0,1 Pa s

Fluidität φ

$$\varphi = \frac{1}{\eta}$$

Einheit: 1 m s/kg

Kinematische Viskosität ν

$$\nu = \frac{\eta}{\varrho}$$

Einheit: $1 \text{ m}^2/\text{s}$ (= 10^4 Stokes St)

ϱ Fluiddichte, η dynamische Viskosität

Grenzschichtdicke D

$$D = \sqrt{\frac{2 \eta l}{\varrho v}} = \sqrt{\frac{2 \nu l}{v}}$$

v Geschwindigkeit eines Körpers der Länge l in einer Flüssigkeit der dynamischen Viskosität η bzw. der kinematischen Viskosität ν und der Dichte ϱ

Volumenstrom $\dot{V}$ bei einer Rohrströmung

$$\dot{V} = \frac{r^4 \pi \Delta p}{8 \eta l} \quad \textit{(Gesetz von Hagen-Poiseuille)}$$

r Rohrinnenradius
Δp Druckunterschied über die Länge l
η dynamische Viskosität

Bernoullische Gleichung

$$p_1 + \varrho g h_1 + \tfrac{1}{2} \varrho v_1^2 = p_2 + \varrho g h_2 + \tfrac{1}{2} \varrho v_2^2 + \Delta p_R$$

p_1 bzw. p_2 statischer Druck
v_1 bzw. v_2 Strömungsgeschwindigkeit
h_1 bzw. h_2 Ortshöhe an der 1. bzw. 2. Meßstelle im Stromfaden
Δp_R Druckverlust zwischen den Meßstellen durch Reibung

Strömungswiderstandskraft $\vec{F}_W$ auf einen Körper

$$\vec{F}_W = -c \vec{v}$$

$\vec{v}$ Geschwindigkeit des Körpers relativ zum Fluid
c Reibungskoeffizient

Speziell Rohrströmung:

$$F_W = 8 \pi \eta l \bar{v}; \quad \bar{v} = \frac{\dot{V}}{A}$$

η dynamische Viskosität, l Rohrlänge
$\bar{v}$ mittlere Strömungsgeschwindigkeit
$\dot{V}$ Volumenstrom durch die Fläche A

Speziell Kugel im unbegrenzten Fluid:

$$F_W = 6 \pi \eta r v \quad \textit{(Gesetz von Stokes)}$$

r Kugelradius, v Kugelgeschwindigkeit

Korrektur für die Bewegung einer Kugel in einem Rohr:

$$F_W = 6 \pi \eta r v \left(1 + 2{,}1 \frac{r}{R}\right)$$

R Rohrradius ($R > r$)

2. Turbulente Strömung ($v > v_{krit}$)

v_{krit} kritische Geschwindigkeit

Bernoullische Gleichung siehe S. 37

Reynolds-Zahl ***Re***

$$Re = \frac{v}{\nu} d$$

Einheit: 1

v Relativgeschwindigkeit eines Körpers zu einem Fluid
ν kinematische Viskosität
d charakteristische Abmessung
Re_{krit} kritische Reynolds-Zahl

Laminare Strömung: $Re < Re_{krit}$

Turbulente Strömung: $Re > Re_{krit}$

Speziell Rohrströmung bei Kreisquerschnitt:

$$Re_{krit} \approx 1160; \qquad v_{krit} = Re_{krit} \frac{\nu}{d}$$

v_{krit} kritische Geschwindigkeit
d Innendurchmesser des Rohres

Ähnlichkeitsgesetz für Strömungen

Zwei Strömungsfelder sind ähnlich, wenn ihre geometrischen Abmessungen ähnlich und ihre Reynolds-Zahlen gleich sind.
Die Widerstandsbeiwerte von Körpern sind dann gleich.

Strömungswiderstandskraft $\vec{F}_W$ auf einen Körper

$$F_W = c_W \tfrac{1}{2} \varrho v^2 A_0; \qquad \vec{F}_W \parallel \vec{v}$$

A_0 wirksame Stirnfläche senkrecht zur Relativgeschwindigkeit v zwischen Körper und Fluid
ϱ Dichte des Fluids
c_W Widerstandsbeiwert (Tab. 15)

Luftkraft $\vec{F}_L$ auf einen Tragflügel

$$\vec{F}_L = \vec{F}_W + \vec{F}_A; \qquad F_W = c_W \tfrac{1}{2} \varrho v^2 A$$

$$F_A = c_A \tfrac{1}{2} \varrho v^2 A$$

Gleitzahl ε: $\varepsilon = F_W/F_A = c_W/c_A$

Gleitwinkel γ: $\gamma = \arctan \varepsilon$

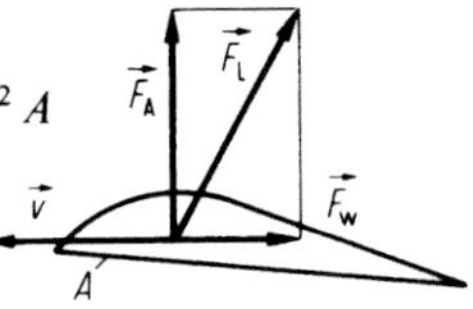

A größte Projektionsfläche des Tragflügels
v Relativgeschwindigkeit zwischen Tragflügel und Luft
$\vec{F}_A$ dynamische Auftriebskraft senkrecht zu $\vec{v}$
c_A Auftriebsbeiwert, ϱ Luftdichte
c_W Widerstandsbeiwert

2.2.4 Ausfluß aus Gefäßen

Offenes Gefäß mit konstanter Spiegelhöhe
und Bodenöffnung bzw. kleiner Seitenöffnung

Ausflußgeschwindigkeit v_a:

$$v_a = \varphi \sqrt{2gh} \qquad (A : A_0 \leqq 0{,}1)$$

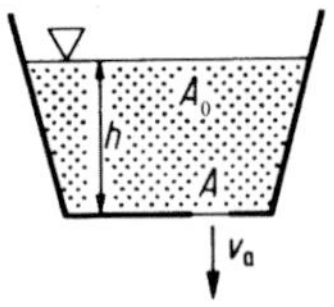

A_0 Flüssigkeitsspiegelfläche
A Querschnittsfläche der Austrittsöffnung
φ Geschwindigkeitszahl, g Fallbeschleunigung
h Höhe des Flüssigkeitsspiegels über der Ausflußöffnung

Volumenstrom $\dot{V}$:

$$\dot{V} = v_a A_{str} = \alpha A \varphi \sqrt{2gh}$$

$$\dot{V} = \mu A \sqrt{2gh}$$

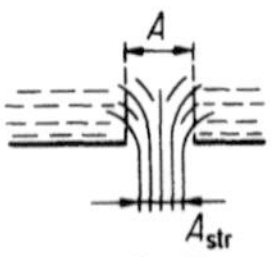

$\alpha = A_{str}/A$

A_{str} Strahlquerschnitt
α Einschnürzahl

$\mu = \alpha \varphi$ Ausflußzahl

3 Mechanische Schwingungen und Wellen. Akustik

3.1 Längs- und Drehschwingungen

3.1.1 Grundgrößen

Rückstellende Kraft $F_{r,x}$ bei Längsschwingungen

$$F_{r,x} = -D\,x$$

D Richtgröße (Einheit: 1 N/m, S. 13)
x Elongation (Auslenkung aus der Ruhelage)

Rückstellendes Moment $M_{r,z}$ bei Drehschwingungen

$$M_{r,z} = -D^*\,\varphi^*$$

D^* Winkelrichtgröße (Einheit: 1 N m, S. 13)
φ^* Winkelelongation (Auslenkung aus der Ruhelage)

Frequenz f

Einheit: 1 s^{-1} = 1 Hertz Hz

$$f = \frac{n}{t}\ ; \quad f = \frac{1}{T}$$

n Anzahl der Schwingungen in der Zeit t
T Schwingungsdauer

Kreisfrequenz ω

Einheit: 1 s^{-1}

$$\omega = 2\pi f\ ; \quad \omega = \frac{2\pi}{T}$$

Schwingungsdauer (Periodendauer) T

Einheit: 1 s

$$T = \frac{1}{f}\ ; \quad T = \frac{2\pi}{\omega}$$

f Frequenz, ω Kreisfrequenz

Schwingungsenergie W_S bei Längsschwingungen

Einheit: 1 J

$$W_S = \tfrac{1}{2}D\,x^2 + \tfrac{1}{2}m\,v_x^2$$

D Richtgröße, x Elongation, m Masse
v_x Geschwindigkeit

Schwingungsenergie W_S bei Drehschwingungen

Einheit: 1 J

$$W_S = \tfrac{1}{2}D^*\,\varphi^{*2} + \tfrac{1}{2}J\,\omega_z^{*2}$$

D^* Winkelrichtgröße, φ^* Winkelelongation
J Trägheitsmoment, ω_z^* Winkelgeschwindigkeit

3.1.2 Freie Längsschwingungen ohne Dämpfung

Differentialgleichung

$$m\ddot{x} + D\,x = 0$$

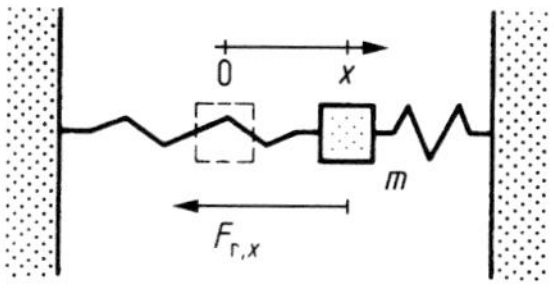

x Elongation, D Richtgröße (S. 13)
m Masse des Schwingers

Elongation (Auslenkung) $x(t)$

$$x(t) = \hat{x}\sin\varphi = \hat{x}\sin(\omega_0 t + \varphi_0)$$

$$\varphi(t) = \omega_0 t + \varphi_0\ ; \quad \omega_0 = \sqrt{D/m}$$

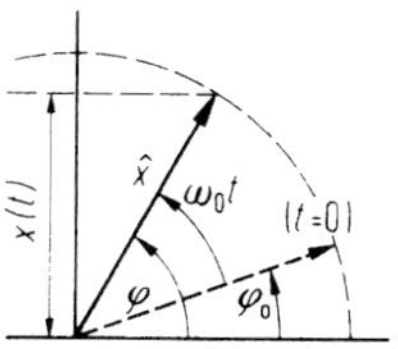

$\hat{x}$ (Elongations-)Amplitude (maximale Auslenkung)
$\varphi(t)$ Phase (Phasenwinkel), φ_0 Nullphasenwinkel
ω_0 Kennkreisfrequenz (Eigenkreisfrequenz für die Dämpfung 0)

Eigenfrequenz f_0

$$f_0 = \frac{1}{2\pi}\sqrt{\frac{D}{m}} = \frac{1}{T_0}$$

T_0 Schwingungsdauer
D Richtgröße
m Masse des Schwingers

J. Berber et al., *Physik in Formeln und Tabellen*

Geschwindigkeit $v_x(t)$

Einheit: 1 m/s

$$v_x(t) = \dot{x} = \hat{v}_x \sin\left(\omega_0 t + \varphi_0 + \frac{\pi}{2}\right) = \hat{v}_x \cos(\omega_0 t + \varphi_0)$$

$$\hat{v}_x = \hat{x}\,\omega_0$$

$\hat{x}$ Amplitude, ω_0 Kennkreisfrequenz
φ_0 Nullphasenwinkel, $\hat{v}_x$ Geschwindigkeitsamplitude

Beschleunigung $a_x(t)$

Einheit: 1 m/s^2

$$a_x(t) = \dot{v}_x = \ddot{x} = \hat{a}_x \sin(\omega_0 t + \varphi_0 + \pi) = -\hat{a}_x \sin(\omega_0 t + \varphi_0)$$

$$\hat{a}_x = \hat{x}\,\omega_0^2$$

v_x Geschwindigkeit, x Elongation
ω_0 Kennkreisfrequenz, φ_0 Nullphasenwinkel
$\hat{a}_x$ Beschleunigungsamplitude, $\hat{x}$ Amplitude

Schwingungsenergie W_S

$$W_S = W_{pot} + W_{trans} = \text{konstant}$$

$$W_S = \tfrac{1}{2} D\,\hat{x}^2 = \tfrac{1}{2} m\,\hat{v}_x^2 = \tfrac{1}{2} m\,\hat{x}^2\,\omega_0^2$$

W_{pot} bzw. W_{trans} potentielle bzw. kinetische Energie des Schwingers
D Richtgröße, $\hat{x}$ Amplitude, m Masse
$\hat{v}_x$ Geschwindigkeitsamplitude

Flüssigkeitsschwingungen in kommunizierenden Gefäßen

Speziell: $A_1 = A_2 = A$ (U-Rohr)

Schwingungsdauer T_0:

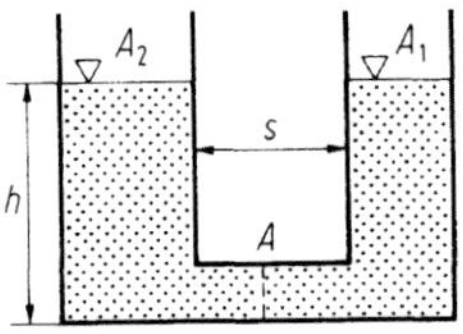

$$T_0 = 2\pi \sqrt{\frac{l}{2g}}$$

A, A_1, A_2 Querschnittsflächen
g Fallbeschleunigung

$$l = 2h + s$$

l Länge der gesamten Flüssigkeitssäule

Gasschwingungen (kleine Amplitude)
Schwingungsdauer T_0:

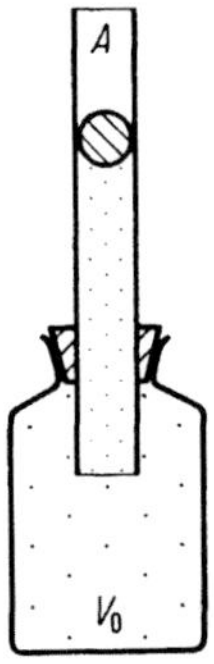

$$T_0 = 2\pi \sqrt{\frac{m V_0}{\varkappa p_0 A^2}}$$

V_0 bzw. p_0 Volumen bzw. Druck des idealen Gases bei der Ruhelage des Verschlusses
m Masse des schwingenden Verschlusses
$\varkappa$ Isentropenexponent des Gases (Tab. 25)
A Querschnittsfläche des Rohres

Fadenpendel (mathematisches Pendel)

$\hat{\varphi}^* < 5°$:

$$T_0 = 2\pi \sqrt{\frac{l}{g}}$$

$$\sin\hat{\varphi}^* \approx \hat{\varphi}^*$$

l Fadenlänge, g Fallbeschleunigung
$\hat{\varphi}^*$ Schwingungsamplitude

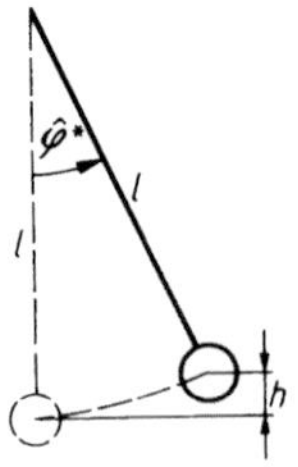

Geschwindigkeit im tiefsten Punkt:

$$v = \sqrt{2gh}$$

h Höhe im Umkehrpunkt

$\hat{\varphi}^* > 5°$:

$$T_0 = 2\pi \sqrt{\frac{l}{g}} \cdot \left[1 + \frac{1}{4}\sin^2\left(\frac{\hat{\varphi}^*}{2}\right) + \frac{9}{64}\sin^4\left(\frac{\hat{\varphi}^*}{2}\right) + \ldots\right]$$

3.1.3 Freie Längsschwingungen mit konstanter Dämpfung

Dämpfungskraft $F_{d,x}$

$$F_{d,x} = -\operatorname{sgn}(\dot{x})\,F_R; \qquad F_R = \text{konstant}$$

F_R Betrag der Reibungskraft
$\operatorname{sgn}(\dot{x})$ Vorzeichen von $\dot{x}$

Differentialgleichung

$$m\ddot{x} + D x + \operatorname{sgn}(\dot{x})\,F_R = 0$$

m Masse des Schwingers
D Richtgröße (S. 13)

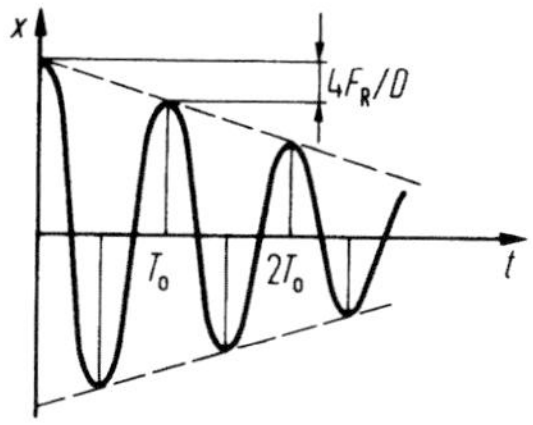

Kennkreisfrequenz ω_0

$$\omega_0 = \sqrt{\frac{D}{m}}$$

m Masse des Schwingers
D Richtgröße (S. 13)

Elongation $x(t)$

Anfangsbedingungen: $t = 0;\ x(0) = \hat{x}_0;\ v(0) = 0$

$$x(t) = \frac{F_R}{D} + \left(\hat{x}_0 - \frac{F_R}{D}\right)\cos\omega_0 t \qquad \text{für } 0 \leqslant t \leqslant T_0/2$$

$$x(t) = -\frac{F_R}{D} + \left(\hat{x}_0 - \frac{3F_R}{D}\right)\cos\omega_0 t \qquad \text{für } T_0/2 \leqslant t \leqslant T_0$$

F_R Reibungskraft, D Richtgröße
$\hat{x}_0$ Anfangsauslenkung (Anfangsamplitude)
ω_0 Kennkreisfrequenz

T_0 Schwingungsdauer

Stillstand im Bereich $|x| < F_R/D$

Amplitudenabnahme pro Schwingung

$$\hat{x}_n - \hat{x}_{n+1} = 4\,\frac{F_R}{D}; \qquad (\hat{x}_{n+1} > F_R/D)$$

$\hat{x}_n$ und $\hat{x}_{n+1}$ sind zwei aufeinanderfolgender Amplituden im Zeitabstand T_0
D Richtgröße

3.1.4 Freie Längsschwingungen mit geschwindigkeitsproportionaler Dämpfung

Dämpfungskonstante b

Einheit: 1 N s/m = 1 kg/s

$$b = 2m\delta = \frac{2m\omega_0\Lambda}{\sqrt{4\pi^2 + \Lambda^2}} = 2\sqrt{mD}\,\vartheta$$

m Masse des Schwingers, δ Abklingkoeffizient
ω_0 Kennkreisfrequenz, Λ log. Dekrement
ϑ Dämpfungsgrad, D Richtgröße

Dämpfungskraft $F_{d,x}$

$$F_{d,x} = -b\dot{x} = -b v_x$$

b Dämpfungskonstante (S. 37: Reibungskoeffizient c)
x Elongation, v_x Momentangeschwindigkeit

Differentialgleichung

$$m\ddot{x} + b\dot{x} + Dx = 0 \qquad \text{oder} \qquad \ddot{x} + 2\delta\dot{x} + \omega_0^2 x = 0$$

D Richtgröße, m Masse des Schwingers
b Dämpfungskonstante, δ Abklingkoeffizient
ω_0 Kennkreisfrequenz

Abklingkoeffizient δ

Einheit: $1\ \text{s}^{-1}$

$$\delta = \frac{b}{2m} = \frac{\omega_0\Lambda}{\sqrt{4\pi^2 + \Lambda^2}} = \omega_0\vartheta$$

b Dämpfungskonstante, m Masse des Schwingers
ω_0 Kennkreisfrequenz, Λ log. Dekrement
ϑ Dämpfungsgrad

Dämpfungsgrad ϑ

$$\vartheta = \frac{\delta}{\omega_0} = \frac{b}{2\sqrt{mD}} = \frac{\Lambda}{\sqrt{4\pi^2 + \Lambda^2}}$$

δ Abklingkoeffizient, ω_0 Kennkreisfrequenz
m Masse des Schwingers, D Richtgröße
Λ logarithmisches Dekrement

Kennkreisfrequenz ω_0

Einheit: $1\,\mathrm{s}^{-1}$

$$\omega_0 = \sqrt{\frac{D}{m}}$$

D Richtgröße, m Masse des Schwingers

Periodische Fälle: $0 < \delta < \omega_0$ oder $0 < \vartheta < 1$

Elongation: $x(t) = \hat{x}_0\, \mathrm{e}^{-\delta t} \sin(\omega_\mathrm{d} t + \varphi_0)$

δ Abklingkoeffizient, ϑ Dämpfungsgrad
ω_d Eigenkreisfrequenz, ω_0 Kennkreisfrequenz
φ_0 Nullphasenwinkel, $\hat{x}_0$ Amplitude für $\delta = 0$

$$\omega_\mathrm{d} = \frac{2\pi}{T_\mathrm{d}} = 2\pi f_\mathrm{d}; \qquad \omega_\mathrm{d} = \sqrt{\omega_0^2 - \delta^2} = \omega_0 \sqrt{1 - \vartheta^2}$$

T_d Schwingungsdauer, f_d Frequenz

Logarithmisches Dekrement Λ: $\quad \Lambda = \delta T_\mathrm{d}$

Einheit: 1

Dämpfungsverhältnis k:

Einheit: 1

$$k = \frac{x(t)}{x(t + T_\mathrm{d})} = \frac{\hat{x}_\mathrm{i}}{\hat{x}_{\mathrm{i}+1}} = \sqrt[n]{\frac{\hat{x}_\mathrm{i}}{\hat{x}_{\mathrm{i}+\mathrm{n}}}}; \qquad k = \mathrm{e}^{\delta T_\mathrm{d}}$$

$\hat{x}_\mathrm{i}$, $\hat{x}_{\mathrm{i}+1}$ aufeinanderfolgende Amplituden
$\hat{x}_{\mathrm{i}+\mathrm{n}}$ Amplitude n Perioden nach $\hat{x}_\mathrm{i}$

$$\Lambda = \ln k = \frac{2\pi b}{\sqrt{4 m D - b^2}} = \frac{2\pi \delta}{\sqrt{\omega_0^2 - \delta^2}} = \frac{2\pi \vartheta}{\sqrt{1 - \vartheta^2}}$$

b Dämpfungskonstante, m Masse des Schwingers
D Richtgröße, δ Abklingkoeffizient
ω_0 Kennkreisfrequenz, ϑ Dämpfungsgrad

Aperiodischer Grenzfall: $\delta = \omega_0$ oder $\vartheta = 1$

Elongation: $x(t) = x_0 \mathrm{e}^{-\delta t}(1 + A\,t)$

δ Abklingkoeffizient, ω_0 Kennkreisfrequenz
ϑ Dämpfungsgrad, x_0 Anfangselongation
A Konstante

Aperiodische Fälle (Kriechfälle): $\delta > \omega_0$ oder $\vartheta > 1$

Elongation: $x(t) = x_0 \mathrm{e}^{-\delta t} \sinh(\omega'_\mathrm{d} t + \varphi'_0)$

$$\omega'_\mathrm{d} = \sqrt{\delta^2 - \omega_0^2} = \omega_0 \sqrt{\vartheta^2 - 1}$$

$x_0 \sinh \varphi'_0$ Anfangselongation
δ Abklingkoeffizient, ω_0 Kennkreisfrequenz
ϑ Dämpfungsgrad

3.1.5 Erzwungene Längsschwingungen mit geschwindigkeitsproportionaler Dämpfung

Anregende Kraft F_x

$$F_x(t) = \hat{F}_x \sin \omega t$$

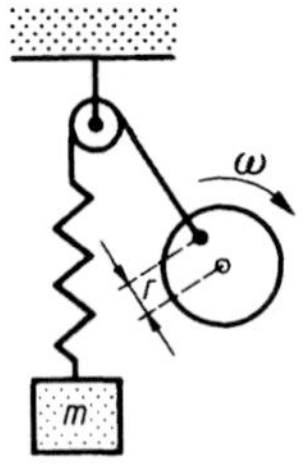

F_x Kraftkoordinate in Schwingungsrichtung
$\hat{F}_x$ Kraftamplitude
ω Anregungskreisfrequenz

Speziell Anregung über eine Feder:

$$\hat{F}_x = D r = m r \omega_0^2 = \text{konstant}$$

D Richtgröße, ω_0 Kennkreisfrequenz
m Masse des Schwingers
r Amplitude des oberen Federendes

Speziell Fliehkrafterregung:

$$\hat{F}_x(\omega) = m s \omega^2; \qquad s = \frac{m_1}{m} r_1$$

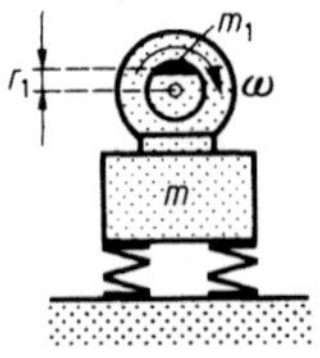

r_1 Abstand der Unwuchtmasse m_1 von der Drehachse
m Schwingermasse

Differentialgleichung

$$m \ddot{x} + b \dot{x} + D x = F_x; \qquad \ddot{x} + 2\delta \dot{x} + \omega_0^2 x = \frac{F_x}{m}$$

m Masse des Schwingers, D Richtgröße (S. 13)
δ Abklingkoeffizient (S. 41)
ω_0 Kennkreisfrequenz
b Dämpfungskonstante (S. 41)

Elongation $x(t)$ im stationären Zustand

$$x(t) = \hat{x} \sin(\omega t - \psi)$$

$\hat{x}$ Amplitude, ω Anregungskreisfrequenz
ψ Phasenverschiebungswinkel zwischen Anregungskraft F_x und Elongation x

Phasenverschiebungswinkel ψ
zwischen Anregungskraft F_x und Elongation x

$$\tan\psi = \frac{2\delta\omega}{\omega_0^2 - \omega^2} = \frac{2\vartheta\lambda}{1-\lambda^2}; \qquad \lambda = \frac{\omega}{\omega_0}; \quad 0 \leqq \psi \leqq \pi$$

δ Abklingkoeffizient
ω Anregungskreisfrequenz
ω_0 Kennkreisfrequenz
ϑ Dämpfungsgrad (S. 41)

Amplitude $\hat{x}(\omega)$

$$\hat{x}(\omega) = \frac{\hat{F}_x}{\sqrt{(D - m\omega^2)^2 + (b\omega)^2}} = \frac{\hat{F}_x}{m\sqrt{(\omega_0^2 - \omega^2)^2 + (2\delta\omega)^2}}$$

$\hat{F}_x$ Anregungskraftamplitude, D Richtgröße
m Masse des Schwingers, b Dämpfungskonstante
ω Anregungskreisfrequenz, ω_0 Kennkreisfrequenz
δ Abklingkoeffizient

Speziell Elongationsresonanz: $\hat{x}$ maximal

$$\hat{x}_{\max} = \frac{\hat{F}_x}{2\delta m\sqrt{\omega_0^2 - \delta^2}}$$

ω_{res} Resonanzkreisfrequenz
ψ_{res} Phasenverschiebungswinkel (zwischen Anregungskraft F_x und Elongation x) bei Resonanz

Speziell Anregung über Feder: $\omega_{res} = \sqrt{\omega_0^2 - 2\delta^2}$

$\psi_{res} < \pi/2$

$$\frac{\hat{x}}{r} = \frac{1}{\sqrt{(1-\lambda^2)^2 + (2\vartheta\lambda)^2}}; \qquad \frac{\hat{x}_{\max}}{r} = \frac{1}{2\vartheta\sqrt{1-\vartheta^2}}$$

ϑ Dämpfungsgrad

Speziell Fliehkrafterregung: $\omega_{res} = \dfrac{\omega_0^2}{\sqrt{\omega_0^2 - 2\delta^2}}$

$\psi_{res} > \pi/2$

$$\frac{\hat{x}}{s} = \frac{\lambda^2}{\sqrt{(1-\lambda^2)^2 + (2\vartheta\lambda)^2}}; \qquad \frac{\hat{x}_{\max}}{s} = \frac{1}{2\vartheta\sqrt{1-\vartheta^2}}$$

$s = \dfrac{m_1}{m} r_1; \qquad \lambda = \dfrac{\omega}{\omega_0}$

Geschwindigkeitsamplitude $\hat{v}_x(\omega)$

$$\hat{v}_x(\omega) = \omega\,\hat{x}(\omega)$$

ω Anregungskreisfrequenz
$\hat{x}$ Amplitude

Speziell Geschwindigkeitsresonanz: $\hat{v}_x$ maximal

$$\omega_{res} = \omega_0; \qquad \hat{v}_{x,\max} = \frac{\hat{F}_x}{2\delta m}; \qquad \psi_{res} = \pi/2$$

$\hat{F}_x$ Anregungskraftamplitude
m Masse des Schwingers
δ Abklingkoeffizient
ψ_{res} Phasenverschiebungswinkel (zwischen Anregungskraft F_x und Elongation x) bei Resonanz

Relative Halbwertsbreite für die Geschwindigkeitsresonanzkurve:

$$\frac{\omega_2 - \omega_1}{\omega_0} = \frac{f_2 - f_1}{f_0} = \frac{2\delta}{\omega_0} = 2\vartheta = \eta_0$$

$$Q_0 = \frac{1}{\eta_0}$$

$$\omega_1 = \sqrt{\delta^2 + \omega_0^2} - \delta$$

$$\omega_2 = \sqrt{\delta^2 + \omega_0^2} + \delta$$

$$\hat{v}_{x,1} = \hat{v}_{x,2} = \hat{v}_{x,\max}/\sqrt{2}$$

ω_0 Kennkreisfrequenz
ϑ Dämpfungsgrad, η_0 Verlustfaktor
Q_0 Gütefaktor (Resonanzschärfe)

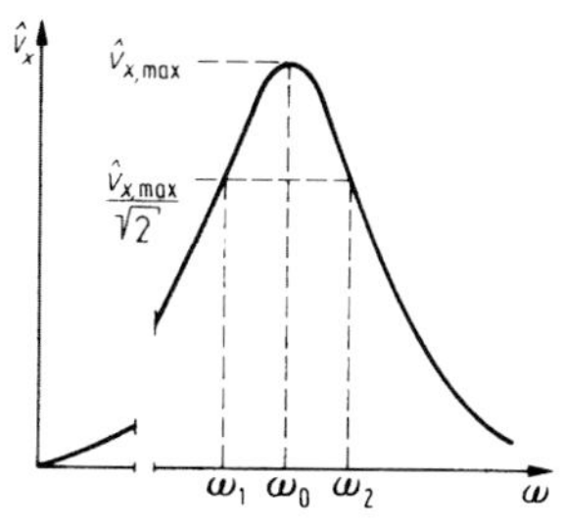

Beschleunigungsamplitude $\hat{a}_x(\omega)$

$$\hat{a}_x(\omega) = \omega^2\, \hat{x}(\omega) = \omega\, \hat{v}_x(\omega)$$

$\hat{x}$ Amplitude, ω Anregungskreisfrequenz
$\hat{v}_x$ Geschwindigkeitsamplitude

Speziell Beschleunigungsresonanz: $\hat{a}_x$ maximal

$$\hat{a}_{x,\,\max} = \frac{\hat{F}_x\, \omega_0^2}{2\delta m\, \sqrt{\omega_0^2 - \delta^2}}$$

$\hat{F}_x$ Anregungskraftamplitude
m Masse des Schwingers
δ Abklingkoeffizient

Speziell Anregung über Feder:

$$\omega_{\text{res}} = \frac{\omega_0^2}{\sqrt{\omega_0^2 - 2\delta^2}}; \qquad \psi_{\text{res}} > \pi/2$$

ω_{res} Resonanzkreisfrequenz
ψ_{res} Phasenverschiebungswinkel bei Resonnanz

3.1.6 Überlagerung paralleler Längsschwingungen[1]

x_1 bzw. x_2 Auslenkung, $\hat{x}_1$ bzw. $\hat{x}_2$ Amplitude, φ_1 bzw. φ_2 Phasenwinkel, $\varphi_{0,1}$ bzw. $\varphi_{0,2}$ Nullphasenwinkel der 1. bzw. 2. Schwingung

Überlagerung von Schwingungen gleicher Kreisfrequenz ω

$\hat{x}$ Amplitude der resultierenden Schwingung

1. Schwingung: $x_1(t) = \hat{x}_1 \sin\varphi_1 = \hat{x}_1 \sin(\omega t + \varphi_{0,1})$

2. Schwingung: $x_2(t) = \hat{x}_2 \sin\varphi_2 = \hat{x}_2 \sin(\omega t + \varphi_{0,2})$

Resultierende Schwingung: $x(t) = x_1(t) + x_2(t)$

$$x(t) = \hat{x} \sin\varphi = \hat{x} \sin(\omega t + \varphi_0)$$

$$\hat{x} = \sqrt{\hat{x}_1^2 + \hat{x}_2^2 + 2\,\hat{x}_1\,\hat{x}_2 \cos(\varphi_{0,2} - \varphi_{0,1})}$$

$$\tan\varphi_0 = \frac{\hat{x}_1 \sin\varphi_{0,1} + \hat{x}_2 \sin\varphi_{0,2}}{\hat{x}_1 \cos\varphi_{0,1} + \hat{x}_2 \cos\varphi_{0,2}}$$

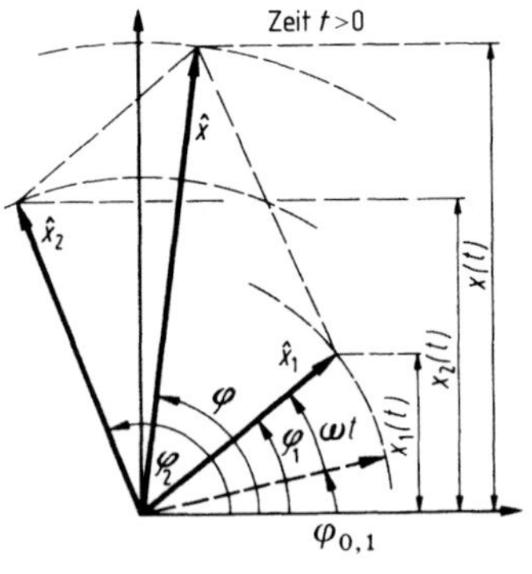

Speziell $\varphi_{0,2} - \varphi_{0,1} = k\,2\pi$; $k = 0, \pm 1, \pm 2, \ldots$

$$\hat{x} = \hat{x}_1 + \hat{x}_2$$

Speziell $\varphi_{0,2} - \varphi_{0,1} = (2k+1)\pi$; $k = 0, \pm 1, \pm 2, \ldots$

$$\hat{x} = |\hat{x}_1 - \hat{x}_2|$$

Speziell Auslöschung, wenn $\hat{x}_1 = \hat{x}_2$.

Überlagerung von Schwingungen gleicher Amplitude $\hat{x}_1 = \hat{x}_2 = \hat{x}_0$

ω_1 bzw. ω_2 Kreisfrequenz der 1. bzw. 2. Schwingung

1. Schwingung: $x_1(t) = \hat{x}_0 \sin\varphi_1 = \hat{x}_0 \sin(\omega_1 t + \varphi_{0,1})$

2. Schwingung: $x_2(t) = \hat{x}_0 \sin\varphi_2 = \hat{x}_0 \sin(\omega_2 t + \varphi_{0,2})$

Resultierende Schwingung: $x(t) = x_1(t) + x_2(t)$

$$x(t) = 2\,\hat{x}_0 \cos\tfrac{1}{2}\,[(\omega_1 - \omega_2)\,t + (\varphi_{0,1} - \varphi_{0,2})]\, \sin\tfrac{1}{2}\,[(\omega_1 + \omega_2)\,t + (\varphi_{0,1} + \varphi_{0,2})]$$

Speziell $\omega_1 \approx \omega_2$: **Schwebungen**

Trägerkreisfrequenz: $\omega_t = \frac{1}{2}(\omega_1 + \omega_2)$

Schwebungskreisfrequenz: $\omega_s = |\omega_1 - \omega_2|$

[1]) Harmonische Längsbewegungen, z.B. bei Trägern von Sinuswellen

3.1.7 Überlagerung zueinander senkrechter Längsschwingungen[1)]

Schwingung in der x-Richtung: $x(t) = \hat{x} \sin \varphi_x = \hat{x} \sin(\omega_x t + \varphi_{0,x})$

Schwingung in der y-Richtung: $y(t) = \hat{y} \sin \varphi_y = \hat{y} \sin(\omega_y t + \varphi_{0,y})$

Resultierende Schwingung: **Lissajous-Schwingung**

Speziell $\omega_x : \omega_y$ rational: geschlossene Schwingungsfigur

Speziell $\omega_x = \omega_y = \omega$; $\varphi_{0,x} = \varphi_{0,y}$: **Lineare Schwingung**

$$\frac{y}{x} = \frac{\hat{y}}{\hat{x}}$$

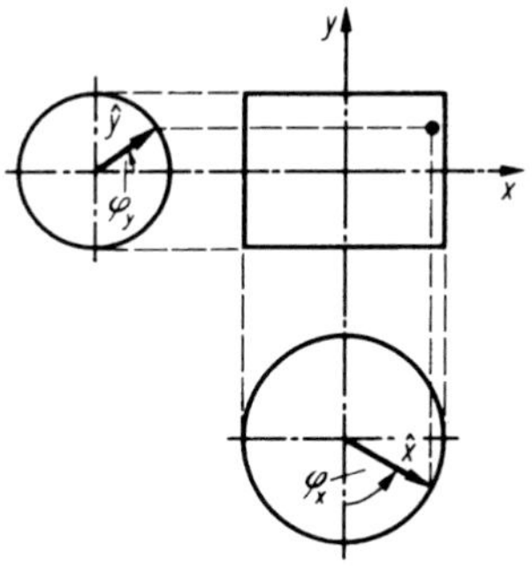

Speziell $\omega_x = \omega_y = \omega$; $\varphi_{0,y} - \varphi_{0,x} = \varphi$: **Elliptische Schwingung**

$$x^2 \hat{y}^2 + y^2 \hat{x}^2 - 2 x y \hat{x} \hat{y} \cos\varphi - \hat{x}^2 \hat{y}^2 \sin^2\varphi = 0$$

Winkel ψ der Hauptachse gegen x-Achse:

$$\tan 2\psi = \frac{2 \hat{x} \hat{y} \cos\varphi}{\hat{y}^2 - \hat{x}^2}$$

Speziell $\hat{x} = \hat{y}$ und $\varphi = \pm \pi/2$: **Kreisschwingung**

$$x^2 + y^2 = \hat{x}^2$$

3.1.8 Drehschwingungen

Allgemeine Formeln

Die Größen der Längsbewegung werden durch die entsprechenden Größen der Drehbewegung ersetzt.

x	v_x	a_x	m	D	F_x	k	b	Linearschwingungen
φ^*	ω_z^*	α_z^*	J	D^*	M_z	k^*	b^*	Drehschwingungen

x Elongation, φ^* Winkelelongation, v_x Geschwindigkeit, ω_z^* Winkelgeschwindigkeit, a_x Beschleunigung, α_z^* Winkelbeschleunigung, m Masse, J Trägheitsmoment, D Richtgröße, D^* Winkelrichtgröße, F_x Kraft, M_z Drehmoment, k Dämpfungsverhältnis, k^* Dämpfungsverhältnis, b Dämpfungskonstante, b^* Dämpfungskonstante (Einheit: 1 N m s)

Torsionspendel

$$T_0 = 2\pi \sqrt{\frac{J}{D^*}}$$

T_0 Schwingungsdauer, D^* Winkelrichtgröße (S. 13)
J Trägheitsmoment (S. 23)

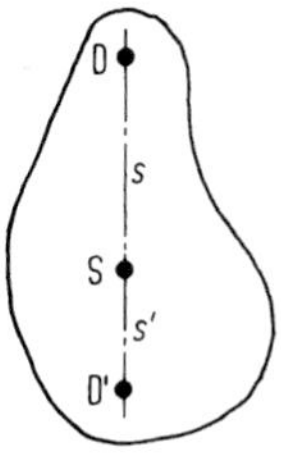

Physikalisches Pendel

$$T_0 = 2\pi \sqrt{\frac{J}{m g s}}; \qquad l = \frac{J}{m s} > s$$

$$s' = l - s; \qquad T_0' = 2\pi \sqrt{\frac{J'}{m g s'}} = T_0$$

Bedingung für Minimum von T_0: $s = s' = s_{min} = l_{min}/2$

$$l_{min} = 2\, s_{min}$$

T_0 Schwingungsdauer (für kleine Amplituden)
J Trägheitsmoment in bezug auf die Drehachse D
m Masse, g Fallbeschleunigung
s Abstand des Schwerpunktes S von der Drehachse
l reduzierte Pendellänge

s' Abstand des Schwingungsmittelpunktes D′ vom Schwerpunkt S
T_0' bzw. J' Schwingungsdauer bzw. Trägheitsmoment in bezug auf die Drehachse D′ (**Reversionspendel**)

1) Harmonische Längsbewegungen, z. B. Elektronen im Oszilloskop bei Anlegung von sinusförmigen Wechselspannungen

3.1.9 Gekoppelte ungedämpfte Längsschwingungen

Zwei gekoppelte Schwinger
in symmetrischer Anordnung bei kleinen Auslenkungen

Rückstellende Kraft $F_{r,1}$ auf den Schwinger 1:

$$F_{r,1} = -D\,x_1 + D_K\,(x_2 - x_1)$$

D Richtgröße der beiden Schwinger
x_1 bzw. x_2 Auslenkung des Schwingers 1 bzw. 2
D_K Richtgröße der Kopplung
m Masse eines Schwingers

Rückstellende Kraft $F_{r,2}$ auf den Schwinger 2:

$$F_{r,2} = -D\,x_2 - D_K\,(x_2 - x_1)$$

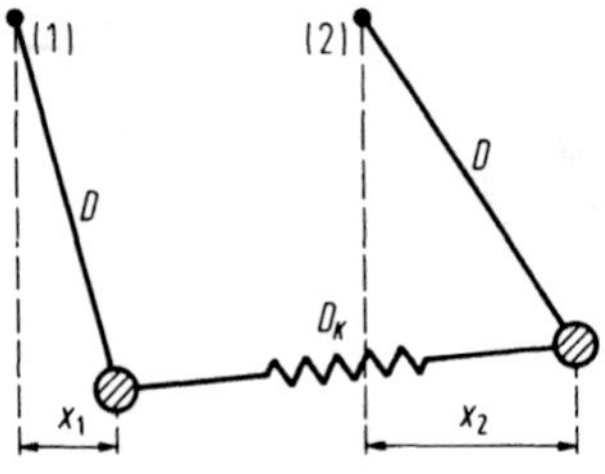

Speziell Fadenpendel: $D = \frac{m\,g}{l}$

g Fallbeschleunigung
l Fadenlänge

Kopplungsgrad K:

$$K = 2\,\frac{W_1 - W_2}{W_1 + W_2} = 2\,\frac{\omega_1^2 - \omega_2^2}{\omega_1^2 + \omega_2^2}$$

W_1, W_2 Schwingungsenergien der Fundamentalschwingungen
ω_1, ω_2 Kreisfrequenzen der Fundamentalschwingungen

Fundamentalschwingungen (kein Energieaustausch):

Phasendifferenz $\Delta\varphi = 0$ (**Gleichtakt**): $\omega_1 = \omega_0 = \sqrt{\frac{D}{m}}$

Phasendifferenz $\Delta\varphi = \pi$ (**Gegentakt**): $\omega_2 = \omega_0\,\sqrt{1 + 2\,\frac{D_K}{D}}$

Speziell schwache Kopplung $D_K \ll D$: $\omega_2 = \omega_0 + \frac{D_K}{m\,\omega_0}$

Speziell Fadenpendel: $\omega_0 = \sqrt{\frac{g}{l}}$

3.2 Sinuswellen

3.2.1 Grundgrößen

Frequenz f, Kreisfrequenz ω und Periodendauer T siehe S. 39

Wellenlänge λ *Einheit:* 1 m

Repetenz (Wellenzahl) σ *Einheit:* $1\,\text{m}^{-1}$

$$\sigma = \frac{1}{\lambda}$$

λ Wellenlänge

Kreisrepetenz (Kreiswellenzahl) k *Einheit:* $1\,\text{m}^{-1}$

$$k = \frac{2\pi}{\lambda} = 2\pi\,\sigma$$

σ Repetenz

Ausbreitungsgeschwindigkeit (Phasengeschwindigkeit) c *Einheit:* 1 m/s

$$c = \lambda\,f = \frac{\omega}{k}$$

λ Wellenlänge, f Frequenz

Wellengleichung

Bei Längswellen ist die Auslenkung ξ parallel, bei Querwellen senkrecht zur Ausbreitungsrichtung x.

$$\frac{\partial^2 \xi}{\partial x^2} = \frac{1}{c^2} \frac{\partial^2 \xi}{\partial t^2}$$

ξ Auslenkung eines Teilchens des Mediums an der Stelle x zur Zeit t
c Ausbreitungsgeschwindigkeit

Auslenkung $\xi(x, t)$
(zur Zeit $t = 0$ bewegt sich das Teilchen am Ort $x = 0$ durch die Ruhelage in die positive ξ-Richtung)

$$\xi(x, t) = \hat{\xi} \sin \omega \left(t - \frac{x}{c}\right) = \hat{\xi} \sin(\omega t - k x)$$

$$\xi(x, t) = \hat{\xi} \sin 2\pi \left(\frac{t}{T} - \frac{x}{\lambda}\right)$$

$\hat{\xi}$ Amplitude (Scheitelwert der Auslenkung)
T Periodendauer
c Ausbreitungsgeschwindigkeit
λ Wellenlänge
ω Kreisfrequenz
k Kreisrepetenz

Teilchenwechselgeschwindigkeit $\dot{\xi}(x, t)$

$$\dot{\xi}(x, t) = \hat{\xi} \omega \cos \omega \left(t - \frac{x}{c}\right) = \hat{\xi} \omega \cos(\omega t - k x)$$

Teilchenwechselbeschleunigung $\ddot{\xi}(x, t)$

$$\ddot{\xi}(x, t) = -\hat{\xi} \omega^2 \sin \omega \left(t - \frac{x}{c}\right) = -\hat{\xi} \omega^2 \sin(\omega t - k x)$$

$\hat{\xi}$ Amplitude (Scheitelwert der Auslenkung)
ω Kreisfrequenz
k Kreisrepetenz
c Ausbreitungsgeschwindigkeit

3.2.2 Überlagerung (Interferenz) zweier Wellen

1. Gleiche Amplituden:

1. Welle: $\xi_1(x, t) = \hat{\xi}_0 \sin(\omega_1 t - k_1 x)$; $k_1 = 2\pi/\lambda_1$

2. Welle: $\xi_2(x, t) = \hat{\xi}_0 \sin(\omega_2 t - k_2 x)$; $k_2 = 2\pi/\lambda_2$

ξ_1, ξ_2 Elongation der Einzelwellen
$\hat{\xi}_1 = \hat{\xi}_2 = \hat{\xi}_0$ Amplitude der Einzelwellen
ω_1, ω_2 Kreisfrequenzen
k_1, k_2 Kreisrepetenzen
λ_1, λ_2 Wellenlängen

Überlagerungswelle: $\xi(x, t) = \xi_1(x, t) + \xi_2(x, t)$

$\xi(x, t)$ Elongation der Überlagerungswelle

$$\xi(x, t) = 2 \hat{\xi}_0 \cos\left[\tfrac{1}{2}(\omega_1 - \omega_2) t - \tfrac{1}{2}(k_1 - k_2) x\right] \sin\left[\tfrac{1}{2}(\omega_1 + \omega_2) t - \tfrac{1}{2}(k_1 + k_2) x\right]$$

Speziell $k_1 \approx k_2$ und $\omega_1 \approx \omega_2$: **Schwebungswelle**

$$k = \tfrac{1}{2}(k_1 + k_2); \qquad \omega = \tfrac{1}{2}(\omega_1 + \omega_2)$$

$$\Delta k = |k_1 - k_2|; \qquad \Delta\omega = |\omega_1 - \omega_2|$$

$$\xi = 2 \hat{\xi}_0 \cos\left(\tfrac{1}{2} \Delta\omega t - \tfrac{1}{2} \Delta k x\right) \sin(\omega t - k x)$$

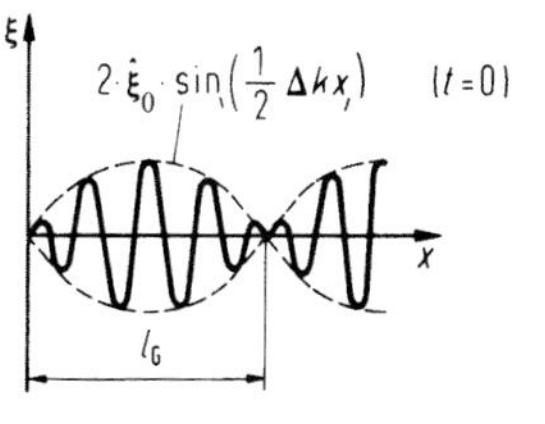

Länge l_G einer Wellengruppe: $l_G = 2\pi/\Delta k$

Gruppengeschwindigkeit:

$$v_G = \frac{\Delta\omega}{\Delta k}$$

Phasengeschwindigkeit:

$$c = \frac{\omega}{k}$$

2. Gleiche Frequenzen und Gangunterschied $\Delta x = -2x$:

1. Welle: $\xi_1(x, t) = \hat{\xi}_0 \sin[\omega t - k x]$

2. Welle: $\xi_2(x, t) = \hat{\xi}_0 \sin[\omega t - k(x + \Delta x) + \Delta\varphi]$

$= \hat{\xi}_0 \sin[\omega t + kx + \Delta\varphi]$

Überlagerungswelle: $\xi(x, t) = \xi_1(x, t) + \xi_2(x, t)$

$$\xi(x, t) = 2\,\hat{\xi}_0 \cos\left(-kx - \tfrac{\Delta\varphi}{2}\right) \cdot \sin\left(\omega t - \tfrac{\Delta\varphi}{2}\right)$$

$\hat{\xi}_1 = \hat{\xi}_2 = \hat{\xi}_0$ Amplituden der Einzelwellen
ω Kreisfrequenz der Einzelwellen bzw. der Überlagerungswelle
k Kreisrepetenz der Einzelwellen bzw. der Überlagerungswelle
$\Delta\varphi$ Phasensprung bei der Reflexion

Speziell **stehende Wellen:**

a) Reflexion am festen Ende ($\Delta\varphi = \pi$):

$$\xi(x, t) = -2\,\hat{\xi}_0 \sin(k x) \cos(\omega t)$$

$$\dot{\xi}(x, t) = 2\,\hat{\xi}_0\,\omega \sin(k x) \sin(\omega t)$$

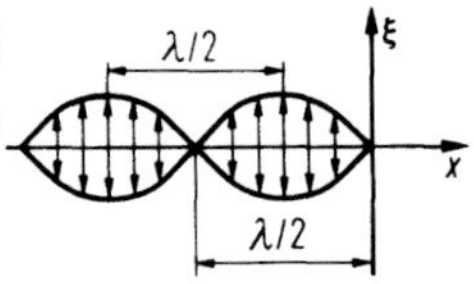

Speziell ebene Schallwellen:

$$p(x, t) = 2\hat{p}_0 \cos(k x) \cos(\omega t)$$

x Ort in bezug auf den Nullpunkt im reflektierenden Ende
$\hat{\xi}_0$ Amplitude der beiden interferierenden Wellen
λ Wellenlänge der beiden interferierenden Wellen
ξ bzw. $\dot{\xi}$ Auslenkung bzw. Teilchenwechselgeschwindigkeit der stehenden Welle
$\hat{p}_0$ Scheitelwert des Schallwechseldruckes der interferierenden Wellen
$p(x, t)$ Schallwechseldruck der stehenden Welle
k Kreisrepetenz

b) Reflexion am freien Ende ($\Delta\varphi = 0$):

$$\xi(x, t) = 2\,\hat{\xi}_0 \cos(k x) \sin(\omega t)$$

$$\dot{\xi}(x, t) = 2\,\hat{\xi}_0\,\omega \cos(k x) \cos(\omega t)$$

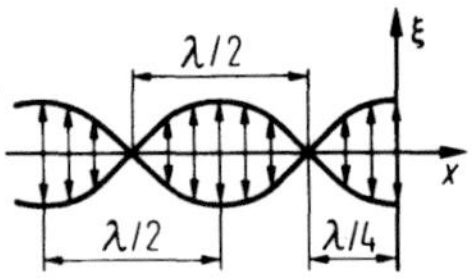

Speziell ebene Schallwellen:

$$p(x, t) = 2\,\hat{p}_0 \sin(k x) \sin(\omega t)$$

$\hat{\xi}_0$ Amplitude der beiden interferierenden Wellen
ξ bzw. $\dot{\xi}$ Auslenkung bzw. Teilchenwechselgeschwindigkeit der stehenden Welle
$\hat{p}_0$ Scheitelwert des Schallwechseldruckes der interferierenden Wellen
$p(x, t)$ Schallwechseldruck der stehenden Welle
k Kreisrepetenz

3.2.3 Eigenfrequenzen von begrenzten Medien

Lineares Medium (Seil, Saite, Gassäule)

a) beide Enden sind Bewegungsbäuche bzw. -knoten:

$$f_n = \frac{c}{2l}\,n; \qquad n = 1, 2, 3, \ldots$$

l Länge des linearen Mediums
c Ausbreitungsgeschwindigkeit der Welle im linearen Medium

b) ein Ende ist Bewegungsbauch, das andere Bewegungsknoten:

$$f_n = \frac{c}{4l}(2n - 1); \qquad n = 1, 2, 3, \ldots$$

Quaderförmiges Medium (Quaderraum)

$$f_n^2 = \left(\frac{c}{2}\right)^2 \left[\left(\frac{n_x}{l_x}\right)^2 + \left(\frac{n_y}{l_y}\right)^2 + \left(\frac{n_z}{l_z}\right)^2\right]$$

$$n_x + n_y + n_z \geqslant 1$$

$$n_x = 0, 1, 2, \ldots; \qquad n_y = 0, 1, 2, \ldots; \qquad n_z = 0, 1, 2, \ldots$$

l_x Länge, l_y Breite, l_z Höhe des Quaderraumes
c Ausbreitungsgeschwindigkeit im Medium des Quaderraumes

3.2.4 Doppler-Effekt

S ⟶ ⟵ E S ⟶ ⟵ E	⟵ S E ⟶ ⟵ S E ⟶	⟵ S ⟵ E ⟵ S ⟵ E	S ⟶ E ⟶ S ⟶ E ⟶
$f_E = f_S \cdot \frac{c + v_E}{c - v_S}$	$f_E = f_S \cdot \frac{c - v_E}{c + v_S}$	$f_E = f_S \cdot \frac{c + v_E}{c + v_S}$	$f_E = f_S \cdot \frac{c - v_E}{c - v_S}$
$v_E = 0$; S nähert sich: $f_E = f_S \cdot \frac{1}{1 - (v_S/c)}$	$v_E = 0$; S entfernt sich: $f_E = f_S \cdot \frac{1}{1 + (v_S/c)}$	$v_S = 0$; E nähert sich: $f_E = f_S \left(1 + \frac{v_E}{c}\right)$	$v_S = 0$; E entfernt sich: $f_E = f_S \left(1 - \frac{v_E}{c}\right)$

f_S abgestrahlte Frequenz des Senders S, f_E gemessene Frequenz beim Empfänger E; v_E Geschwindigkeit des Empfängers und v_S Geschwindigkeit des Senders auf der gleichen Geraden; c Ausbreitungsgeschwindigkeit der Schallwellen.

Mach-Kegel

$$v_S > c: \quad \sin\alpha = \frac{c}{v_S}$$

$$M = \frac{v_S}{c}$$

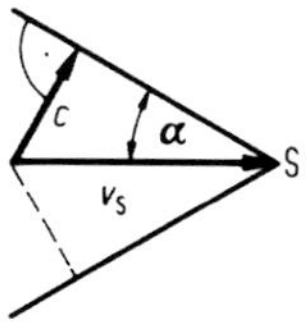

α halber Öffnungswinkel des Kopfwellenkegels (Mach-Winkel)
v_S Geschwindigkeit der Schallquelle

M Mach-Zahl

3.3 Ausbreitungsgeschwindigkeit von mechanischen Wellen

Dehnwellen in begrenzten Festkörpern (Längswellen)

Stab: $c = \sqrt{\frac{E}{\varrho}}$ (*Formel von Newton*)

Platte: $c = \sqrt{\frac{E}{\varrho(1 - \mu^2)}}$

c Ausbreitungsgeschwindigkeit (Tab. 16)
E Elastizitätsmodul des Festkörpermaterials (Tab. 7)
ϱ Dichte (Gleichdichte: Dichte im ungestörten Zustand)
μ Poissonzahl (Querkontraktionszahl) (Tab. 7)

Dichtewellen in unbegrenzten isotropen Festkörpern (Längswellen)

$$c = \sqrt{\frac{E(1 - \mu)}{\varrho(1 + \mu)(1 - 2\mu)}}$$

E Elastizitätsmodul, ϱ Dichte (Tab. 6; 26)
μ Poissonzahl

Schubwellen in unbegrenzten isotropen Festkörpern (Querwellen)

$$c = \sqrt{\frac{G}{\varrho}}$$

G Schubmodul (S. 12), ϱ Dichte

(die gleiche Formel gilt für Torsionswellen in Stäben mit gleichförmigem Querschnitt)

Biegewellen auf begrenzten Festkörpern (Querwellen)

Stab:

$$c = \sqrt[4]{\frac{B}{m/l}} \cdot \sqrt{\omega}$$

m Masse des Stabes, l Länge des Stabes
ω Kreisfrequenz der Wellen

(Phasengeschwindigkeit)

$$B = E\,I$$

E Elastizitätsmodul des Stabmaterials
I axiales Flächenmoment 2. Grades des Stabquerschnittes (Tab. 5)

B Biegesteife — *Einheit*: 1 N m^2

Platte:

$$c = \sqrt[4]{\frac{B'}{m''}} \cdot \sqrt{\omega}$$

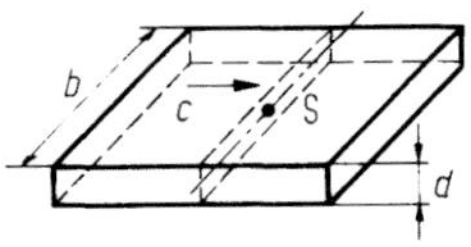

m'' flächenbezogene Masse
ω Kreisfrequenz der Wellen

(Phasengeschwindigkeit)

$$B' = \frac{E}{1-\mu^2} \cdot \frac{I}{b}; \qquad I = \frac{1}{12}\, b\, d^3$$

E Elastizitätsmodul
μ Poissonzahl ($\mu \approx 0{,}3$)
d Plattendicke
b Plattenbreite

B' breitenbezogene Biegesteife — *Einheit*: 1 N m

m'' flächenbezogene Plattenmasse — *Einheit*: 1 kg/m^2

$$m'' = m/A = \varrho\, d$$

m Masse, A Fläche, ϱ Dichte, d Dicke

Transversalwellen auf Saiten, Seilen und Membranen (Querwellen)

$$c = \sqrt{\sigma/\varrho}$$

σ Zugspannung, ϱ Dichte

Druckwellen (Längswellen)

Flüssigkeit: $c = \sqrt{K/\varrho}$

Ideales Gas:

$$c = \sqrt{\frac{\varkappa\, p_=}{\varrho}} = \sqrt{\varkappa\, R_i\, T} \qquad \textit{(Formel von Laplace)}$$

K Kompressionsmodul (S. 33, Tab. 7)
ϱ Dichte
$\varkappa$ Isentropenexponent (S. 61)
$p_=$ Gasgleichdruck (in Abschn. 4 mit p bezeichnet)
T Temperatur
R_i individuelle Gaskonstante (S. 58)

Speziell Luft:

$$c = \left(331{,}3 + 0{,}6\,\frac{\vartheta}{°\mathrm{C}}\right)\frac{\mathrm{m}}{\mathrm{s}}$$

ϑ Lufttemperatur

3.4 Schallfeld in Fluiden

Schalldruck p_{eff} (Effektivwert des Schallwechseldruckes) — *Einheit*: 1 N/m^2 = 1 Pa

$$p_{\mathrm{eff}} = \sqrt{\frac{1}{T}\int_0^T p^2(t)\,\mathrm{d}t}$$

$p(t)$ Schallwechseldruck von periodischen Wellen an der Stelle x
T Periodendauer
$\hat{p}$ Scheitelwert des Schallwechseldruckes

Speziell Sinuswellen: $p_{\mathrm{eff}} = \frac{1}{2}\sqrt{2}\,\hat{p}$

$$p(t) = \hat{p}\cos\frac{2\pi}{T}\left(t - \frac{x}{c}\right)$$

Schallschnelle $v_{x,\,\mathrm{eff}}$ (Effektivwert der Schallwechselgeschwindigkeit)

Einheit: 1 m/s

$$v_{x,\,\mathrm{eff}} = \sqrt{\frac{1}{T}\int_0^T v_x^2(t)\,\mathrm{d}t}$$

$v_x(t)$ Schallwechselgeschwindigkeit (Teilchenwechselgeschwindigkeit) von periodischen Wellen (s. S. 47)
T Periodendauer

Speziell Sinuswellen: $v_{x,\,\mathrm{eff}} = \frac{1}{2}\sqrt{2}\,\hat{v}_x$

$\hat{v}_x$ Scheitelwert der Schallwechselgeschwindigkeit

Speziell ebene Wellen: $v_{x,\,\mathrm{eff}} = \dfrac{p_{\mathrm{eff}}}{Z}; \qquad Z = \varrho\,c$

p_{eff} Schalldruck, c Ausbreitungsgeschwindigkeit
ϱ Dichte des Mediums

Schallwellenwiderstand (Schallkennimpedanz) Z für ebene Wellen

Einheit: $1\ \dfrac{\mathrm{kg}}{\mathrm{m^2\,s}}$

$$Z = \varrho\,c; \qquad Z = p_{\mathrm{eff}}/v_{x,\,\mathrm{eff}}$$

ϱ Dichte des Mediums
c Ausbreitungsgeschwindigkeit der Schallwellen
p_{eff} Schalldruck, $v_{x,\,\mathrm{eff}}$ Schallschnelle

Speziell Luft ($\vartheta = 20\,°\mathrm{C}$, $p_{\mathrm{atm}} = 980\,\mathrm{hPa}$):

$$Z_{\mathrm{Luft}} = 400\ \frac{\mathrm{kg}}{\mathrm{m^2\,s}}$$

ϑ Lufttemperatur
p_{atm} atmosphärischer Luftdruck

Intensität $I(0°)$[1)]

Einheit: 1 W/m²

$$I(0°) = \frac{\Delta P}{\Delta A}; \qquad \Delta P = \frac{\Delta W}{\Delta t}$$

ΔP Leistung, die das zur Ausbreitungsrichtung senkrechte Flächenelement ΔA durchsetzt
ΔW Schallenergie, die in der Zeit Δt das Flächenelement ΔA durchsetzt

Speziell fortschreitende ebene Wellen:

$$I(0°) = p_{\mathrm{eff}}\,v_{x,\mathrm{eff}} = \frac{p_{\mathrm{eff}}^2}{Z} = v_{x,\mathrm{eff}}^2 Z$$

p_{eff} Schalldruck, $v_{x,\,\mathrm{eff}}$ Schallschnelle
Z Schallwellenwiderstand

Speziell Sinuswellen:

$$I(0°) = \frac{1}{2}\,\hat{p}\,\hat{v}_x = \frac{1}{2}\frac{\hat{p}^2}{Z} = \frac{1}{2}\,\hat{v}_x^2\,Z$$

$\hat{p}$ Scheitelwert des Schallwechseldruckes
$\hat{v}_x$ Scheitelwert der Schallwechselgeschwindigkeit
Z Schallwellenwiderstand

Leistung P eines Senders

Einheit: 1 W = 1 J/s

$$P = \oint_A I(\varphi)\,\mathrm{d}A\,; \qquad I(\varphi) = I(0°)\cdot\cos\varphi$$

$I(\varphi)$ Intensität an der Stelle des Flächenelementes $\mathrm{d}A$
A geschlossene Fläche um den Sender
φ Winkel zwischen Einfallsrichtung und Flächennormale von $\mathrm{d}A$

Energiedichte w[1)]

Einheit: 1 J/m³ = 1 N/m²

$$w = \frac{\Delta W}{\Delta V}$$

ΔW Schallenergie im Volumen ΔV

Speziell fortschreitende ebene Wellen: $w = I(0°)/c$

$I(0°)$ Intensität
c Schallgeschwindigkeit

Schallstrahlungsdruck p_{str}

Einheit: 1 N/m² = 1 Pa

bei vollkommener Absorption: $p_{\mathrm{str}} = w$

bei vollkommener Reflexion: $p_{\mathrm{str}} = 2w$

w Energiedichte

1) zeitlicher Mittelwert; auf S. 94 mit $\overline{I}$ bzw. $\overline{w}$ bezeichnet

Schallpegel L in Luft

$$L_p = 20\,\text{dB} \cdot \lg \frac{p_\text{eff}}{2 \cdot 10^{-5}\,\text{Pa}}$$

$$L_I = 10\,\text{dB} \cdot \lg \frac{I}{10^{-12}\,\text{W/m}^2}\,; \quad I = \frac{p_\text{eff}^2}{Z}$$

$$L_W = 10\,\text{dB} \cdot \lg \frac{P}{10^{-12}\,\text{W}}$$

Einheit: 1 Dezibel dB = 1

L_p Schalldruckpegel
p_eff Schalldruck
L_I Schallintensitätspegel
I Schallintensität für mehrere Einfallsrichtungen gleichzeitig
Z Schallwellenwiderstand
L_W Schalleistungspegel
P Schalleistung eines Senders

Bewerteter Schallpegel L_A

$$L_\text{A} = L + \Delta L \qquad (\Delta L \text{ Tab. 17})$$

Einheit: 1 dB(A) = 1

Der **Lautstärkepegel** in **phon** eines Tones beliebiger Frequenz ist so groß wie der Schallpegel des gleichlaut gehörten 1000-Hz-Tones.

Überlagerung von (inkohärenten) Schallwellen

$$p_\text{eff} = \sqrt{p_\text{1, eff}^2 + p_\text{2, eff}^2 + \cdots + p_\text{n, eff}^2}$$

$$I = I_1 + I_2 + I_3 + \cdots + I_\text{n}$$

$$L = 10\,\text{dB} \cdot \lg \sum_{\text{i}=1}^{\text{n}} g_\text{i}\,; \qquad g_\text{i} = 10^{0{,}1 \cdot L_\text{i}}$$

$p_\text{i, eff}$ bzw. I_i bzw. L_i Schalldruck bzw. Intensität bzw. Schallpegel der i-ten Schallwelle (i = 1, 2, 3, …, n) an einer bestimmten Stelle
p_eff bzw. I bzw. L Gesamtschalldruck bzw. Gesamtintensität bzw. Gesamtschallpegel an dieser Stelle

Speziell: $I_1 = I_2 = \cdots = I_\text{n} = I_\text{e}$

$$L = L_\text{e} + 10\,\text{dB} \cdot \lg \text{n}$$

I_e Einzelintensität, L_e Einzelschallpegel
n Zahl der Sender, die an einer Stelle den gleichen Einzelschallpegel L_e verursachen
L Gesamtschallpegel an dieser Stelle

Mittelungspegel L_m

$$L_\text{m} = 10\,\text{dB} \cdot \lg \left(\frac{1}{T} \cdot \sum_{\text{i}=1}^{\text{n}} t_\text{i} \cdot g_\text{i} \right)$$

$$T = \sum_{\text{i}=1}^{\text{n}} t_\text{i}\,; \qquad g_\text{i} = 10^{0{,}1 \cdot L_\text{i}}$$

L_i Schallpegel in der Teilzeit t_i (i = 1, 2, …, n)
T Meßzeit

Schallausbreitung im Freien

a) ohne Dämpfung

Ebene Wellen:

$$I_2 = I_1 \qquad L_2 = L_1 \qquad r_2 > r_1$$

Kreis- und Zylinderwellen:

$$I_2 = \frac{r_1}{r_2} I_1 \qquad L_2 = L_1 - 10\,\text{dB} \cdot \lg \frac{r_2}{r_1}$$

Kugelwellen:

$$I_2 = \frac{r_1^2}{r_2^2} I_1 \qquad L_2 = L_1 - 20\,\text{dB} \cdot \lg \frac{r_2}{r_1}$$

I_1 bzw. L_1 Intensität bzw. Pegel der Schallwelle im Abstand r_1 vom Zentrum
I_2 bzw. L_2 Intensität bzw. Pegel der Schallwelle im Abstand r_2 vom Zentrum (bei Zylinderwellen muß die Senderlänge viel größer sein als Wellenlänge und Abstand; bei Kugelwellen muß die Senderabmessung viel kleiner sein als Wellenlänge und Abstand)

b) mit Dämpfung

$$I_{2,\text{d}} = I_2\, \text{e}^{-d(r_2 - r_1)} \qquad L_{2,\text{d}} = L_2 - K(r_2 - r_1)$$

d Dissipationskonstante; *Einheit*: 1 m^{-1}
K Dämpfungskonstante; *Einheit*: 1 dB/m
I_2 bzw. L_2 Intensität bzw. Pegel im Abstand r_2 ohne Dämpfung

3.5 Schallschluckung

Reflexionsgrad ϱ an einer Grenzfläche

$$\varrho = P_r / P_a = I_r / I_a$$

P_a bzw. P_r auftreffende bzw. reflektierte Leistung
I_a bzw. I_r Intensität der auftreffenden bzw. reflektierten Schallwellen

Speziell ebene Wellen mit dem Einfallswinkel 0°:

$$\varrho = \left(\frac{Z_2 - Z_1}{Z_2 + Z_1}\right)^2$$

Z_1, Z_2 Wellenwiderstände der Medien beiderseits der Grenzfläche

Absorptionsgrad (Schluckgrad) α an einer Grenzfläche (Tab. 18)

$$\alpha = \frac{P_a - P_r}{P_a} = \frac{I_a - I_r}{I_a} = 1 - \varrho$$

ϱ Reflexionsgrad

Äquivalente Absorptionsfläche (Schluckung) A eines Raumes

Einheit: 1 m²

$$A = \alpha_1 S_1 + \alpha_2 S_2 + \cdots + n_1 A_1' + n_2 A_2' + \cdots$$

α_μ Schluckgrad der Fläche S_μ ($\mu = 1, 2, 3, \ldots$)
n_ν Anzahl der gleichartigen Objekte mit der Schluckung A_ν' ($\nu \doteq 1, 2, 3, \ldots$) (Tab. 19)

Eigenfrequenz f_0 eines Helmholtzresonators

$$f_0 = \frac{c}{2\pi}\sqrt{\frac{A_1/A_2}{l_1^* \, l_2}}; \qquad l_1^* = l_1 + 2\,\Delta l_1$$

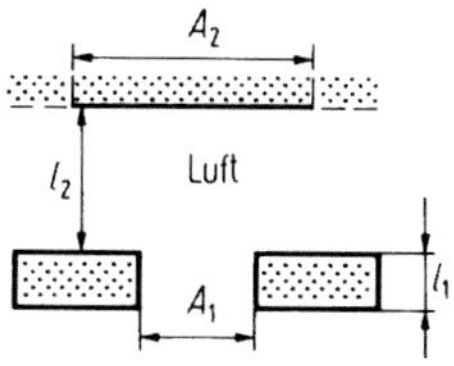

A_1 Fläche der Schalleintrittsöffnung mit der Tiefe l_1
A_2 Rückfläche des federnden Luftraums mit der Tiefe l_2
c Schallgeschwindigkeit in Luft
Δl_1 Mündungskorrektur

Speziell zylindrische Öffnung im quadratischen Muster:

$$\Delta l_1 = 0{,}8\, r_1 \left[1 - 1{,}47\sqrt{\frac{A_1}{A_2}} + 0{,}47\left(\sqrt{\frac{A_1}{A_2}}\right)^3\right]$$

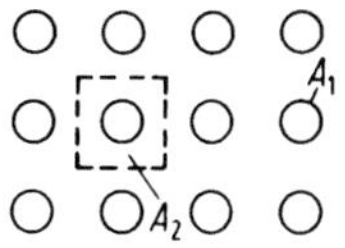

Speziell eine zylindrische Öffnung:

$$\Delta l_1 = \tfrac{1}{4}\pi r_1; \qquad f_0 = \frac{c}{2\pi}\sqrt{\frac{A_1}{l_1^* V_2}}$$

r_1 Öffnungsradius
V_2 Volumen des federnden Luftraumes

Strömungswiderstand (spez. Schallimpedanz) R einer porösen Schicht

Einheit: $1\,\dfrac{\text{N s}}{\text{m}^3} = 1\,\dfrac{\text{kg}}{\text{m}^2\,\text{s}}$

$$R = \frac{\Delta p}{v}$$

$$R = \Xi\, d$$

Δp Druckdifferenz beiderseits der Schicht
v Strömungsgeschwindigkeit vor und hinter der Schicht, wenn durch die Schicht ein gleichförmiger Luftstrom fließt
d Schichtdicke

Ξ längenspezifischer Strömungswiderstand

Einheit: $1\,\dfrac{\text{N s}}{\text{m}^4} = 1\,\dfrac{\text{kg}}{\text{m}^3\,\text{s}}$

3.6 Raumakustik

Nachhallzeit T eines Raumes (Tab. 20)

$$T = 0{,}163 \, \frac{\mathrm{s}}{\mathrm{m}} \, \frac{V}{A} \qquad \textit{(Formel von Sabine)}$$

A äquivalente Absorptionsfläche des Raumes (Raumschluckung)
V Raumvolumen

Hallradius r_{H} in einem Raum

$$r_{\mathrm{H}} = \frac{1}{4} \sqrt{\frac{A}{\pi}}$$

A Raumschluckung

Stationäre Intensität I des reflektierten Schalls

$$I = 4 \, \frac{P}{A}$$

P Leistung der Schallquelle
A Raumschluckung

Schallpegelminderung $L_1 - L_2$ in einem Raum

$$L_1 - L_2 = 10\,\mathrm{dB} \cdot \lg \frac{T_1}{T_2}$$

$$L_1 - L_2 = 10\,\mathrm{dB} \cdot \lg \frac{A_2}{A_1}$$

T_1 Nachhallzeit bei der Raumschluckung A_1
T_2 erniedrigte Nachhallzeit durch die erhöhte Raumschluckung A_2
L_1 bzw. L_2 stationärer Schallpegel bei gleicher Senderleistung vor bzw. nach der Erhöhung der Raumschluckung

3.7 Bauakustik

Transmissionsgrad τ eines Trennbauteils

$$\tau = \frac{P_\tau}{P_{\mathrm{a}}} = \frac{I_\tau}{I_{\mathrm{a}}}$$

P_{a} bzw. P_τ auffallende bzw. durchgelassene Leistung
I_{a} bzw. I_τ Intensität der auffallenden bzw. durchgelassenen Schallwellen

Luftschalldämmaß R

$$R = 10\,\mathrm{dB} \cdot \lg \frac{1}{\tau}$$

$$R = L_{\mathrm{S}} - L_{\mathrm{E}} + 10\,\mathrm{dB} \cdot \lg \frac{S}{A}$$

τ Transmissionsgrad, L_{S} Schallpegel im Senderaum
L_{E} Schallpegel im Empfangsraum
S Fläche des Trennbauteils
A Schluckung des Empfangsraumes

Logarithmisch geteilte Frequenzskala

Zwischenwerte:

$$l_x = l \, \frac{\lg(f_x/f_1)}{\lg(f_2/f_1)}$$

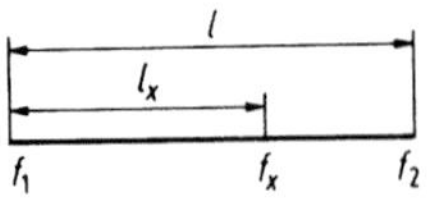

f_1, f_2 Randfrequenzen, f_x Zwischenfrequenz
l Skalenabstand zwischen f_1 und f_2
l_x Skalenabstand zwischen f_1 und f_x

Mittenfrequenz f_{m}: $\quad f_{\mathrm{m}} = \sqrt{f_1 \, f_2}$

Terzrandfrequenzen:

$$f_1 = f_0 \sqrt[3]{2} = 1{,}26 \, f_0$$

$$f_2 = f_0 \, (\sqrt[3]{2})^2 = 1{,}59 \, f_0$$

$f_0 \ldots 2\,f_0$ Oktavband
$f_0 \ldots f_1$; $f_1 \ldots f_2$; $f_2 \ldots 2\,f_0$ Terzbänder

Theoretisches Massengesetz für biegeweiche Trennwände

Schalleinfall unter dem Einfallswinkel 0°:

$$R_{\text{theor}}(0°) = 20\,\text{dB} \cdot \lg \frac{\omega m''}{2Z}$$

R_{theor} theoretisches Luftschalldämmaß
m'' flächenbezogene Masse der Wand
Z Schallwellenwiderstand von Luft
ω Kreisfrequenz der Schallwellen

Schalleinfall unter dem Einfallswinkel 45°:

$$R_{\text{theor}}(45°) = R_{\text{theor}}(0°) - 3\,\text{dB}$$

(entspricht ungefähr allseitig gleichmäßigem Schalleinfall)

Grenzfrequenz f_g einer Platte

$$f_g = \frac{c_L^2}{2\pi}\sqrt{\frac{m''}{B'}} = \frac{60\,\text{Hz}}{d/\text{m}}\sqrt{\frac{\varrho}{E}}\sqrt{\frac{\text{MN/m}^2}{\text{kg/m}^3}}$$

c_L Schallgeschwindigkeit in Luft
m'' flächenbezogene Masse der Platte (S. 50)
B' breitenbezogene Biegesteife (S. 50)
d Plattendicke, ϱ Dichte, E Elastizitätsmodul der Platte

Eigenfrequenz f_0 eines zweischaligen Bauteils

$$f_0 = \frac{1}{2\pi}\sqrt{s'\left(\frac{1}{m_1''} + \frac{1}{m_2''}\right)}$$

m''_1, m''_2 flächenbezogene Masse der einzelnen Schalen

s' dynamische Steifigkeit der Zwischenschicht

$$s' = E/a$$

Einheit: 1 MN/m³
E dynamischer Elastizitätsmodul
a Schichtdicke

Speziell lose eingefüllter Dämmstoff: $s' = \frac{p_{\text{atm}}}{\sigma a}$

p_{atm} atmosphärischer Luftdruck
σ akustisch wirksame Porosität

Speziell Luft: $s'_L = \frac{\varkappa_L\, p_{\text{atm}}}{a}$; $\varkappa_L = 1{,}4$

$\varkappa_L$ Isentropenexponent der Luft

Speziell:	$m'' = m_1'' = m_2''$	$m'' = m_1'' \ll m_2''$
	$f_0 = \frac{1}{\pi\sqrt{2}}\sqrt{\frac{s'}{m''}}$	$f_0 = \frac{1}{2\pi}\sqrt{\frac{s'}{m''}}$
federnder Dämmstoff mit der dynamischen Steifigkeit s'	$f_0 = 225\,\text{Hz}\sqrt{\frac{s'}{m''}} \cdot \sqrt{\frac{\text{kg/m}^2}{\text{MN/m}^3}}$	$f_0 = 160\,\text{Hz}\sqrt{\frac{s'}{m''}} \cdot \sqrt{\frac{\text{kg/m}^2}{\text{MN/m}^3}}$
lose eingefüllter Dämmstoff ($\sigma = 0{,}9$)	$f_0 = \frac{75\,\text{Hz}}{\sqrt{m''a}}\sqrt{\frac{\text{kg}}{\text{m}^2}\,\text{m}}$	$f_0 = \frac{53\,\text{Hz}}{\sqrt{m''a}}\sqrt{\frac{\text{kg}}{\text{m}^2}\,\text{m}}$
Luftschicht (seitlich entkoppelt)	$f_0 = \frac{85\,\text{Hz}}{\sqrt{m''a}}\sqrt{\frac{\text{kg}}{\text{m}^2}\,\text{m}}$	$f_0 = \frac{60\,\text{Hz}}{\sqrt{m''a}}\sqrt{\frac{\text{kg}}{\text{m}^2}\,\text{m}}$

Pegelminderung ΔL durch eine zweischalige Konstruktion

$$\Delta L = 40\,\text{dB} \cdot \lg(f/f_0) \quad (f > f_0)$$

f_0 Eigenfrequenz der Konstruktion
f Schallfrequenz

Norm-Trittschallpegel L_n

$$L_n = L_T + 10\,\text{dB} \cdot \lg(A/A_0); \quad A_0 = 10\,\text{m}^2$$

L_T Trittschallpegel im Empfangsraum
A Schluckung des Empfangsraumes
A_0 Bezugs-Schallschluckung

4 Kalorik

4.1 Änderung der Ausdehnung, der Spannung und des Druckes mit der Temperatur

4.1.1 Temperatur

Kelvin-Temperatur[1]
(thermodynamische oder absolute Temperatur) $T \geqslant 0$

Einheit: **1 Kelvin K**

Celsius-Temperatur ϑ

Einheit: 1 Grad Celsius °C

$$\vartheta = \left(\frac{T - T_n}{\text{K}}\right) \text{°C}; \qquad T = \left(\frac{\vartheta}{\text{°C}} + \frac{T_n}{\text{K}}\right) \text{K}$$

$T_n = 273{,}15$ K Normtemperatur

Fahrenheit-Temperatur ϑ_F

Einheit: 1 Grad Fahrenheit °F

$$\vartheta_F = \left(32 + \frac{9}{5}\frac{\vartheta}{\text{°C}}\right) \text{°F}; \qquad \vartheta = \frac{160}{9}\left(\frac{\vartheta_F}{32\ \text{°F}} - 1\right) \text{°C}$$

Temperaturdifferenz ΔT

Einheit: 1 K

$$\Delta T = T_2 - T_1 = \vartheta_2 - \vartheta_1 = \Delta\vartheta$$

4.1.2 Isobare Ausdehnung (Spannung bzw. Druck konstant)

Längenänderung Δl fester Körper

$$\Delta l = l_1\ \alpha\ \Delta T; \qquad \Delta l = l_2 - l_1$$

l_1 bzw. l_2 Länge bei der Temperatur T_1 bzw. $T_2 = T_1 + \Delta T$

α mittlerer (thermischer) Längenausdehnungskoeffizient im Temperaturintervall ΔT (Tab. 21)

Einheit: $1\ \text{K}^{-1}$

Flächenänderung ΔA fester Körper

$$\Delta A = A_1\ 2\alpha\ \Delta T; \qquad \Delta A = A_2 - A_1$$

A_1 bzw. A_2 Fläche bei der Temperatur T_1 bzw. $T_2 = T_1 + \Delta T$

Volumenänderung ΔV

$$\Delta V = V_1\ \gamma\ \Delta T; \qquad \Delta V = V_2 - V_1$$

V_1 bzw. V_2 Volumen bei der Temperatur T_1 bzw. $T_2 = T_1 + \Delta T$

γ mittlerer (thermischer) Volumenausdehnungskoeffizient im Temperaturintervall ΔT (Tab. 22)

Einheit: $1\ \text{K}^{-1}$

$$\gamma = 3\alpha$$

α mittlerer Längenausdehnungskoeffizient

Relativer Volumenausdehnungskoeffizient
eines Fluides in einem Gefäß

$$\gamma_{rel} = \gamma_{Fl} - 3\alpha_G$$

Einheit: $1\ \text{K}^{-1}$
γ_{Fl} mittlerer Volumenausdehnungskoeffizient des Fluides
α_G mittlerer Längenausdehnungskoeffizient des Gefäßmateriales

Dichteänderung $\Delta\varrho$

Einheit: $1\ \text{kg m}^{-3}$

$$\Delta\varrho = \varrho_2 - \varrho_1 = -\varrho_2\ \gamma\ \Delta T; \qquad \varrho_2 = \frac{\varrho_1}{1 + \gamma\ \Delta T}$$

ϱ_1 bzw. ϱ_2 Dichte bei der Temperatur T_1 bzw. $T_2 = T_1 + \Delta T$

[1]) Basisgröße

J. Berber et al., *Physik in Formeln und Tabellen*

4.1.3 Isotherme Ausdehnung (Temperatur konstant: S. 33)

4.1.4 Isochore Zustandsänderung (Volumen konstant)

Wärmespannungsänderung $\Delta\sigma$ in einem festen Körper

$$\Delta\sigma = \alpha\, E\, \Delta T; \qquad \Delta\sigma = \sigma_2 - \sigma_1$$

Speziell $\sigma_1 = 0$: $\quad \sigma_2 = \alpha\, E\,(T_2 - T_1)$

Einheit: 1 N m^{-2} = 1 Pa

σ_1 bzw. σ_2 Spannung bei der Temperatur T_1 bzw. $T_2 = T_1 + \Delta T$
E Elastizitätsmodul (Tab. 7)
T_1 Anfangstemperatur

Druckänderung Δp in einem Fluid

$$\Delta p = \gamma\, K\, \Delta T; \qquad \Delta p = p_2 - p_1$$

Einheit: 1 Pa

p_1 bzw. p_2 Druck bei der Temperatur T_1 bzw. $T_2 = T_1 + \Delta T$
K Kompressionsmodul (Tab. 7; 11)

4.2 Thermische Zustandsgleichung von Gasen (Zustandsänderungen siehe auch 4.5)

Normzustand

Normdruck: $p_n = 1013{,}25\,\text{hPa}$

Normtemperatur: $T_n = 273{,}15\,\text{K}; \quad \vartheta_n = 0\,°\text{C}$

Normvolumen: $V_n = \nu\, V_{m,n}$ — ν Stoffmenge

Speziell ideales Gas: $V_{m,n} = 22{,}414\,\text{m}^3\,\text{kmol}^{-1}$ — $V_{m,n}$ molares Normvolumen

4.2.1 Molare und spezifische Größen

Relative Molekül-(Teilchen-)Masse M_r

$$M_r = \frac{m_M}{u}; \qquad u = 1{,}66054 \cdot 10^{-27}\,\text{kg}$$

Einheit: 1

m_M Masse des Durchschnittmoleküls(-teilchens) eines Stoffes
u atomare Masseneinheit

Stoffmenge ν [1])

$$\nu = \frac{m}{\text{kg}}\,\frac{1}{M_r}\,\text{kmol}$$

Speziell $m = M_r\,\text{kg}$: $\quad \nu = 1\,\text{kmol}$

Einheit: **1 Kilomol kmol**

1 mol = 10^{-3} kmol

m Masse der Stoffmenge ν
M_r relative Molekül-(Teilchen-)Masse

Masse m

$$m = N\, m_M$$

Einheit: 1 kg

N Anzahl der Moleküle (Teilchen)

Molares Volumen V_m

$$V_m = \frac{V}{\nu}$$

Einheit: 1 m^3 kmol^{-1}

V Volumen der Stoffmenge ν

Spezifisches Volumen v

$$v = \frac{V}{m} = \frac{1}{\varrho}$$

Einheit: 1 m^3 kg^{-1}

V bzw. m bzw. ϱ Volumen bzw. Masse bzw. Dichte

---

[1]) Basisgröße

Molare Masse m_m

Einheit: 1 kg kmol^{-1}

$$m_m = \frac{m}{\nu} = M_r \frac{\text{kg}}{\text{kmol}}; \qquad m_m = \varrho V_m$$

m Masse der Stoffmenge ν
M_r bzw. ϱ relative Molekülmasse bzw. Dichte des Stoffes
V_m molares Volumen

Avogadrokonstante N_A

Einheit: 1 kmol^{-1}

$$N_A = \frac{N}{\nu} = \frac{1}{u} \frac{\text{kg}}{\text{kmol}} = 6{,}02214 \cdot 10^{26}\ \text{kmol}^{-1}$$

N Anzahl der Moleküle (Teilchen) in der Stoffmenge ν
u atomare Masseneinheit

Satz von Avogadro für ideale Gase: gleiche Volumina enthalten bei gleichem Druck und bei gleicher Temperatur die gleiche Anzahl von Atomen bzw. Molekülen.

Molekül-(Teilchen-)zahldichte n

Einheit: 1 m^{-3}

$$n = \frac{N}{V} = \frac{N_A}{V_m}$$

$$n = \frac{\varrho}{m_M} = \frac{\varrho N_A}{M_r} \frac{\text{kmol}}{\text{kg}}$$

V bzw. ϱ Volumen bzw. Dichte
m_M Masse des Durchschnittmoleküls des Stoffes
M_r relative Molekülmasse
V_m molares Volumen

Speziell Molekülzahldichte des idealen Gases im Normzustand: $n_n = 2{,}6868 \cdot 10^{25}\ \text{m}^{-3}$

Universelle (molare) Gaskonstante R

Einheit: 1 J K^{-1} kmol^{-1}

$$R = \frac{p_n V_{m,n}}{T_n} = 8314{,}5\ \text{J K}^{-1}\ \text{kmol}^{-1}$$

p_n bzw. T_n bzw. $V_{m,n}$ Druck bzw. Temperatur bzw. molares Volumen im Normzustand

Individuelle Gaskonstante R_i eines Stoffes i

Einheit: 1 J K^{-1} kg^{-1}

$$R_i = \frac{p_n v_n}{T_n} = \frac{8314{,}5}{M_r}\ \text{J K}^{-1}\ \text{kg}^{-1} \qquad \text{(Tab. 25)}$$

$$R_i = \frac{R}{m_m}; \qquad v_n = \frac{1}{\varrho_n}$$

(ϱ_n siehe Tab. 6c)

M_r relative Molekülmasse des Stoffes
v_n bzw. ϱ_n spezifisches Volumen bzw. Dichte im Normzustand
m_m molare Masse des Stoffes

Boltzmannkonstante k

Einheit: 1 J K^{-1}

$$k = \frac{R}{N_A} = m_M R_i = 1{,}3807 \cdot 10^{-23}\ \text{J K}^{-1}$$

N_A Avogadrokonstante
m_M Masse des Durchschnittmoleküls des Stoffes
R bzw. R_i universelle bzw. individuelle Gaskonstante

4.2.2 Ideales Gas

Thermische Zustandsgleichung

$$p V = \nu R T = m R_i T$$

$$p = \varrho R_i T = n k T$$

$$p = p_n \frac{T}{T_n} \frac{\varrho}{\varrho_n}; \qquad \varrho = \varrho_n \frac{p}{p_n} \frac{T_n}{T}$$

$$\frac{pV}{T} = \frac{p_n V_n}{T_n}$$

R bzw. R_i universelle bzw. individuelle Gaskonstante
p bzw. V bzw. T Druck bzw. Volumen bzw. Temperatur
ϱ bzw. ν bzw. m Dichte bzw. Stoffmenge bzw. Masse
n Teilchenzahldichte
k Boltzmannkonstante
p_n bzw. T_n Normdruck bzw. -temperatur
ϱ_n Normdichte des Stoffes (Tab. 6c)
V_n Normvolumen

Mischung idealer Gase

$$\nu = \sum_{i=1}^{l} \nu_i; \quad m = \sum_{i=1}^{l} m_i; \quad \varrho_i = \frac{m_i}{V} = h_i\, \varrho'_i$$

$$p_i = \frac{p\,\nu_i}{\nu} = h_i\, p; \quad p = \sum_{i=1}^{l} p_i; \quad \varrho = \sum_{i=1}^{l} \varrho_i$$

(Gesetz von Dalton)

$$M_r = \sum_{i=1}^{l} h_i\, M_{r,i}; \quad M_{r,i} = \sum_{k=1}^{s_i} z_{i,k}\, A_{r,i,k}$$

$$R_j = \frac{R\,\nu}{m} = \frac{1}{m}\sum_{i=1}^{l} m_i\, R_i = \frac{1}{\varrho}\sum_{i=1}^{l} \varrho_i\, R_i = \frac{8314{,}5}{M_r}\,\frac{\text{J}}{\text{kg K}}$$

Zustandsgleichung
der Komponente i: $p_i\, V = \nu_i\, R\, T = m_i\, R_i\, T$
des Gemisches: $p\, V = \nu\, R\, T = m\, R_j\, T$

ν_i bzw. m_i Stoffmenge bzw. Masse der Komponente i
ν bzw. m Stoffmenge bzw. Masse des Gemisches
ϱ_i bzw. p_i Partialdichte bzw. -druck der Komponente i
ϱ bzw. p Gesamtdichte bzw. -druck des Gemisches
l Anzahl der Stoffkomponenten des Gemisches
h_i Häufigkeit der Molekülart i im Gemisch bzw. Anteil der Gasart i in Volumprozent, ϱ'_i Dichte vom Gas i beim Druck p und der Temperatur T
$M_{r,i}$ relative Molekülmasse der Komponente i
M_r relative Molekülmasse des Gemisches
$z_{i,k}$ Anzahl der Atome der Art k im Molekül der Art i mit der relativen Atommasse $A_{r,i,k}$
s_i Anzahl der Atomarten in einem Molekül der Art i
R_i bzw. R_j individuelle Gaskonstante der Komponente i bzw. des Gemisches
T Kelvintemperatur
R universelle Gaskonstante
V Volumen der Komponente i oder des Gemisches

4.2.3 Reales Gas

Van der Waalssche Zustandsgleichung

$$\left(p + a\frac{\nu^2}{V^2}\right)(V - \nu\, b) = \nu\, R\, T$$

$$a = 3\,\frac{V_k^2}{\nu^2}\, p_k; \quad [a] = \frac{\text{m}^6\ \text{Pa}}{\text{kmol}^2}$$

$$b = \frac{V_k}{3\nu}; \quad [b] = \frac{\text{m}^3}{\text{kmol}}$$

R universelle Gaskonstante
ν Stoffmenge in kmol
p Druck, V Volumen, T Temperatur
a, b van der Waalssche Konstanten

$$p_k\, V_k \approx \frac{3}{8}\,\nu\, R\, T_k$$

Ein Gas kann oberhalb einer kritischen Temperatur T_k durch Druckerhöhung nicht mehr verflüssigt werden. Im Berührpunkt der horizontalen Wendetangente an die Isotherme $T = T_k$ hat das Gas bei dem kritischen Volumen V_k den kritischen Druck p_k (Tab. 24).

4.3 Hauptsätze der Thermodynamik

Vorzeichenfestlegung: Eine dem System zugeführte Arbeit ΔW und/oder Wärmemenge Q ist positiv. Eine vom System verrichtete Arbeit und/oder abgeführte Wärmemenge ist negativ.

(Reversible) Volumenänderungsarbeit ΔW

Einheit: 1 J

$$\Delta W = -\int_{V_1}^{V_2} p\, \mathrm{d}V; \quad \mathrm{d}W = -p\, \mathrm{d}V$$

dV Volumenänderung beim Druck p des Systems
V_1 Anfangsvolumen, V_2 Endvolumen

Wärmeenergie (Wärmemenge, Wärme) Q

Einheit: 1 J

1 kcal = 4,1868 kJ

Innere Energie U

Einheit: 1 J

Änderung ΔU:

$$\Delta U = U_2 - U_1$$

U_1 bzw. U_2 innere Energie am Anfang bzw. am Ende

Enthalpie *H*

Einheit: 1 J

$$H = U + pV$$
$$dH = dU + p\,dV + V\,dp$$

p bzw. V Druck bzw. Volumen des Systems

Entropie *S*

Einheit: 1 J K^{-1}

Änderung ΔS:

$$\Delta S = S_2 - S_1 = \int_1^2 \frac{dQ_{rev}}{T}; \qquad dS = \frac{dQ_{rev}}{T}$$

dQ_{rev} bei der Temperatur T reversibel übertragene Wärmemenge
S_1 bzw. S_2 Entropie des Systems am Anfang bzw. am Ende

Speziell Stoffmenge ohne Phasenübergang:

$$\Delta S = m \int_{T_1}^{T_2} \frac{c\,dT}{T}$$

c bzw. m spezifische Wärmekapazität bzw. Masse

Boltzmannsche Beziehung:

$$\Delta S = k \ln \frac{w_2}{w_1}$$

k Boltzmannkonstante
w_1 bzw. w_2 Wahrscheinlichkeit des Anfangs- bzw. Endzustandes

Erster Hauptsatz

$$\Delta U = Q + \Delta W$$
$$dU = dQ + dW$$

Nur dU, dH, dV, dp sind vollständige Differentiale der Zustandsgrößen U, H, V und p, nicht dQ und dW

Zweiter Hauptsatz

Es ist keine periodisch arbeitende Maschine möglich, die nichts weiter bewirkt, als einem Wärmebehälter Wärme zu entziehen und in Arbeit umzuwandeln.

Speziell abgeschlossenes System:

Irreversibler Prozeß: $S_2 > S_1$
Reversibler Prozeß: $S_2 = S_1$

S_1 bzw. S_2 Entropie des Systems vor bzw. nach dem Prozeß

Wirkungsgrad η thermischer Maschinen

Einheit: 1

$$\eta = \frac{Q_1 + Q_2}{Q_1} < 1$$

$Q_1 > 0$: aufgenommene Wärme bei der Temperatur T_1
$Q_2 < 0$: abgegebene Wärme bei der Temperatur $T_2 < T_1$

Speziell Carnot-Prozeß:

$$\eta = \left|\frac{\Delta W}{Q_1}\right| = \frac{T_1 - T_2}{T_1} = 1 - \frac{T_2}{T_1}$$

$\Delta W < 0$: von der Maschine verrichtete Arbeit

Leistungszahl ε_W bzw. ε_K

W: Wärmepumpe ; K: Kältemaschine

$$\varepsilon_W = \left|\frac{Q_1}{\Delta W}\right| \le \frac{T_1}{T_1 - T_2}$$

$Q_1 < 0$: abgegebene Wärme bei $T_1 > T_2$
$\Delta W > 0$: zugeführte Arbeit
T_1 bzw. T_2: Temperatur des Heizwassers bzw. des Erdreiches

$$\varepsilon_K = \frac{Q_2}{\Delta W} \le \frac{T_2}{T_1 - T_2}$$

$Q_2 > 0$: aufgenommene Wärme bei $T_2 < T_1$
$\Delta W > 0$: zugeführte Arbeit
T_1 bzw. T_2: Temperatur der Umgebung bzw. des Kühlraumes

4.4 Kalorimetrie

Spezifische Wärmekapazität *c* eines festen oder flüssigen Stoffes

Einheit: $\frac{\mathrm{J}}{\mathrm{kg\,K}}$

$$c = \frac{1}{m}\frac{\mathrm{d}Q}{\mathrm{d}T}$$

Speziell c = konstant: $Q = m\,c\,\Delta T$ (Tab. 25)

m Stoffmasse, Q (bzw. $\mathrm{d}Q$) Wärmeenergie, die bei der Temperaturänderung ΔT (bzw. $\mathrm{d}T$) umgesetzt wird (ohne Änderung des Aggregatzustandes und ohne chemische Umwandlung)

Spezifische Wärmekapazität c_p bzw. c_V eines Gases

$$c_p = \frac{1}{m}\frac{\mathrm{d}Q_p}{\mathrm{d}T}; \qquad c_V = \frac{1}{m}\frac{\mathrm{d}Q_V}{\mathrm{d}T}$$

$\mathrm{d}Q_p$ bzw. $\mathrm{d}Q_V$ Wärmeenergie, die bei konstantem Druck p bzw. konstantem Volumen V umgesetzt wird

Wärmekapazität *C* eines Systems

Einheit: 1 J/K

$$C = \frac{\mathrm{d}Q}{\mathrm{d}T}$$

$\mathrm{d}Q$ zu- bzw. abgeführte Wärmeenergie bei der Temperaturänderung $\mathrm{d}T$

Speziell homogener Körper: $C = m\,c$

m Masse, c spezifische Wärmekapazität

Mischungsregel

In einem abgeschlossenen System ist die von den Körpern höherer Temperatur abgegebene Wärmeenergie so groß wie die von den Körpern niedrigerer Temperatur aufgenommene Wärmeenergie.

Speziell: Eine Stoffmenge (m_1, c_1, T_1) wird mit einer anderen Stoffmenge (m_2, c_2, T_2) in einem Kalorimeter der Wärmenkapazität C und der Temperatur T_2 gemischt (ohne Änderung des Aggregatzustandes und ohne Wärmetönung, etwa durch chemische Reaktionen).

Mischungsgleichung

$$m_1\,c_1\,(T_1 - T_\mathrm{M}) = (m_2\,c_2 + C)\,(T_\mathrm{M} - T_2)$$

T_M Mischungstemperatur

Molare Wärmekapazität (Molwärme) c_m

Einheit: $1\,\frac{\mathrm{J}}{\mathrm{kmol\,K}}$

$$c_\mathrm{m} = c\,\frac{m}{\nu} = c\,m_\mathrm{m}$$

m Masse, ν Stoffmenge, m_m molare Masse

Isentropenexponent $\varkappa$ eines idealen Gases

Einheit: 1

$$\varkappa = \frac{c_p}{c_V} = \frac{c_{\mathrm{m},p}}{c_{\mathrm{m},V}} \quad \text{(Tab. 25)}$$

$$c_p > c_V; \quad c_{\mathrm{m},p} > c_{\mathrm{m},V}$$

c_p bzw. $c_{\mathrm{m},p}$ spezifische bzw. molare Wärmekapazität des Gases bei konstantem Druck

c_V bzw. $c_{\mathrm{m},V}$ spezifische bzw. molare Wärmekapazität des Gases bei konstantem Volumen

$$c_p - c_V = R_\mathrm{i}; \quad c_{\mathrm{m},p} - c_{\mathrm{m},V} = R$$

$$c_V = f\,R_\mathrm{i}/2; \quad c_{\mathrm{m},V} = f\,R/2; \quad \varkappa = 1 + 2/f$$

R_i bzw. R individuelle bzw. universelle Gaskonstante

f Anzahl der Freiheitsgrade der Energiespeicherung pro Molekül (s. 4.6)

Polytropenexponent *n* eines idealen Gases

Einheit: 1

$$n = \frac{c_p - Q/(m\,\Delta T)}{c_V - Q/(m\,\Delta T)} = \frac{\Delta H - Q}{\Delta U - Q}; \qquad 1 < n < \varkappa$$

Q Wärmemenge, die die Gasmenge mit der Masse m bei der Temperaturänderung ΔT mit ihrer Umgebung austauscht

ΔH bzw. ΔU Änderung der Enthalpie bzw. inneren Energie bei der Temperaturänderung ΔT

Spezifische Schmelzwärme (Erstarrungswärme) q_s

Einheit: 1 J/kg

$$q_s = \frac{Q_s}{m} \quad \text{(Tab. 25)}$$

Q_s ist die zum Schmelzen eines festen Körpers mit der Masse m bei konstantem Druck und der Schmelztemperatur benötigte (bzw. beim Erstarren der Flüssigkeit freiwerdende) Wärmeenergie

Spezifische Verdampfungswärme (Kondensationswärme) q_b

Einheit: 1 J/kg

$$q_b = \frac{Q_b}{m} \quad \text{(Tab. 25)}$$

$$q_b = T_b \left(\frac{dp_s}{dT}\right)_{T_b} \left(\frac{1}{\varrho_D} - \frac{1}{\varrho_f}\right)$$

(Gesetz von Clausius-Clapeyron)

Q_b ist die zum Verdampfen einer Flüssigkeitsmenge der Masse m bei konstantem Druck und bei der Siedetemperatur T_b benötigte (bzw. beim Kondensieren des Dampfes freiwerdende) Wärmeenergie

ϱ_f bzw. ϱ_D Dichte der Flüssigkeit bzw. des Dampfes

dp_s Änderung des Dampfsättigungsdruckes für die Temperaturänderung dT bei der Siedetemperatur T_b

4.5 Zustandsänderungen idealer Gase

Die spezifischen Wärmekapazitäten c_p bzw. c_V bei konstantem Druck bzw. konstantem Volumen werden als temperaturunabhängig behandelt. Es wird reversible Prozeßführung vorausgesetzt.

Isochore Zustandsänderung: $V_1 = V_2 = V$

Gesetz von Gay-Lussac

$$\frac{p_1}{T_1} = \frac{p_2}{T_2}$$

1. Hauptsatz

$$\Delta U = Q$$
$$Q = m\, c_V (T_2 - T_1)$$
$$\Delta W = 0$$

p_1 bzw. p_2 Druck am Anfang bzw. am Ende
T_1 bzw. T_2 Temperatur am Anfang bzw. am Ende
ΔU Änderung der inneren Energie
Q zugeführte oder abgegebene Wärmeenergie
ΔW Volumenänderungsarbeit, m Masse
c_V spezifische Wärmekapazität bei konstantem Volumen

Entropieänderung

$$\Delta S = m\, c_V \ln (T_2/T_1) = m\, c_V \ln (p_2/p_1)$$

Isobare Zustandsänderung: $p_1 = p_2 = p$

Gesetz von Gay-Lussac

$$\frac{V_1}{T_1} = \frac{V_2}{T_2}$$

1. Hauptsatz

$$\Delta U = Q + \Delta W; \qquad \Delta U = m\, c_V (T_2 - T_1)$$
$$Q = m\, c_p (T_2 - T_1)$$
$$\Delta W = -p (V_2 - V_1) = -m\, R_i (T_2 - T_1)$$

V_1 bzw. V_2 Volumen am Anfang bzw. am Ende

c_p spezifische Wärmekapazität bei konstantem Druck
R_i individuelle Gaskonstante
p konstanter Druck des Gases

Entropieänderung

$$\Delta S = m\, c_p \ln (T_2/T_1) = m\, c_p \ln (V_2/V_1)$$

Isotherme Zustandsänderung: $T_1 = T_2 = T$

Gesetz von Boyle-Mariotte

$$p_1 V_1 = p_2 V_2$$

1. Hauptsatz

$$Q + \Delta W = 0; \qquad \Delta U = 0$$
$$Q = m\, R_i\, T \ln (V_2/V_1)$$
$$\Delta W = m\, R_i\, T \ln (V_1/V_2) = m\, R_i\, T \ln (p_2/p_1)$$

T konstante Temperatur des Gases

Entropieänderung

$$\Delta S = m\, R_i \ln (V_2/V_1) = m\, R_i \ln (p_1/p_2)$$

Isentrope (adiabatische) Zustandsänderung: $Q = 0$

Zustandsgleichungen

$$p_1 V_1^{\varkappa} = p_2 V_2^{\varkappa}; \quad T_1 V_1^{\varkappa-1} = T_2 V_2^{\varkappa-1}; \quad T_1^{\varkappa} p_1^{1-\varkappa} = T_2^{\varkappa} p_2^{1-\varkappa}$$

$\varkappa$ Isentropenexponent
$\varkappa = c_p / c_V$

1. Hauptsatz

$$\Delta U = \Delta W; \quad \Delta U = m\, c_V (T_2 - T_1)$$

$$\Delta W = \frac{m R_i}{\varkappa - 1}(T_2 - T_1) = \frac{1}{\varkappa - 1}(p_2 V_2 - p_1 V_1)$$

Entropieänderung

$$\Delta S = 0$$

Polytrope Zustandsänderung: $0 < |Q| < |\Delta W|$

Zustandsgleichungen

$$p_1 V_1^{n} = p_2 V_2^{n}; \quad T_1 V_1^{n-1} = T_2 V_2^{n-1}; \quad T_1^{n} p_1^{1-n} = T_2^{n} p_2^{1-n}$$

n Polytropenexponent
$1 < n < \varkappa$

1. Hauptsatz

$$\Delta U = Q + \Delta W; \quad \Delta U = m\, c_V (T_2 - T_1)$$

$$Q = \frac{n - \varkappa}{n - 1} m\, c_V (T_2 - T_1)$$

$$\Delta W = \frac{m R_i}{n - 1}(T_2 - T_1) = \frac{1}{n - 1}(p_2 V_2 - p_1 V_1)$$

Entropieänderung

$$\Delta S = \frac{\varkappa - n}{n - 1} m\, c_V \ln(T_1/T_2)$$

4.6 Ungeordnete (thermische) Bewegung von Molekülen

Masse m_M des Durchschnittmoleküls

Einheit: 1 kg

$$m_M = M_r\, u = \frac{m}{N}$$

$$m_M = \frac{m_m}{N_A} = \frac{m}{\nu N_A}$$

M_r relative Molekülmasse
N Anzahl der Moleküle
m bzw. ν Masse bzw. Stoffmenge
m_m molare Masse des Stoffes
u, N_A: Tab. 1

Relative Molekülmasse M_r des Durchschnittmoleküls

Einheit: 1

$$M_r = z_1 A_{r,1} + z_2 A_{r,2} + \ldots$$

z_i Anzahl der Atome mit der relativen Atommasse $A_{r,i}$ im Molekül (PSE)

Mittlere thermische Energie $\overline{W}_F$ pro Freiheitsgrad der Energiespeicherung eines Moleküls

Einheit: 1 J

$$\overline{W}_F = \frac{1}{2} kT$$

1 eV = $1{,}60219 \cdot 10^{-19}$ J
Boltzmannkonstante $k = 1{,}3807 \cdot 10^{-23}$ J K^{-1}
T absolute Temperatur

Mittlere gesamte thermische Energie $\overline{W}_M$ eines Moleküls

Einheit: 1 J

$$\overline{W}_M = f\, \overline{W}_F = f \frac{kT}{2}$$

f Anzahl der Freiheitsgrade der Energiespeicherung des Moleküls

Mittlere Translationsenergie $\overline{W}_{trans,M}$ eines Moleküls

Einheit: 1 J

$$\overline{W}_{trans,M} = \frac{1}{2} m_M \overline{v^2} = \frac{3}{2} kT = 3\, \overline{W}_F$$

m_M Masse des Durchschnittmoleküls
$\overline{v^2}$ mittleres Geschwindigkeitsquadrat
T absolute Temperatur

Gesamte Translationsenergie W_{trans} aller Moleküle in einer Gasmenge

Einheit: 1 J

$$W_{trans} = N\,\overline{W}_{trans,\,M} = N \cdot \tfrac{3}{2}\,k\,T$$

$$W_{trans} = \tfrac{3}{2} p\,V = \tfrac{3}{2} \nu\,R\,T$$

$\overline{W}_{trans,\,M}$ mittlere Translationsenergie eines Moleküls
N Anzahl der Moleküle, ν Stoffmenge
k bzw. R Boltzmannkonstante bzw. universelle Gaskonstante (S. 58)
p bzw. V Druck bzw. Volumen der Gasmenge

Anzahl f der Freiheitsgrade der Energiespeicherung eines freien Moleküls

einatomig:	$f = 3$		
zweiatomig starr:	$f = 5$	nicht starr:	$f = 7$
dreiatomig linear, starr:	$f = 5$	nicht starr:	$f = 13$
n-atomig starr:	$f = 6$	nicht starr:	$f = 6\,(n-1)$

Boltzmannfaktor

$$\Delta N / N \approx e^{-W_s/kT}$$

W_s Schwellenenergie
N Gesamtzahl der Moleküle
ΔN Anzahl der Moleküle mit einer Energie $W \geqslant W_s$ auf Grund der Wärmebewegung

Maxwellsche Geschwindigkeitsverteilung $g(v)$ eines idealen Gases

Einheit: $1\,\mathrm{s\,m^{-1}}$

$$g(v) = \frac{dN}{N\,dv} = \frac{4}{\sqrt{\pi}}\,\frac{v^2}{v_w^3}\,e^{-(v/v_w)^2}$$

dN/N Bruchteil der Moleküle mit Geschwindigkeiten im Intervall von v bis $v + dv$

Wahrscheinlichste (häufigste) Geschwindigkeit v_w

Einheit: $1\,\mathrm{m\,s^{-1}}$

$$v_w = \sqrt{\frac{2\,kT}{m_M}} = \sqrt{2\,R_i\,T}$$

m_M Masse des Durchschnittmoleküls
R_i individuelle Gaskonstante

Mittlere Geschwindigkeit $\overline{v}$

Einheit: $1\,\mathrm{m\,s^{-1}}$

$$\overline{v} = \int_0^\infty g(v)\,v\,dv = \frac{2}{\sqrt{\pi}}\,v_w \approx 1{,}128\,v_w$$

Mittleres Geschwindigkeitsquadrat $\overline{v^2}$

$$\overline{v^2} = \int_0^\infty g(v)\,v^2\,dv = 3\,R_i\,T = \frac{3\,kT}{m_M}$$

$$\sqrt{\overline{v^2}} = \sqrt{\tfrac{3}{2}}\,v_w \approx 1{,}225\,v_w$$

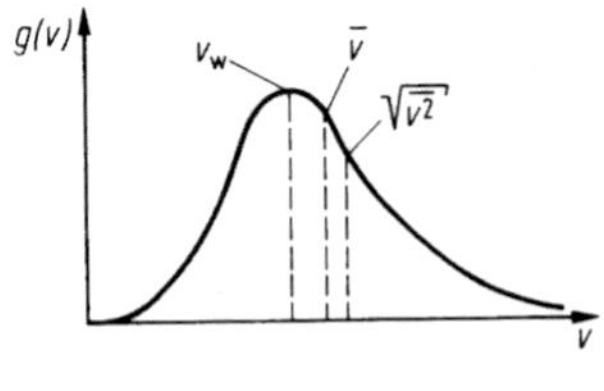

Mittlere Stoßhäufigkeit $\overline{z}$ eines Gasmoleküls

Einheit: $1\,\mathrm{s^{-1}}$

$$\overline{z} = Z/t$$

$$\overline{z} = \pi\sqrt{2}\,d^2\,n\,\overline{v}$$

Z Anzahl der Stöße während der Zeit t
d bzw. $\overline{v}$ mittlerer Durchmesser bzw. mittlere Geschwindigkeit
n Molekülzahldichte (S. 58)

Mittlere freie Weglänge $\overline{l}$ eines Gasmoleküls

Einheit: 1 m

$$\overline{l} = \frac{\overline{v}}{\overline{z}} = \frac{1}{\pi\sqrt{2}\,d^2\,n}$$

Viskosität $\eta(T)$ eines idealen Gases

Einheit: 1 Pa s

$$\eta = \frac{1}{3}\,\bar{v}\,\varrho\,\bar{l} = \frac{\bar{v}\,m_{\mathrm{M}}}{3\pi\sqrt{2}\,d^2}$$

$$\eta = \eta_0\sqrt{T/T_0}$$

ϱ Dichte des Gases
m_{M} Masse eines Moleküls
η_0 Viskosität bei der Temperatur T_0

Wärmeleitfähigkeit $\lambda(T)$ eines idealen Gases

Einheit: 1 W m^{-1} K^{-1}

$$\lambda = \frac{1}{4}\,n\,\bar{v}\,\bar{l}\,f\,k = \frac{\bar{v}\,f\,k}{4\pi\sqrt{2}\,d^2}$$

$$\lambda = \lambda_0\sqrt{T/T_0}$$

n Molekülzahldichte, k Boltzmannkonstante
f Anzahl der Freiheitsgrade der Energiespeicherung pro Molekül
d mittlerer Durchmesser der Moleküle
λ_0 Wärmeleitfähigkeit bei der Temperatur T_0

Stationäre Diffusion (1. *Gesetz von Fick*)

$$N = D\,A\left|\frac{\mathrm{d}n}{\mathrm{d}x}\right|\,t$$

N Anzahl der in der Zeit t durch die Fläche A transportierten Teilchen
$|\mathrm{d}n/\mathrm{d}x|$ Gefälle der Teilchenzahldichte bei konstanter Temperatur

Diffusionskoeffizient D

Einheit: 1 m^2 s^{-1}

$$D = b_D\,k\,T; \qquad b_D = \frac{v_{\mathrm{D}}}{F_{\mathrm{R}}}$$

Speziell ideales Gas:

$$D = \eta/\varrho = \frac{1}{3}\,\bar{v}\,\bar{l} = \frac{2\sqrt{R_{\mathrm{i}}\,T}}{3\pi^{3/2}\,d^2\,p}\,kT$$

b_D Beweglichkeit der Diffusion
k bzw. T Boltzmannkonstante bzw. absolute Temperatur
v_{D} Driftgeschwindigkeit der Moleküle
F_{R} Reibungskraft auf ein Molekül
ϱ bzw. p Gasdichte bzw. -druck
R_{i} individuelle Gaskonstante
d mittlerer Durchmesser der Moleküle

Osmotischer Druck p_{osm}

Einheit: 1 Pa

$$p_{\mathrm{osm}} = \frac{\nu RT}{V_{\mathrm{L}}}$$

ν Stoffmenge des gelösten Stoffes im Volumen V_{L} des Lösungsmittels
T absolute Temperatur
R universelle Gaskonstante

4.7 Stationärer Wärmetransport

Wärmestrom $\dot{Q}$

Einheit: 1 J/s = 1 W

$$\dot{Q} = \frac{Q}{t}$$

Q ist die in der Zeit t transportierte Wärmeenergie

Wärmestromdichte q

Einheit: 1 W/m^2

$$q = \frac{\dot{Q}}{A} = \frac{Q}{A\,t}$$

A ist die senkrecht vom Wärmestrom $\dot{Q}$ durchsetzte Fläche

Speziell Wärmeleitung: $q = \lambda\,|\Delta T/\Delta x|$

ΔT Temperaturgefälle auf der Strecke Δx

λ Wärmeleitfähigkeit (Tab. 25; 26)

Einheit: 1 W/(m K)

Speziell Wärmeübergang zwischen einem Fluid und einem festen Körper:

$$q = \alpha\,|T_{\mathrm{F}} - T_{\mathrm{O}}|$$

T_{F} Fluidtemperatur, T_{O} Temperatur an der Grenzfläche

α Wärmeübergangskoeffizient

Einheit: 1 W/(m^2 K)

Ebene Wände

Wärmestromdichte q:

$$q = k \cdot \Delta T$$

$$\Delta T = T_i - T_a = \vartheta_i - \vartheta_a$$

k Wärmedurchgangskoeffizient (k-Wert)
Einheit: 1 W/(m^2 K)

T_i, T_a bzw. ϑ_i, ϑ_a Fluidtemperaturen an den beiden Seiten der Wand

Wärmedurchgangswiderstand $1/k$:

Einheit: 1 m^2 K/W

$$\frac{1}{k} = \frac{1}{\alpha_i} + \frac{1}{\Lambda} + \frac{1}{\alpha_a}$$

$\frac{1}{\alpha_i}$, $\frac{1}{\alpha_a}$ Wärmeübergangswiderstände an den beiden Seiten der Wand (Tab. 27)

Wärmedurchlaßwiderstand $1/\Lambda$:
(Wärmedämmwert)

Einheit: 1 m^2 K/W

$$\frac{1}{\Lambda} = \frac{s_1}{\lambda_1} + \frac{s_2}{\lambda_2} + \dots + \frac{s_n}{\lambda_n}$$

$s_1, s_2, \dots, s_n$ Dicke der Schicht 1, 2, …, n mit der Wärmeleitfähigkeit $\lambda_1, \lambda_2, \dots, \lambda_n$

Temperaturen an oder in einer mehrschichtigen ebenen Wand:

q Wärmestromdichte

$$\vartheta_{O,i} = \vartheta_i - q\frac{1}{\alpha_i}$$

$$\vartheta_{1,2} = \vartheta_{O,i} - q\frac{s_1}{\lambda_1}$$

$$\vartheta_{2,3} = \vartheta_{1,2} - q\frac{s_2}{\lambda_2}$$

....

$$\vartheta_{O,a} = \vartheta_{n-1,n} - q\frac{s_n}{\lambda_n}$$

$$\vartheta_a = \vartheta_{O,a} - q\frac{1}{\alpha_a} \quad \text{(Probe)}$$

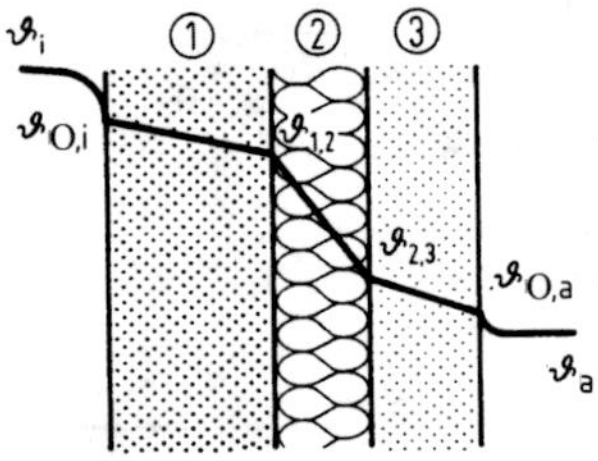

Mittlerer k-Wert k_m eines Bauteils, das sich aus Teilen mit verschiedenen k-Werten k_I, k_{II}, … zusammensetzt:

$$k_m = p_I\, k_I + p_{II}\, k_{II} + \dots$$

$$p_I = \frac{A_I}{A_I + A_{II} + \dots}, \quad p_{II} = \frac{A_{II}}{A_I + A_{II} + \dots}, \quad \dots$$

A_I, A_{II}, … Flächenanteile an der Gesamtfläche $A_I + A_{II} + \dots$ des Bauteils
p_I, p_{II}, … prozentuale Flächeanteile

Zylindrische Wände

$$Q = k\,A_a\,t\,(\vartheta_i - \vartheta_a); \quad A_a = 2\pi\, l\, r_a$$

Q ist die in der Zeit t durch die Außenfläche A_a strömende Wärmeenergie
l Länge bzw. Höhe des Hohlzylinders
r_i innerer Radius, r_a äußerer Radius

a) einschichtig:

$$\frac{1}{k} = r_a \left(\frac{1}{r_i\,\alpha_i} + \frac{1}{\lambda} \ln \frac{r_a}{r_i} + \frac{1}{r_a\,\alpha_a}\right)$$

ϑ_i Temperatur des Mediums innen
ϑ_a Temperatur des Mediums außen

b) zweischichtig:

$$\frac{1}{k} = r_a \left(\frac{1}{r_i\,\alpha_i} + \frac{1}{\lambda_1} \ln \frac{r_{1,2}}{r_i} + \frac{1}{\lambda_2} \ln \frac{r_a}{r_{1,2}} + \frac{1}{r_a\,\alpha_a}\right)$$

λ bzw. λ_1, λ_2 Wärmeleitfähigkeiten der Schichtmaterialien
$r_{1,2}$ Radius der Zwischengrenzfläche
$1/k$ Wärmedurchgangswiderstand der Wand

4.8 Temperaturstrahlung (siehe auch Abschnitt 6.5)

Strahlungsgesetz von Planck für schwarze Körper

$$M_{fs} = \frac{2\pi h f^3}{c_0^2} \cdot \frac{1}{e^{hf/kT} - 1}$$

$$M_{\lambda s} = \frac{2\pi c_0^2 h}{\lambda^5} \cdot \frac{1}{e^{c_0 h/k\lambda T} - 1}$$

M_{fs} bzw. $M_{\lambda s}$ spektrale spezifische Ausstrahlung einer schwarzen Fläche in den Halbraum im Frequenzbereich von f bis $f + \Delta f$ bzw. im Wellenlängenbereich von λ bis $\lambda + \Delta\lambda$ bei der Temperatur T

Einheit: $1 \frac{\text{W/m}^2}{\text{1/s}}$ bzw. $1 \frac{\text{W/m}^2}{\text{m}}$

c_0 Ausbreitungsgeschwindigkeit von elektromagnetischen Wellen im Vakuum
h Plancksche Konstante (S. 116)
k Boltzmannkonstante (S. 58)

Gesetz von Lambert für schwarze Körper
(L_s konstant für alle Richtungen des Halbraums)

$$L_s = \frac{M_s}{\Omega_0 \pi}$$

L_s Strahldichte einer schwarzen Fläche; $\Omega_0 = 1$ sr
M_s spez. Ausstrahlung der schwarzen Fläche in den Halbraum

Gesetz von Stefan-Boltzmann

$$M_s = \sigma T^4 = C_s \left(\frac{T}{100}\right)^4$$

$$\sigma = \frac{2\pi^5 k^4}{15 h^3 c_0^2} = 5{,}6705 \cdot 10^{-8}\,\text{W m}^{-2}\,\text{K}^{-4}$$

$$C_s = 10^8 \sigma = 5{,}6705\,\text{W m}^{-2}\,\text{K}^{-4}$$

$$M = \varepsilon M_s$$

Speziell schwarzer Körper: $\varepsilon = 1$

M_s spezifische Ausstrahlung einer schwarzen Fläche in den Halbraum bei der Temperatur T
σ Stefan-Boltzmann-Konstante
k Boltzmannkonstante
c_0 Vakuumlichtgeschwindigkeit
h Plancksche Konstante
C_s Strahlungskonstante des schwarzen Körpers
ε halbräumlicher Emissionsgrad (Tab. 29)
M spez. Ausstrahlung eines grauen Körpers

Verschiebungsgesetz von Wien

$$\lambda_{max} = \frac{2{,}898 \cdot 10^{-3}\,\text{m K}}{T}$$

λ_{max} Wellenlänge des Strahlungsmaximums einer schwarzen Fläche bei der Temperatur T

Spektraler gerichteter Emissionsgrad $\varepsilon_\lambda(\vartheta, \varphi)$

$$\varepsilon_\lambda(\vartheta, \varphi) = \frac{L_\lambda(\vartheta, \varphi)}{L_{\lambda s}}$$

Speziell schwarzer Körper:

$$\varepsilon_\lambda(\vartheta, \varphi) = 1$$

Speziell $\vartheta = 0$:

$$\varepsilon_{\lambda n} = \frac{L_{\lambda n}}{L_{\lambda s}}$$

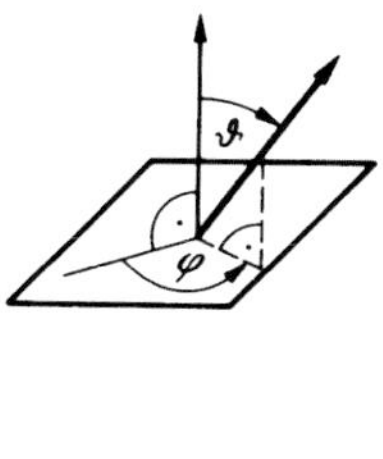

$L_\lambda(\vartheta, \varphi)$ spektrale Strahldichte eines Temperaturstrahlers in der durch den Zenitwinkel ϑ und Azimutwinkel φ gekennzeichneten Richtung
$L_{\lambda s}$ spektrale Strahldichte eines schwarzen Strahlers bei gleicher Temperatur

$L_{\lambda n}$ spektrale Strahldichte in Richtung der Flächennormalen

Gesetz von Kirchhoff

$$\varepsilon_\lambda(\vartheta, \varphi) = \alpha_\lambda(\vartheta, \varphi)$$

$\varepsilon_\lambda(\vartheta, \varphi)$ bzw. $\alpha_\lambda(\vartheta, \varphi)$ spektraler Emissionsgrad bzw. Absorptionsgrad eines Temperaturstrahlers für die durch ϑ und φ gekennzeichnete Aus- bzw. Einstrahlungsrichtung bei gleicher Temperatur

Temperaturstrahlung zwischen zwei parallelen ebenen Flächen

$$q_{1,2} = \alpha_{St}(\vartheta_1 - \vartheta_2); \qquad \vartheta_1 > \vartheta_2$$

$$\alpha_{St} = C_{1,2}\, a$$

$q_{1,2}$ ist die durch die Strahlung bewirkte Wärmestromdichte

α_{St} Wärmeübergangskoeffizient der Strahlung

a Temperaturfaktor

Einheit: 1 K^3

$$a = \frac{\left(\dfrac{T_1}{100}\right)^4 - \left(\dfrac{T_2}{100}\right)^4}{T_1 - T_2}$$

T_1, T_2 bzw. ϑ_1, ϑ_2 (konstante) Temperaturen der Flächen 1 und 2

$$C_{1,2} = \frac{1}{\dfrac{1}{C_1} + \dfrac{1}{C_2} - \dfrac{1}{C_s}} = \frac{C_s}{\dfrac{1}{\varepsilon_1} + \dfrac{1}{\varepsilon_2} - 1}$$

$$\varepsilon_1 = \frac{C_1}{C_s}; \qquad \varepsilon_2 = \frac{C_2}{C_s}$$

$C_{1,2}$ Strahlungsaustauschkonstante

C_1 bzw. C_2 Strahlungskonstante der Fläche 1 bzw. 2

C_s Strahlungskonstante des schwarzen Körpers

ε_1 bzw. ε_2 halbräumlicher Emissionsgrad der Fläche 1 bzw. 2

4.9 Nichtstationärer Wärmetransport

Wärmestromdichte q_x in der x-Richtung

Einheit: 1 W/m^2

$$q_x = -\lambda \frac{\partial \vartheta}{\partial x}$$

$\partial\vartheta/\partial x$ Temperaturgradient in der x-Richtung

λ Wärmeleitfähigkeit des Mediums

Temperaturleitfähigkeit *a* eines Stoffes

Einheit: 1 m^2/s

$$a = \frac{\lambda}{c_p\, \varrho}$$

λ Wärmeleitfähigkeit, ϱ Dichte

c_p spez. isobare Wärmekapazität

Gleichung von Fourier (für reine Wärmeleitung)

Zusammenhang zwischen der zeitlichen Temperaturänderung einer Stelle (x, y, z) mit der momentanen räumlichen Temperaturverteilung $\vartheta(x, y, z)$ ohne Wärmequellen und Wärmesenken:

$$\frac{\partial \vartheta}{\partial t} = a\left[\frac{\partial^2 \vartheta}{\partial x^2} + \frac{\partial^2 \vartheta}{\partial y^2} + \frac{\partial^2 \vartheta}{\partial z^2}\right]$$

Temperaturänderung $\Delta\vartheta$ einer Stoffmenge in einem abgeschlossenen Behälter

$$\Delta\vartheta \approx \Delta\vartheta_0 \cdot e^{-\frac{kA}{mc}t}$$

(Abkühlungsgesetz von Newton)

$\Delta\vartheta$ bzw. $\Delta\vartheta_0$ Temperaturdifferenz zwischen innen und außen zur Zeit t bzw. 0

m Masse der Stoffmenge

c spez. Wärmekapazität des Stoffes

A Wandmittelfläche

k Wärmedurchgangskoeffizient der Wand

Wärmeeindringkoeffizient *b* eines Stoffes

Einheit: $1 \dfrac{J}{m^2\, s^{0,5}\, K}$

$$b = \sqrt{c\, \varrho\, \lambda}$$

c spez. Wärmekapazität, λ Wärmeleitfähigkeit

Kontakttemperatur ϑ_0

$$\vartheta_0 = \frac{b_1\, \vartheta_1 + b_2\, \vartheta_2}{b_1 + b_2}$$

b_1 bzw. b_2 Wärmeeindringkoeffizienten von zwei sich berührenden halbunendlichen Körpern mit den Temperaturen ϑ_1 bzw. ϑ_2

4.10 Feuchtigkeit

Absolute Luftfeuchte (Wasserdampfteildichte) ϱ *Einheit*: $1\ \mathrm{g/m^3}$

$$\varrho = \frac{m}{V}$$

m Wasserdampfmasse im Volumen V

$$\varrho = \frac{p}{R_{H_2O} T}$$

p Wasserdampfteildruck
T Temperatur
R_{H_2O} Gaskonstante für Wasserdampf (Tab. 25)

Relative Luftfeuchte φ

$$\varphi = \frac{\varrho}{\varrho_s}$$

ϱ Wasserdampfteildichte
ϱ_s Sättigungsdichte bei der gleichen Temperatur T (Tab. 31)

$$\varrho_s = \frac{p_s}{R_{H_2O} T}$$

p_s Wasserdampfsättigungsdruck

Wasserdampfteildruck p *Einheit*: $1\ \mathrm{N/m^2} = 1\ \mathrm{Pa}$

$$p = \varphi\, p_s$$

p_s Sättigungsdruck bei der gleichen Temperatur (Tab. 31)

Bestimmung der Taupunkttemperatur ϑ_s

$$p(\vartheta_L; \varphi) = p_s(\vartheta_s) = \varphi \cdot p_s(\vartheta_L)$$

$$\{\vartheta_s\} = (109{,}8 + \{\vartheta_L\}) \cdot \varphi^{0{,}1247} - 109{,}8$$

$p(\vartheta_L; \varphi)$ Wasserdampfteildruck bei der Lufttemperatur ϑ_L und der relativen Luftfeuchte φ
$p_s(\vartheta_s)$ bzw. $p_s(\vartheta_L)$ Sättigungsdruck bei der Temperatur ϑ_s bzw. ϑ_L

Feuchtegrad x

$$x = \frac{m}{m_L}$$

$$x = \frac{R_{Luft}}{R_{H_2O}} \frac{\varphi\, p_s}{p_{ges} - \varphi\, p_s}$$

m Wasserdampfmasse
m_L Masse der trockenen Luft
φ relat. Feuchte der feuchten Luft
p_{ges} Druck der feuchten Luft
R_{Luft} bzw. R_{H_2O} Gaskonstante der trockenen Luft bzw. des Wasserdampfes (Tab. 25)

Mindestwert $(1/k)_{Mind}$ des Wärmedurchgangswiderstandes
eines Außenbauteiles zur Vermeidung von Oberflächentauwasser

$$\left(\frac{1}{k}\right)_{Mind} = \frac{1}{\alpha_i} \frac{\vartheta_{L,i} - \vartheta_{L,a,Min}}{\vartheta_{L,i} - \vartheta_{s,i}}; \qquad \frac{1}{\alpha_i} = 0{,}17\ \frac{\mathrm{m^2\,K}}{\mathrm{W}}$$

$1/\alpha_i$ Wärmeübergangswiderstand innen
$\vartheta_{L,i}$ Lufttemperatur innen
$\vartheta_{s,i}$ Taupunkttemperatur innen
$\vartheta_{L,a,Min}$ Minimum der Lufttemperatur außen

Mindestwert $(1/\Lambda)_{Mind}$ des Wärmedurchlaßwiderstandes

$$\frac{1}{\Lambda_{Mind}} = \left(\frac{1}{k}\right)_{Mind} - \frac{1}{\alpha_i} - \frac{1}{\alpha_a}$$

$1/\alpha_a$ Wärmeübergangswiderstand außen

Wasserdampfdiffusionsdurchlaßwiderstand $1/\Delta$
einer Schicht *Einheit*: $1\ \frac{\mathrm{m^2\,h\,Pa}}{\mathrm{kg}}$

$$\frac{1}{\Delta} = \frac{R_{H_2O} T}{D} \mu s = N \mu s$$

$$N = \frac{R_{H_2O} T}{D} = 1{,}5 \cdot 10^6\ \frac{\mathrm{m\,h\,Pa}}{\mathrm{kg}}$$

μ Wasserdampfdiffusionswiderstandszahl des Schichtmaterials (Tab. 26)
s Schichtdicke, T Schichtmittentemperatur
D Diffusionskoeffizient, N Abkürzung

Diffusionsäquivalente Luftschichtdicke s_d einer Schicht

Einheit: 1 m

$$s_d = \mu s$$

μ Diffusionswiderstandszahl (Tab. 26)
s Schichtdicke

Wasserdampfdiffusionsdurchlaßwiderstand $1/\Delta$ eines Bauteils

$$\frac{1}{\Delta} = N(s_{d,1} + s_{d,2} + \ldots + s_{d,n})$$

$s_{d,i}$ diffusionsäquivalente Luftschichtdicke der i-ten Schicht (i = 1, 2, ..., n)

Stationäre Wasserdampfdiffusionsstromdichte i

Einheit: $1 \frac{kg}{m^2 h}$

$$i = \frac{m}{A t}$$

m Dampfmasse, die in der Zeit t durch die ebene Fläche A diffundiert

Tauperiode:

$$i_i = \frac{p_i - p_{sw1}}{1/\Delta_i}$$

$$i_a = \frac{p_{sw2} - p_a}{1/\Delta_a}$$

$$W_T = 1440\,h\,(i_i - i_a)$$

$p_i = 1170$ Pa, $p_a = 208$ Pa
p_{sw1} bzw. p_{sw2} Wasserdampfsättigungsdruck für die Temperatur am Anfang (1) bzw. am Ende (2) der Tauwasserzone
$1/\Delta_i$ bzw. $1/\Delta_a$ Diffusionswiderstand von der Innenoberfläche bis zum Beginn der Tauwasserzone (1) bzw. von ihrem Ende (2) bis zur Außenoberfläche

Einheit: 1 kg/m²

W_T flächenbezogene Masse des ausfallenden Wassers

Verdunstungsperiode:

$$i'_i = \frac{p'_{sw} - p'_i}{1/\Delta'_i}$$

$$i'_a = \frac{p'_{sw} - p'_a}{1/\Delta'_a}$$

$$W_V = 2160\,h\,(i'_i + i'_a)$$

$p'_i = 982$ Pa, $p'_a = 982$ Pa, $p'_{sw} = 1403$ Pa
p'_{sw} Wasserdampfsättigungsdruck für die Temperatur in der Mitte der Tauwasserzone am Beginn der Verdunstungsperiode
$1/\Delta'_i$ bzw. $1/\Delta'_a$ Diffusionswiderstand von der Mitte der Tauwasserzone bis zur Innenoberfläche bzw. bis zur Außenoberfläche

Einheit: 1 kg/m²

W_V flächenbezogene Masse des verdunsteten Wassers

Massebezogener Feuchtegehalt u_m

Einheit: 1 = 100 %

$$u_m = \frac{m_W}{m_{tr}}$$

m_W bzw. V_W bzw. ϱ_W Masse bzw. Volumen bzw. Dichte des Wassers in der Materialprobe
m_{tr} bzw. V_{tr} bzw. ϱ_{tr} Masse bzw. Volumen bzw. Dichte der trockenen Materialprobe

Volumenbezogener Feuchtegehalt u_v

$$u_v = \frac{V_W}{V_{tr}} = u_m \frac{\varrho_{tr}}{\varrho_W}$$

Materialfeuchte ψ

$$\psi = \frac{m_W}{m_{tr} + m_W} = \frac{u_m}{1 + u_m}$$

5 Elektrik und Magnetik

5.1 Elektrische Potentialfelder in homogenen, isotropen Medien

5.1.1 Grundgrößen

Ladung $\pm Q$; $Q > 0$

Einheit: 1 As = 1 Coulomb C

Speziell Elementarladung: $e = 1{,}602177 \cdot 10^{-19}$ C

e bzw. $-e$ Ladung eines Positrons bzw. Elektrons

Raumladungsdichte ϱ

Einheit: 1 C/m³ = 1 As/m³

$$\varrho = \pm \frac{\Delta Q}{\Delta V} \quad (\Delta V \gg \text{atomare Dimensionen})$$

$\pm \Delta Q$ Teilladung im Teilvolumen ΔV

Flächenladungsdichte σ

Einheit: 1 C/m² = 1 As/m²

$$\sigma = \pm \frac{\Delta Q}{\Delta A} \quad (\Delta A \gg \text{atomare Dimensionen})$$

$\pm \Delta Q$ Teilladung auf der Teilfläche ΔA

Elektrische Feldstärke $\vec{E}$

Betragseinheit: 1 N/C = 1 V/m

$$\vec{E} = \frac{\vec{F}}{q}$$

$\vec{F}$ Kraft auf eine Probeladung $q > 0$

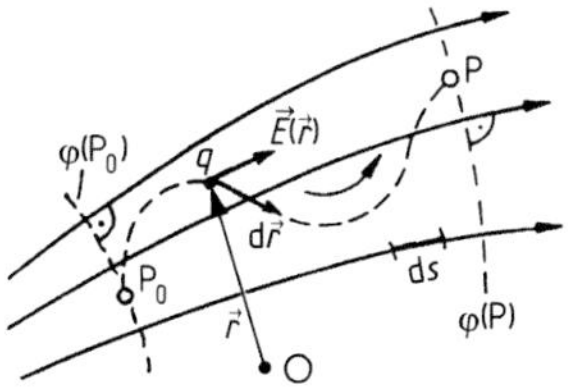

Potential φ (P)
in einem Feldpunkt P

Einheit: 1 J/C = 1 Volt V

$$\varphi(\mathrm{P}) = -\int_{\mathrm{P}_0}^{\mathrm{P}} \vec{E}(\vec{r})\,\mathrm{d}\vec{r}$$

mit $\varphi(\mathrm{P}_0) = 0$

$\vec{E}(\vec{r})$ Feldstärke auf einem Wegelement $\mathrm{d}\vec{r}$ mit dem Ortsvektor $\vec{r}$
P_0 Potentialnullpunkt (beliebig)

Flächen, auf denen φ = konstant: **Äquipotentialflächen**

Potential durch eine Punktladung $\pm Q$ (im Vakuum):

$$\varphi(\mathrm{P}) = \frac{\pm Q}{4\pi\,\varepsilon_0}\left(\frac{1}{r} - \frac{1}{r_0}\right)$$

r Abstand eines Feldpunktes P von $\pm Q$
ε_0 elektrische Feldkonstante
$\varphi(\mathrm{P}_0) = 0$ für $r = r_0$

Potentielle Energie W_{pot} (P)
einer Ladung $\pm q$ an der Stelle P

$$W_{\text{pot}}(\mathrm{P}) = \pm q\,\varphi(\mathrm{P})$$

$\varphi(\mathrm{P})$ Potential an der Stelle P

Überführungsarbeit ΔW
an $\pm q$ von P_1 zu P_2

$$\Delta W = W_{\text{pot},2} - W_{\text{pot},1} = \pm q\,(\varphi_2 - \varphi_1)$$

$W_{\text{pot},1}$ bzw. $W_{\text{pot},2}$ potentielle Energie der Ladung $\pm q$ an der Stelle P_1 bzw. P_2

Spannung U zwischen zwei Feldpunkten P_1 und P_2

Einheit: 1 Volt V

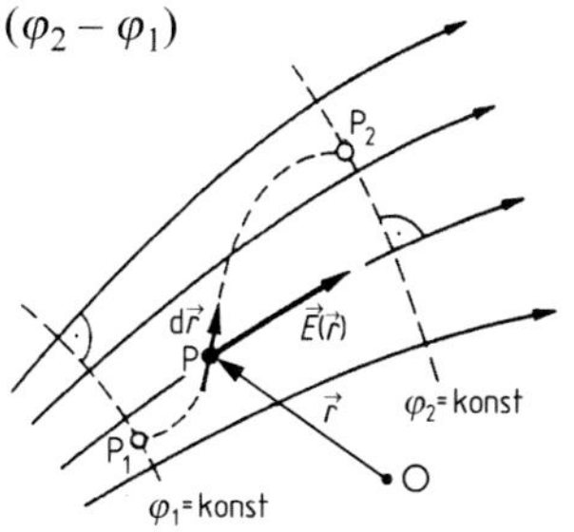

$$U = |\Delta W / q|$$

$$U = \left|\int_{\mathrm{P}_1}^{\mathrm{P}_2} \vec{E}(\vec{r})\,\mathrm{d}\vec{r}\right|$$

$$U = |\varphi_2 - \varphi_1| = |\Delta\varphi|$$

ΔW Überführungsarbeit an der Probeladung q von P_1 (Potential φ_1) zu P_2 (Potential φ_2) längs eines beliebigen Weges

$\Delta\varphi$ Potentialdifferenz

Zusammenhang zwischen $\vec{E}$ und φ

$$\vec{E} = -\operatorname{grad}\varphi\,; \qquad E = \left|\frac{\mathrm{d}\varphi}{\mathrm{d}s}\right|$$

φ Potential, E Feldstärke, $\mathrm{d}\varphi$ Potentialänderung längs eines Feldlinienelements $\mathrm{d}s$

grad φ: s. S. 27

Elektrische Fluß-(Flächenladungs-)dichte $\vec{D}$

Betragseinheit: $1\ \mathrm{C/m^2}$

$$\vec{D} = \varepsilon \vec{E}; \qquad \varepsilon = \varepsilon_r\, \varepsilon_0$$

$$\varepsilon_0 = 8{,}8541878\ldots \cdot 10^{-12}\,\mathrm{CV^{-1}\,m^{-1}}$$

Speziell Luft: $\varepsilon_{\mathrm{Luft}} = 8{,}86 \cdot 10^{-12}\,\mathrm{C\,V^{-1}\,m^{-1}}$

$\vec{E}$ Feldstärke
ε_r Permittivitätszahl (Dielektrizitätszahl) (Tab. 32)
ε_0 elektrische Feldkonstante
ε Permittivität (Dielektrizitätskonstante)

Elektrische Polarisation $\vec{P}$ eines Dielektrikums

Betragseinheit: $1\ \mathrm{C/m^2}$

$$\vec{P} = \vec{D} - \vec{D}_0\,; \qquad \varepsilon_r = D/D_0$$

$$\vec{P} = \chi\, \varepsilon_0 \vec{E}; \qquad \chi = \varepsilon_r - 1$$

$\vec{D}$ bzw. $\vec{D}_0$ Flußdichte mit bzw. ohne Dielektrikum bei konstanter Feldstärke $\vec{E}$
ε_r Permittivitätszahl (Tab. 32)
χ elektrische Suszeptibilität

Elektrischer Fluß ψ durch eine Fläche A

Einheit: $1\ \mathrm{A\,s} = 1\ \mathrm{C}$

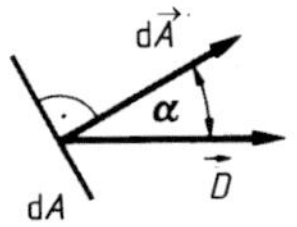

$$\psi = \int_A \vec{D}\, \mathrm{d}\vec{A}$$

Speziell ebene Fläche und $\vec{D}$ = konstant:

$$\psi = \vec{D}\vec{A} = D\,A\cos\alpha$$

$\mathrm{d}\vec{A}$ gerichtetes Flächenelement
$\vec{D}$ Flußdichte in $\mathrm{d}\vec{A}$

Fluß durch eine geschlossene Fläche:

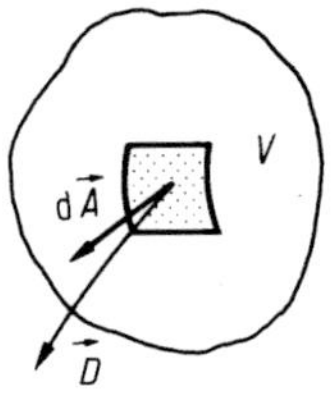

$$\psi = \oint_A \vec{D}\, \mathrm{d}\vec{A} = \pm Q$$

ψ gesamter Fluß, der von der Ladung $\pm Q$ in dem Volumen V ausgeht (bzw. bei ihr endet) und dessen Oberfläche, die geschlossene Fläche A, durchsetzt

Speziell: A ist die Oberfläche in einer ladungsfreien Röhre

$$\psi = \oint_A \vec{D}\,\mathrm{d}\vec{A} = \int_{A_1} \vec{D}\,\mathrm{d}\vec{A}_1 + \int_{A_2} \vec{D}\,\mathrm{d}\vec{A}_2 = \psi_1 + \psi_2 = 0$$

A_1, A_2 (beliebig geformte) Abschlußflächen der von Feldlinien gebildeten Röhre ($\mathrm{d}A_{1(2)}$ nach außen gerichtet)

Influenzierte Ladung Q_{infl} auf einer Leiteroberfläche

Einheit: $1\ \mathrm{A\,s} = 1\ \mathrm{C}$

$$Q_{\mathrm{infl}} = \left|\int_A \vec{D}\,\mathrm{d}\vec{A}\right| = |\psi|$$

Speziell ebene Fläche A und $\vec{D}$ = konstant:

$$Q_{\mathrm{infl}} = D\,A\,|\cos\alpha| = \sigma_{\mathrm{infl}}\,A$$

Speziell $\vec{D} \parallel \vec{A}$: $D = \sigma_{\mathrm{infl}}$

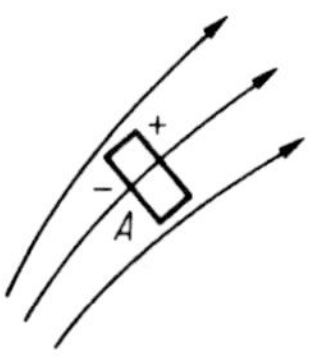

$\vec{D}$ Flußdichte in $\mathrm{d}\vec{A}$
$\mathrm{d}\vec{A}$ gerichtetes Flächenelement
ψ Fluß an der Leiteroberfläche
σ_{infl} Betrag der influenzierten Flächenladungsdichte
α Winkel zwischen $\vec{D}$ und $\vec{A}$

Kapazität C eines Kondensators

Einheit: $1\ \mathrm{A\,s/V} = 1$ Farad F (µF, nF, pF)

$$C = \frac{Q}{U}$$

U Spannung zwischen den Grenzflächen des Feldes
Q Ladung auf einer Grenzfläche

5.1.2 Energie des elektrischen Feldes

Energie W_{el}

Einheit: 1 W s = 1 J

$$W_{el} = \int_V w_{el} \, dV > 0$$

w_{el} Energiedichte des elektrischen Feldes im Volumenelement dV

Speziell homogenes Feld: $W_{el} = w_{el} V$

w_{el} Energiedichte im Volumen V

Speziell elektrische Energie eines Kondensators:

$$W_{el} = \frac{1}{2} Q U = \frac{1}{2} C U^2 = \frac{1}{2} \frac{Q^2}{C}$$

C Kapazität, U Spannung
Q Ladung

Energiedichte w_{el}

Einheit: 1 J/m³

$$w_{el} = \frac{dW_{el}}{dV} > 0; \qquad w_{el} = \frac{1}{2} D E = \frac{1}{2} \varepsilon E^2$$

dW_{el} Teilenergie im Teilvolumen dV
E Feldstärke, D Flußdichte
ε Permittivität des Feldmediums

5.1.3 Spezielle elektrische Felder

$\vec{E}$ Feldstärke, $\vec{D}$ Flußdichte, U Spannung zwischen den Feldgrenzen, φ Potential, Q Ladung, ε Permittivität (Dielektrizitätskonstante) des Feldmediums

Homogenes Feld eines Plattenkondensators

$$E = \frac{U}{d}; \qquad \varphi(x) = -E x; \qquad D = \frac{Q}{A}$$

$\varphi(x)$ Potential am Ort x
d Abstand der beiden Platten
A Fläche einer Platte ($d \ll$ Ausdehnung der Platten)
Q Ladung auf einer Platte

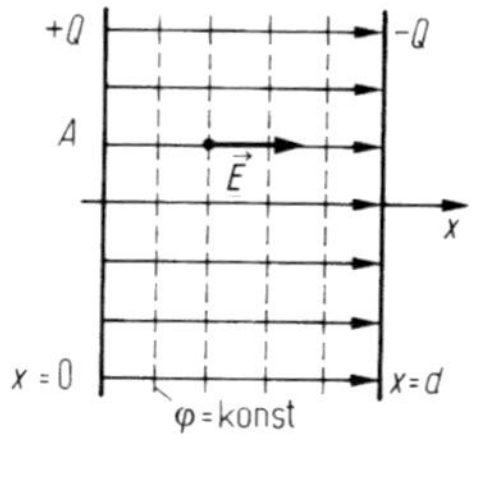

Anziehungskraft $\vec{F}$ der Platten aufeinander

$$F = \frac{1}{2} Q E; \qquad \vec{F} \parallel \vec{E}$$

$$F = \frac{1}{2} E D A = \frac{1}{2} \varepsilon \frac{U^2}{d^2} A$$

Coulombfeld einer Punktladung $\pm Q$ (Radialfeld)

$$E(r) = \frac{Q}{4\pi\varepsilon} \frac{1}{r^2}; \qquad D(r) = \frac{Q}{4\pi} \frac{1}{r^2}$$

$$\varphi(r) = \frac{\pm Q}{4\pi\varepsilon} \frac{1}{r} \qquad \text{mit } \varphi(\infty) = 0$$

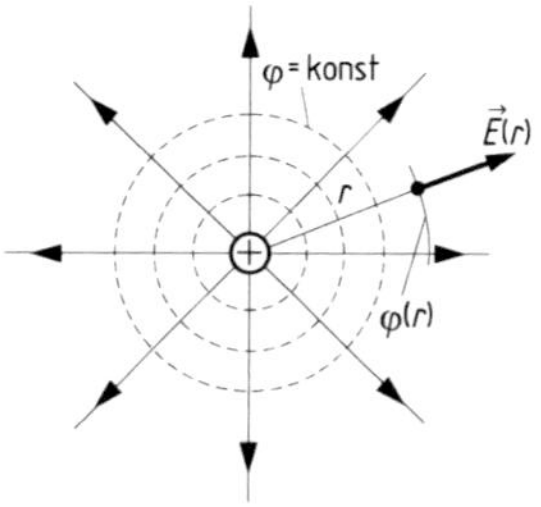

Gesetz von Coulomb (Kraft zwischen zwei Punktladungen)

$$|\vec{F}_1| = |\vec{F}_2| = F = \frac{1}{4\pi\varepsilon} \frac{Q_1 Q_2}{r^2}$$

$\vec{F}_1$ bzw. $\vec{F}_2$ Kraft auf die Ladung Q_1 bzw. Q_2
r Abstand der Punktladungen

Zylinderfeld ($l \gg r$)

$$E(r) = \frac{Q}{2\pi\varepsilon l}\,\frac{1}{r}; \qquad D(r) = \frac{Q}{2\pi l}\,\frac{1}{r}$$

$$\varphi(r) = \frac{\pm Q}{2\pi\varepsilon l}\ln\frac{r_0}{r} \qquad \text{mit } \varphi(r_0) = 0$$

l Länge des Zylinders
r_0 Zylinderradius
r Abstand von der Zylinderachse

Dipolfeld ($r \gg l$)

$$\vec{p} = Q\,\vec{l}$$

$\vec{p}$ elektrisches Dipolmoment

$$E(\mathrm{P}) = \frac{p}{4\pi\varepsilon}\,\frac{1}{r^3}\sqrt{3\cos^2\alpha + 1}$$

$$E_r = \frac{2p\cos\alpha}{4\pi\varepsilon}\,\frac{1}{r^3}; \qquad E_\perp = \frac{p\sin\alpha}{4\pi\varepsilon}\,\frac{1}{r^3}$$

$$\varphi(\mathrm{P}) = \frac{p\cos\alpha}{4\pi\varepsilon}\,\frac{1}{r^2} \qquad \text{mit } \varphi(\alpha = 90°) = 0$$

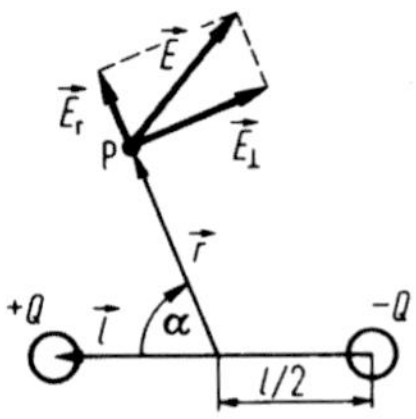

5.1.4 Spezielle Kapazitäten

Plattenkondensator

$$C = \varepsilon\,\frac{A}{d}$$

A innere Fläche einer Platte
d Plattenabstand (klein gegenüber der Ausdehnung der Platten)
ε Permittivität des Feldmediums

Kugelkondensator

$$C = 4\pi\varepsilon\,\frac{r_\mathrm{i}\,r_\mathrm{a}}{r_\mathrm{a} - r_\mathrm{i}}$$

r_i Radius der Innenkugel
r_a Radius der Außenkugel (konzentrisch)

Speziell **Kugelkonduktor** ($r_\mathrm{a} \to \infty$, $r_\mathrm{i} = R$):

$$C = 4\pi\varepsilon R$$

R Kugelradius

Zylinderkondensator (r_i, $r_\mathrm{a} \ll l$)

$$C = 2\pi\varepsilon\,\frac{l}{\ln(r_\mathrm{a}/r_\mathrm{i})}$$

l Länge des Zylinders
r_i Radius des Innenzylinders
r_a Radius des Außenzylinders (konzentrisch)

Parallelleitung (R, $s \ll l$)

$$C = \pi\varepsilon\,\frac{l}{\ln\left[\frac{s}{2R} + \sqrt{\left(\frac{s}{2R}\right)^2 - 1}\right]}$$

l Leiterlänge, R Leiterradius
s Leiterabstand (Mitte-Mitte)

Speziell $R \ll s$: $C = \pi\varepsilon\,\dfrac{l}{\ln(s/R)}$

Leiter-Ebene-System (R, $a \ll l$)

$$C = \frac{2\pi\varepsilon l}{\ln(2a/R)}$$

l Leiterlänge, R Leiterradius
a Abstand Leitermitte-Ebene (Leiter || Ebene)

5.1.5 Kondensatorschaltungen

Hintereinanderschaltung (Serienschaltung)
Alle Kondensatoren haben die gleiche Ladung Q.

Gesamtkapazität C:

$$\frac{1}{C} = \frac{1}{C_1} + \frac{1}{C_2} + \frac{1}{C_3} + \cdots$$

C_i Kapazität des i-ten Kondensators

Gesamtspannung U:

$$U = U_1 + U_2 + U_3 + \cdots$$

U_i Spannung am i-ten Kondensator (i = 1, 2, 3, ...)

Verhältnis der Teilspannungen:

$$U_1 : U_2 : U_3 : \cdots = \frac{1}{C_1} : \frac{1}{C_2} : \frac{1}{C_3} : \cdots$$

Parallelschaltung
Alle Kondensatoren haben die gleiche Spannung U.

Gesamtkapazität C:

$$C = C_1 + C_2 + C_3 + \cdots$$

Gesamtladung Q:

$$Q = Q_1 + Q_2 + Q_3 + \cdots$$

Q_i Ladung des i-ten Kondensators (i = 1, 2, 3, ...)

Verhältnis der Teilladungen:

$$Q_1 : Q_2 : Q_3 : \cdots = C_1 : C_2 : C_3 : \cdots$$

5.1.6 Auf- und Entladung eines Kondensators

Zeitkonstante τ

$$\tau = RC$$

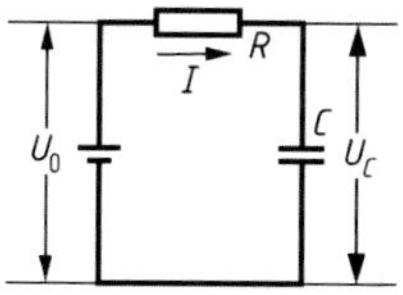

Einheit: 1 s

R Widerstand, C Kapazität

Aufladevorgang
Ladestrom $I(t)$ bei U_0 = konst.:

$$I(t) = I_0\,\mathrm{e}^{-t/\tau} \quad \text{mit } I_0 = U_0/R$$

$$U_C(t) = U_0(1 - \mathrm{e}^{-t/\tau}); \quad Q_C(t) = C\,U_C(t)$$

U_0 angelegte Spannung, I_0 Anfangsstrom
t Zeit nach Beginn des Ladevorganges
$U_C(t)$ bzw. $Q_C(t)$ Kondensatorspannung bzw. -ladung zur Zeit t

Entladevorgang
Entladestrom $I(t)$:

$$I(t) = I_0\,\mathrm{e}^{-t/\tau} \quad \text{mit } I_0 = U_{C,0}/R$$

$$U_C(t) = U_{C,0}\,\mathrm{e}^{-t/\tau}; \quad Q_C(t) = C\,U_C(t)$$

I_0 Anfangsstrom
$U_{C,0}$ Kondensatorspannung vor der Entladung
t Zeit nach Beginn der Entladung
τ Zeitkonstante
$U_C(t)$ bzw. $Q_C(t)$ Spannung bzw. Ladung des Kondensators zur Zeit t

5.2 Gleichstrom

5.2.1 Grundgrößen

Stromstärke[1]**) (Strom)** I
durch eine Fläche

Einheit: **1 Ampere A** (kA, mA, μA, pA)

$$I = \frac{dQ}{dt} = \dot{Q}$$

dQ Ladung, die in der Zeit dt durch eine Fläche transportiert wird

Stromrichtung (technische Definition):
Bewegungsrichtung der positiven Ladungsträger

Speziell I = konstant:

$$I = \frac{Q}{t}$$

Q Ladung, die in der Zeit t durch eine Fläche transportiert wird

Stromstoß Q

Einheit: 1 A s

$$Q = \int_{t_1}^{t_2} I(t)\,dt = \bar{I}\,\Delta t$$

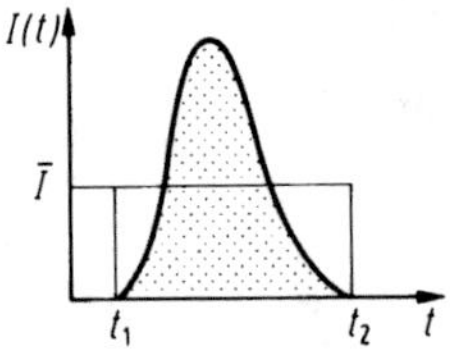

$I(t)$ Stromstärke zur Zeit t
$\bar{I}$ mittlere Stromstärke in der Zeit $\Delta t = t_2 - t_1$

Stromdichte $\vec{J}$

Betragseinheit: 1 A/m²

$$|\vec{J}| = J = \frac{dI}{dA_\perp}$$

d$A_\perp$ Querschnittsflächenelement, das senkrecht vom Stromelement dI durchflossen wird

Die Richtung von $\vec{J}$ stimmt mit der Bewegungsrichtung der positiven Ladungen überein.

Speziell J = konstant:

$$J = \frac{I}{A_\perp}$$

$A_\perp$ Querschnittsfläche, die senkrecht vom Strom I durchflossen wird

Spannung U
siehe S. 71

Einheit: 1 Volt V

Gesetz von Ohm

Die Spannung U zwischen zwei Punkten eines metallischen Leiters und der durch ihn fließende Strom I sind bei konstanter Temperatur zueinander proportional:

$$U = R\,I$$

Die Proportionalitätskonstante R ist der (Verbraucher-)Widerstand des Leiters zwischen den zwei Punkten.

(Verbraucher-)Widerstand R

Einheit: 1 V/A = 1 Ohm Ω (kΩ, MΩ)

$$R = \varrho\,\frac{l}{A}$$

l Länge, A Querschnittsfläche des Leiters
ϱ spezifischer Widerstand des Leitermaterials

[1]) Basisgröße

Spezifischer Widerstand ϱ eines Materials — *Einheit*: $1\ \Omega\ \text{m} = 10^6\ \text{W mm}^2\ \text{m}^{-1}$

$$\varrho = \varrho_{20} + \varrho_{20}\,\alpha_{20}\,(\vartheta - 20\ °\text{C})$$

ϱ_{20} spezifischer Widerstand bei 20 °C (Tab. 33)
ϑ Leitertemperatur

α_{20} Temperaturkoeffizient bei 20 °C — *Einheit*: $1\ \text{K}^{-1}$ (Tab. 33)

Leitwert G — *Einheit*: $1\ \Omega^{-1} = 1$ Siemens S (mS, µS)

$$G = 1/R = I/U$$

R Widerstand

Elektrische Leitfähigkeit γ eines Materials — *Einheit*: $1\ \Omega^{-1}\ \text{m}^{-1}$

$$\gamma = 1/\varrho$$

ϱ spezifischer Widerstand

5.2.2 Regeln von Kirchhoff für verzweigte Stromkreise

Für jede einzelne Stromquelle berechnet man aus Gleichungen, die sich aus Knotenpunkt- und Maschenregel ergeben, die durch die einzelnen Leiter fließenden Ströme. Die Leiterwiderstände R_1, R_2, … werden in beliebiger Reihenfolge fortlaufend nummeriert. Der durch einen Leiter mit dem Widerstand R_ν fließende Strom $I_{\nu,\,i}$ wird in der Knotenpunktregel $I_{k,\,i}$ und in der Maschenregel $I_{j,\,i}$ genannt, wobei $\nu = k = j$.

Knotenpunktregel

$$\sum_k I'_{k,\,i} = 0$$

$I'_{k,\,i} = I_{k,\,i}$: zu K hinfließende Ströme
$I'_{k,\,i} = -I_{k,\,i}$: von K wegfließende Ströme

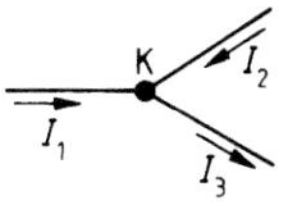

$I_{k,\,i}$ positive Stromstärke im k-ten Leiter am untersuchten Knoten durch die i-te Stromquelle
$I'_{k,\,i}$ Rechengröße

Maschenregel

Masche mit der i-ten Stromquelle:

$$U_{q,\,i} = \sum_j R_j\, I_{j,\,i}$$

Masche ohne die i-te Stromquelle:

$$\sum_j R_j\, I'_{j,\,i} = 0$$

$I'_{j,\,i} = I_{j,\,i}$: Ströme in eine der beiden Richtungen
$I'_{j,\,i} = -I_{j,\,i}$: entgegengerichtete Ströme

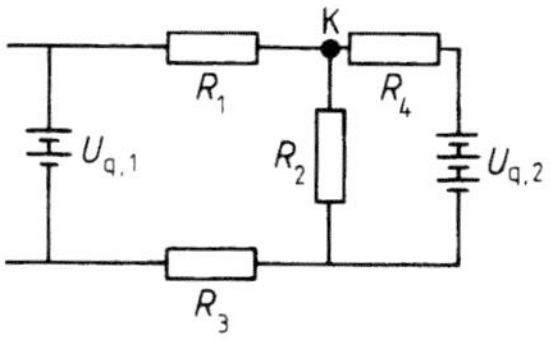

$U_{q,\,i}$ positive Quellenspannung, die von der i-ten Stromquelle erzeugt wird
$I_{j,\,i}$ positive Stromstärke im j-ten Maschenleiter mit dem Widerstand R_j durch die i-te Stromquelle
(Falls eine Stromrichtung unbekannt ist, wird eine beliebige Richtung angenommen und vom errechneten Ergebnis der Betrag verwendet)

Gesamtstrom I_ν in einem Leiter mit dem Widerstand R_ν

$$I_\nu = \left|\sum_i I'_{\nu,\,i}\right|$$

$I'_{\nu,\,i} = I_{\nu,\,i}$: Ströme in eine der beiden Richtungen
$I'_{\nu,\,i} = -I_{\nu,\,i}$: entgegengerichtete Ströme

5.2.3 Schaltung von Widerständen

Hintereinanderschaltung (Serienschaltung)

Durch alle Verbraucher fließt der gleiche Strom I.

Gesamtwiderstand R: $R = R_1 + R_2 + R_2 + \ldots$

Gesamtspannung U: $U = U_1 + U_2 + U_3 + \ldots$

Teilspannungen: $U_1 : U_2 : U_3 \ldots = R_1 : R_2 : R_3 : \ldots$

R_i Widerstand des i-ten Verbrauchers
U_i Spannungsabfall am i-ten Verbraucher (i = 1, 2, 3, …)

Parallelschaltung

An allen Verbrauchern besteht der gleiche Spannungsabfall U.

Gesamtleitwert G: $G = G_1 + G_2 + G_3 + \cdots$ — G_i Leitwert des i-ten Verbrauchers

$$\frac{1}{R} = \frac{1}{R_1} + \frac{1}{R_2} + \frac{1}{R_3} + \cdots$$

R_i Widerstand des i-ten Verbrauchers

Gesamtstromstärke I: $I = I_1 + I_2 + I_3 + \cdots$ — I_i Strom durch den i-ten Verbraucher (i = 1, 2, 3, ...)

Verhältnis der Teilströme: $I_1 : I_2 : I_3 : \ldots = G_1 : G_2 : G_3 : \ldots$

Spannungsteilerschaltung

$$U_1 = \frac{R_1}{R_1 + R_2 + R_1 (R_2/R_a)} \cdot U$$

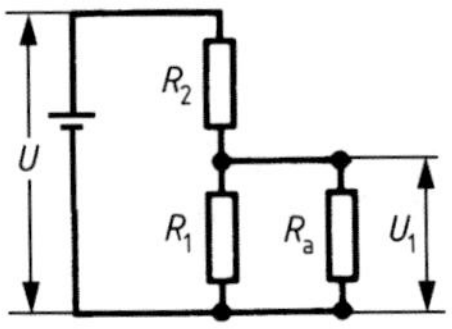

Speziell $R_a \gg R_1$: $U_1 = \frac{R_1}{R_1 + R_2} \cdot U$

Potentiometer

$R_a \gg \alpha R$: $U_1 = \alpha U$; $0 \leqslant \alpha \leqslant 1$

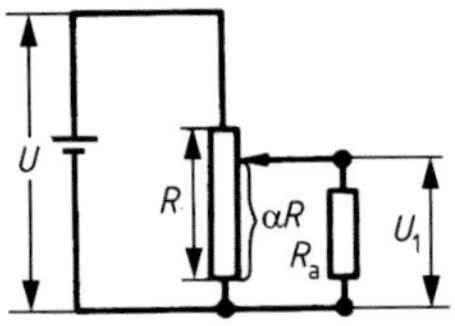

Meßbereichserweiterung

Strommessung:

$I = n\, I_0$; $R_N = \frac{R_i}{n - 1}$

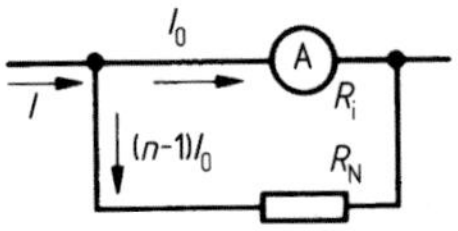

R_i Innenwiderstand des Strommeßgerätes
I_0 Strom durch R_i
I zu messender Strom
R_N Nebenwiderstand
n Faktor der Bereichserweiterung ($n > 1$)

Spannungsmessung:

$U = n U_0$; $R_V = (n - 1)\, R_i$

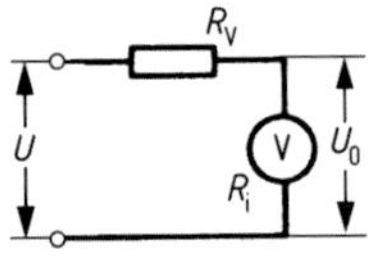

U_0 Spannung an R_i
U zu messende Spannung
R_V Vorwiderstand

Wheatstonesche Brücke

Bei Stromlosigkeit des Strommessers:

$$R_x = R\,\frac{R_2}{R_1}$$

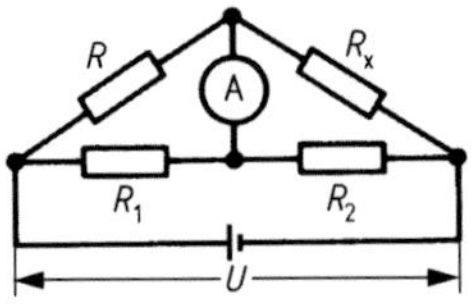

R Vergleichswiderstand
R_x zu messender Widerstand

5.2.4 Schaltung von Stromquellen (gleicher Richtungssinn)

Hintereinanderschaltung (Serienschaltung)

Gesamte Quellenspannung U_q: $U_q = U_{q,1} + U_{q,2} + U_{q,3} + \cdots$

Gesamter Innenwiderstand R_i: $R_i = R_{i,1} + R_{i,2} + R_{i,3} + \ldots$

$U_{q,1}$, $U_{q,2}$, $U_{q,3}$, ... bzw. $R_{i,1}$, $R_{i,2}$, $R_{i,3}$ ... Quellenspannung bzw. Innenwiderstand der Elemente 1, 2, 3, ...

Parallelschaltung von ***m*** gleichen Elementen ($R_{i,1} = R_{i,2} = \ldots$)

Gesamte Quellenspannung U_q: $U_q = U_{q,1} = U_{q,2} = U_{q,3} = \ldots$

Gesamter Innenwiderstand R_i: $R_i = R_{i,1}/m$

5.2.5 Belastete Stromquelle

Klemmenspannung U_a

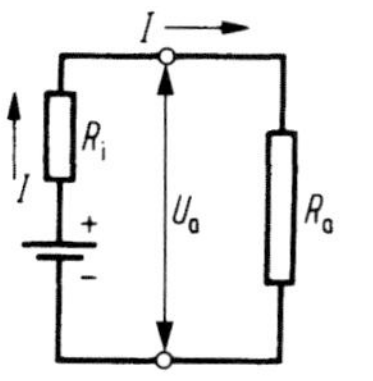

$$U_a = U_q - R_i I$$

$$U_a = R_a I$$

Speziell $I = 0$, $R_a \to \infty$:

$$U_a = U_q = U_l$$

U_q Quellenspannung
R_i Innenwiderstand
I Strom
U_l Leerlaufspannung

Strom *I*

$$I = \frac{U_q}{R_i + R_a}$$

Speziell $R_a = 0$: $I_K = \frac{U_q}{R_i}$

U_q Quellenspannung
R_i Innenwiderstand
R_a Außenwiderstand

I_K Kurzschlußstrom

5.2.6 Stromleistung und Stromarbeit

Stromleistung *P*(*t*)

Einheit: 1 VA = 1 Watt W

$$P(t) = U(t)\, I(t)$$

$I(t)$ bzw. $U(t)$ Stromstärke im bzw. Spannung am Verbraucher der Energie zur Zeit t

Speziell $I(t)$ und $U(t)$ konstant:

$$P = U I = I^2 R = \frac{U^2}{R}$$

R Verbraucherwiderstand

Stromarbeit ΔW eines Verbrauchers

Einheit: 1 Ws = 1 Joule J

$$\Delta W = \int_{t_1}^{t_2} P(t)\, \mathrm{d}t$$

$P(t)$ momentane Stromleistung

Speziell $I(t)$ und $U(t)$ konstant:

$$\Delta W = U I \Delta t$$

$\Delta t = t_2 - t_1$ Zeit, in der die Arbeit verrichtet wird

Stromwärme *Q* in einem Verbraucher

Einheit: 1 Ws = 1 Joule J

$$Q = \Delta W = I^2 R \Delta t = \frac{U^2}{R} \Delta t$$

I bzw. U konstanter Strom bzw. konstante Spannung in der Zeitspanne Δt
R Verbraucherwiderstand

5.3 Magnetische Felder in homogenen, isotropen Medien

5.3.1 Grundgrößen

Magnetische Feldstärke (magnetische Erregung) $\vec{H}$

Betragseinheit: $1\,\mathrm{A\,m^{-1}}$

1 Oersted Oe $= (10^3/4\pi)\,\mathrm{A\,m^{-1}}$ $= 79{,}577\,\mathrm{A\,m^{-1}}$

Die *Richtung von* $\vec{H}$ ist die Einstellrichtung eines Magnetnadelnordpols.

Magnetische Spannung V

Einheit: 1 A

zwischen zwei Punkten P_1 und P_2

1 Gilbert Gb $= (10/4\pi)\,\mathrm{A} = 0{,}79577\,\mathrm{A}$

$$V = \left| \int_{P_1}^{P_2} \vec{H}\,\mathrm{d}\vec{r} \right|$$

$\vec{H}$ Feldstärke am Ort des Linienelementes $\mathrm{d}\vec{r}$

Speziell Durchflutungsgesetz:

$$\left| \oint_l \vec{H}\,\mathrm{d}\vec{r} \right| = N I$$

I Stromstärke, die am Ort von $\mathrm{d}\vec{r}$ das Magnetfeld der Stärke $\vec{H}$ erzeugt
N Anzahl der vom geschlossenen Integrationsweg l umschlungenen Stromfäden (z.B. Spulenwindungen)

Gesetz von Biot-Savart-Laplace

$$\vec{H}(\mathrm{P}) = \frac{I}{4\pi} \int_l \frac{1}{r^3}\, \vec{r} \times \mathrm{d}\vec{r}$$

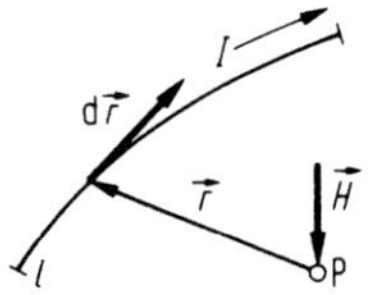

$\vec{H}$ Feldstärke, die der Stromfaden mit der Länge l und der Stromstärke I in einem Punkt P erzeugt
$\mathrm{d}\vec{r}$ Linienelement des Stromfadens

Richtungssinn von Strom und magnetischen Feldlinien

Schraubenregel:

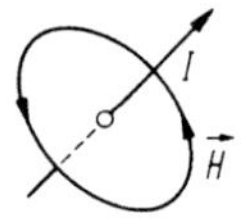

(*Rechtsschraube*)

(Stromrichtung S. 76)

Magnetische Flußdichte (Induktion) $\vec{B}$

Betragseinheit: $1\,\mathrm{V\,s/m^2} = 1$ Tesla T

1 Gauß G $= 10^{-4}\,\mathrm{T}$

$$\vec{B} = \mu \vec{H}; \qquad \mu = \mu_0 \mu_r$$

$$\mu_0 = 4\pi \cdot 10^{-7}\,\frac{\mathrm{V\,s}}{\mathrm{A\,m}} = 1{,}25663706\ldots \cdot 10^{-6}\,\frac{\mathrm{V\,s}}{\mathrm{A\,m}}$$

$\vec{H}$ Feldstärke
μ Permeabilität des Feldmediums
μ_r Permeabilitätszahl
μ_0 magnetische Feldkonstante (Induktionskonstante)

Magnetische Polarisation $\vec{J}$

Betragseinheit: 1 T

$$\vec{J} = \vec{B} - \vec{B}_0; \qquad \mu_r = \frac{B}{B_0}$$

$\vec{B}$ bzw. $\vec{B}_0$ Flußdichte mit bzw. ohne Feldmedium bei konstanter Feldstärke $\vec{H}$

$$\vec{J} = \chi_m \mu_0 \vec{H}; \qquad \chi_m = \mu_r - 1$$

$$\varkappa_m = \frac{\chi_m}{\varrho} \quad \text{(Tab. 34)}$$

χ_m magnetische Suszeptibilität
$\varkappa_m$ dichtebezogene magnetische Suszeptibilität (*Einheit*: $1\,\mathrm{m^3/kg}$)
ϱ Dichte
μ_r Permeabilitätszahl

$\mu_r < 1$: diamagnetische Stoffe
$\mu_r > 1$: paramagnetische Stoffe
$\mu_r \gg 1$: ferromagnetische Stoffe

Magnetisierung (Magnetisierungsstärke) $\vec{M}$

Betragseinheit: 1 A/m

$$\vec{M} = \frac{\vec{J}}{\mu_0}$$

$\vec{J}$ magnetische Polarisation
μ_0 magnetische Feldkonstante

Magnetischer Fluß ϕ durch eine Fläche A

$$\phi = \int_A \vec{B}\, d\vec{A}$$

Einheit: 1 Vs = 1 Weber Wb

1 Maxwell Mx = 10^{-8} Vs

$\vec{B}$ Flußdichte im Flächenelement $d\vec{A}$

Speziell ebene Fläche und $\vec{B}$ = konstant:

$$\phi = \vec{B}\,\vec{A} = B\,A \cos\varphi$$

$\vec{B}$ Flußdichte in der ebenen Fläche $\vec{A}$

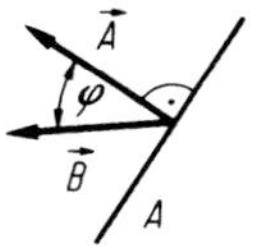

Speziell geschlossene Fläche:

$$\phi = \oint_A \vec{B}\, d\vec{A} = 0$$

$\vec{B}$ Flußdichte in $d\vec{A}$

Speziell: A ist die Oberfläche einer Röhre

$$\phi = \oint_A \vec{B}\, d\vec{A} = \int_{A_1} \vec{B}\, d\vec{A}_1 + \int_{A_2} \vec{B}\, d\vec{A}_2 = \phi_1 + \phi_2 = 0$$

A_1, A_2 (beliebig geformte) Abschlußflächen der von Feldlinien aufgespannten Röhre ($d\vec{A}_{1(2)}$ nach außen gerichtet)

Gesamtfluß ϕ (Polstärke p)
von Permanentmagnet, Stromschleife oder Elektromagnet

$$\phi = p = \left| \int_A \vec{B}\, d\vec{A} \right|$$

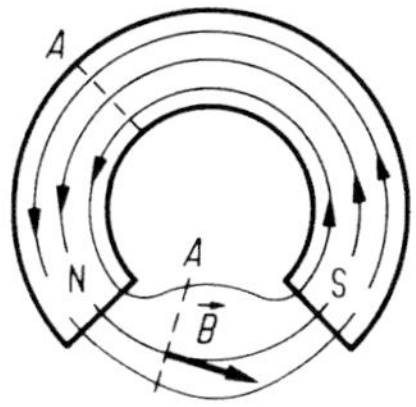

Einheit: 1 Wb

A Fläche, die alle Feldlinien einmal schneidet
$d\vec{A}$ gerichtetes Flächenelement von $\vec{A}$
$\vec{B}$ Flußdichte in $d\vec{A}$

5.3.2 Magnetische Dipole

Coulombsches magnetisches (Dipol-)Moment $\vec{j}_c$

$$\vec{j}_c = \int_V \vec{J}\, dV$$

Betragseinheit: 1 T m^3 = 1 V s m

$\vec{J}$ Polarisation im Volumenelement dV eines magnetisierten Körpers mit dem Volumen V

Amperesches magnetisches (Dipol-)Moment $\vec{m}$

$$\vec{m} = \int_V \vec{M}\, dV$$

$$\vec{m} = \frac{\vec{j}_c}{\mu_0}$$

Betragseinheit: 1 A m^2

$\vec{M}$ Magnetisierung im Volumenelement dV eines magnetisierten Körpers
V Volumen des Körpers
μ_0 magnetische Feldkonstante

Speziell $\vec{M}$ = konstant: $\vec{m} = \vec{M}\,V$

Speziell Stabmagnet oder Spule der Länge l:

$$\vec{m} = \frac{p\,\vec{l}}{\mu_0}$$

$$\vec{m} = \frac{\phi\,\vec{l}}{\mu_0} \approx \vec{H}\,V$$

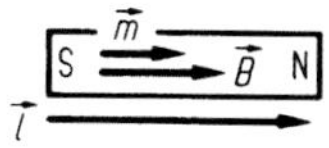

p Polstärke, Φ gesamter Fluß
$\vec{H}$ Feldstärke im Magneten bzw. in der Spule
V Volumen des Magneten bzw. der Spule

Speziell ebener Stromfaden:

$$\vec{m} = \mu_r\, I\, \vec{A}$$

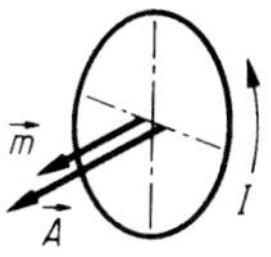

μ_r Permeabilitätszahl
I Stromstärke
A (ebene) vom Stromfaden berandete Fläche

Drehmoment $\vec{M}_D$ auf einen magnetischen Dipol

$$\vec{M}_D = \vec{m} \times \vec{B} = \vec{j}_c \times \vec{H}$$

Betragseinheit: 1 N m

$\vec{j}_c$ bzw. $\vec{m}$ Coulombsches bzw. Amperesches magnetisches Moment des Dipoles
$\vec{H}$ bzw. $\vec{B}$ Feldstärke bzw. Induktion des äußeren Feldes

5.3.3 Energie des magnetischen Feldes

Energie W_m

Einheit: 1 J = 1 W s

$$W_m = \int_V w_m \, dV > 0$$

w_m Energiedichte des magnetischen Feldes im Volumenelement dV

Speziell homogenes Feld: $W_m = w_m V$

Speziell Feld eines Stromes I:

$$W_m = \frac{1}{2} \phi I = \frac{1}{2} L I^2$$

ϕ gesamter vom Leiterstrom I erzeugter Fluß
L Induktivität des Stromleiters (S. 84)

Energiedichte w_m

Einheit: 1 J/m^3

$$w_m = \frac{dW_m}{dV} > 0$$

$$w_m = \frac{1}{2} \vec{B} \vec{H} = \frac{1}{2} \mu H^2$$

dW_m Teilenergie im Teilvolumen dV
$\vec{H}$ Feldstärke
$\vec{B}$ Flußdichte
μ Permeabilität

5.3.4 Spezielle Magnetfelder

Langgestreckter gerader Stromleiter

Feldstärke im Außenraum ($r \geqslant R$): $H(r) = \dfrac{I}{2\pi r}$

r Abstand von der Leiterachse
R Leiterradius, I Leiterstrom

Feldstärke im Innenraum ($r \leqslant R$): $H(r) = \dfrac{I}{2\pi R^2} r$

Kraft auf den Leiter im homogenen Magnetfeld:

$$\vec{F} = I \vec{l} \times \vec{B}$$

I Leiterstrom, $\vec{B}$ Flußdichte des Feldes
$\vec{l}$ dem Strom gleichgerichtete Leiterlänge

Speziell Kraft zwischen zwei parallelen Leitern:

$$F = \frac{\mu}{2\pi} \frac{I_1 I_2}{d} l$$

(Anziehung bei gleicher, Abstoßung bei entgegengesetzter Stromrichtung)

I_1, I_2 Leiterströme
d Abstand der beiden Leiter ($d \ll l$)
μ Permeabilität

Kreisförmiger Stromleiter

Feldstärke auf der Mittelachse:

$$H(x) = \frac{I R^2}{2\sqrt{(R^2 + x^2)^3}}$$

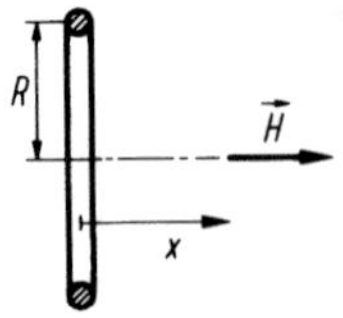

R mittlerer Radius des Stromleiters
I Leiterstrom

Speziell Ringmitte ($x = 0$):

$$H = \frac{I}{2R}$$

Speziell $x \gg R$:

$$H(x) = \frac{I R^2}{2} \frac{1}{x^3}$$

Ringspule (Toroid)
Feldstärke innerhalb der Ringspule:

$$H = \frac{N\,I}{u}$$

N Windungszahl, I Leiterstrom
u mittlerer Ringumfang

Kreiszylinderspule (Solenoid)
Feldstärke auf der Spulenachse:

$$H(x) = \frac{N\,I}{2\,l}\left[\frac{x+l}{\sqrt{R^2+(x+l)^2}} - \frac{x}{\sqrt{R^2+x^2}}\right]$$

N Windungszahl, I Spulenstrom
x Abstand von einem Spulenende (Punkte außerhalb der Spule: $x > 0$; innerhalb: $x < 0$)
l Spulenlänge, R Spulenradius

Speziell Spulenmittelpunkt ($x = -l/2$):

$$H_M = \frac{N\,I}{l\sqrt{1+(2\,R/l)^2}}$$

Speziell langgestreckte Spule ($R \ll l$):

$$H_M = \frac{N\,I}{l}$$

Speziell Spulenende ($x = 0$):

$$H_E \approx \frac{1}{2} H_M$$

Spulen mit bifilarer Wicklung:

$$H \approx 0$$

Helmholtz-Spulenpaar
Feldstärke im Mittelebenenstück M:

$$H = \left(\frac{4}{5}\right)^{1,5}\frac{N\,I}{R} \approx 0{,}716\,\frac{N\,I}{R}$$

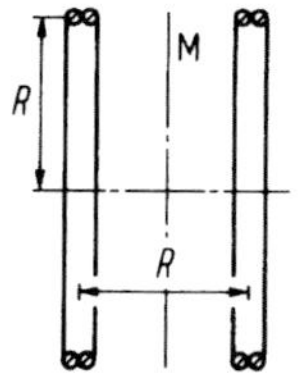

N Windungszahl einer Spule
R Spulenradius = Spulenabstand
I Spulenstrom

5.4 Elektromagnetische Induktion

5.4.1 Induktionsgesetz

Induzierte Spannung $U_i(t)$

$$U_i(t) = -\frac{d\phi(t)}{dt}$$

$$U_i(t) = \oint_l \vec{E}_i(\vec{r}, t)\, d\vec{r}$$

l Länge eines metallischen Leiters um eine Fläche A, die von einem sich zeitlich ändernden magnetischen Fluß $\phi(t)$ durchsetzt wird

$\vec{E}_i(\vec{r}, t)$ induzierte elektrische Feldstärke an einer Leiterstelle $d\vec{l} = d\vec{r}$ mit dem Ortsvektor $\vec{r}$ zur Zeit t

Durch das willkürlich festgesetzte Vorzeichen ergibt sich $U_i(t)$ negativ bei zunehmendem magnetischen Fluß in der Fläche A und positiv bei abnehmendem magnetischen Fluß.

$U_i(t)$ entspricht der elektromotorischen Kraft auf die frei beweglichen Ladungen des Leiters infolge der induzierten elektrischen Feldstärke. Durch diese Kraft wird ein Induktionsstrom $I_i(t)$ bewirkt.

Regel von Lenz

Der induzierte Strom $I_i(t)$ in einem Leiter ist so gerichtet, daß sein Magnetfeld die Ursache seiner Entstehung, d.h. die Änderung $d\phi$ des Flusses ϕ des bestehenden Feldes, zu verhindern sucht bzw. die Verschiebung oder Drehung des Leiters zu hemmen sucht.

Induzierter Spannungsstoß Σ_i

$$\Sigma_i = \int_{t_1}^{t_2} U_i(t)\,dt\,; \qquad \Sigma_i = \bar{U}_i\,\Delta t$$

$$\Sigma_i = \phi_1 - \phi_2$$

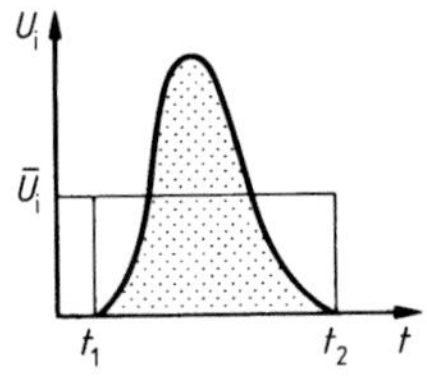

Einheit: 1 Vs

$U_i(t)$ momentane induzierte Spannung
$\bar{U}_i$ mittlere induzierte Spannung in der Zeit $\Delta t = t_2 - t_1$

ϕ_1 bzw. ϕ_2 magnetischer Fluß zur Zeit t_1 bzw. t_2 durch die Fläche, die der Leiter einmal umrandet

Induktionsspule

Induzierte Spannung:

$$U_i(t) = -N\frac{d\phi}{dt}$$

ϕ momentaner Fluß durch die Spulenfläche
N Windungszahl der Spule

Induzierter Spannungsstoß:

$$\Sigma_i = N(\phi_1 - \phi_2)$$

ϕ_1 bzw. ϕ_2 Fluß durch die Spule zur Zeit t_1 bzw. t_2

Speziell homogenes Magnetfeld und $|\phi_1 - \phi_2| = \phi$:

(Ein- oder Ausschalten des Magnetfeldes oder Drehung der Spule um 90°)

$$|\Sigma_i| = N\,\phi = N\,B\,A$$

ϕ Fluß durch die Spulenfläche A
B Flußdichte am Ort der Spule

Gerader bewegter Leiter im homogenen Magnetfeld
Induzierte Spannung U_i zwischen den Leiterenden:

$$|U_i| = (\vec{v}\times\vec{B})\,\vec{l}\,; \qquad \vec{E}_i = \vec{v}\times\vec{B}$$

$\vec{B}$ Flußdichte
$\vec{v}$ Geschwindigkeit des Leiters
$\vec{l}$ gerichtete Leiterlänge (gleiche Richtung wie die induzierte Feldstärke $\vec{E}_i$)

5.4.2 Selbstinduktion (Induktion durch das leitereigene Magnetfeld)

Induktivität L eines Leiters

Einheit: 1 V s/A = 1 Henry H

$$L = N\frac{\phi}{I}$$

I Leiterstrom, der den Fluß ϕ seines Magnetfeldes N-mal umschlingt (N muß nicht ganzzahlig sein)

Selbsinduktionsspannung $U_i(t)$ in einem Leiter

$$U_i(t) = -L\frac{dI}{dt}$$

dI Änderung der Stromstärke im Leiter in der Zeit dt

5.4.3 Spezielle Induktivitäten (für Feldmedien mit konstanter Permeabilität μ)

Kreiszylinderspule

$$L = \mu\,N^2\left(\sqrt{l^2+R^2} - R\right)\frac{A}{l^2}$$

N Windungszahl
l Länge der Spule
A Querschnittsfläche
R Radius der Spule

Speziell $l \gg R$:

$$L = \mu\,N^2\frac{A}{l}$$

Ringspule (Toroid)

$$L = \mu N^2 \frac{A}{u}$$

N Windungszahl, u mittlerer Ringumfang
A Querschnittsfläche
μ Permeabilität

Gerader zylindrischer Leiter

$$L = \mu \frac{l}{2\pi}\left(\ln\frac{2l}{R} - \frac{3}{4}\right)$$

l Länge des Leiters, R Radius des Leiters

Gerade Parallelleitung

$$L \approx \mu \frac{l}{\pi}\left(\ln\frac{s}{R} + \frac{1}{4}\right)$$

l Länge, R Leiterradius
s Abstand der Leiter

5.4.4 Schaltung von Induktivitäten (ohne gegenseitige Beeinflussung der Einzelinduktivität)

Hintereinanderschaltung

$$L = L_1 + L_2 + L_3 + \cdots$$

L Gesamtinduktivität
$L_1, L_2, L_3, \ldots$ Einzelinduktivitäten

Parallelschaltung

$$\frac{1}{L} = \frac{1}{L_1} + \frac{1}{L_2} + \frac{1}{L_3} + \cdots$$

Für das Verhältnis der Teilspannungen an bzw. der Teilströme in den einzelnen Induktivitäten gilt dasselbe wie bei der Schaltung von Widerständen (S. 77).

5.4.5 Auf- und Abbau eines Magnetfeldes

Zeitkonstante τ

$$\tau = \frac{L}{R}$$

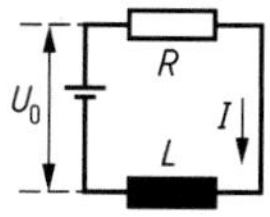

Einheit: 1 s

R Widerstand, L Induktivität

Aufbau des Feldes

Momentane Stromstärke $I(t)$ in der Spule bei U_0 = konstant:

$$I(t) = I_\infty(1 - e^{-t/\tau}) \quad \text{mit} \quad I_\infty = U_0/R$$

U_0 angelegte Spannung, R Widerstand
t Zeit nach dem Anlegen der Spannung U_0
τ Zeitkonstante
I_∞ Stromstärke nach Beendigung des Feldaufbaues

Differentialgleichung:

$$U_0 = R\,I + L\frac{dI}{dt}$$

$$I = I_\infty + I_i\,; \qquad I_i = -\,I_\infty\, e^{-t/\tau}$$

I_i selbstinduzierte Stromstärke beim Feldaufbau

Feldstärke $H(t)$ der Spule:

$$H(t) = H_\infty\,(1 - e^{-t/\tau})$$

H_∞ Feldstärke nach Beendigung des Feldaufbaues

Abbau des Feldes

Momentane Stromstärke $I(t)$ in der Spule:

$$I(t) = I_0\,e^{-t/\tau}; \qquad I_i(t) = I(t)$$

Feldstärke $H(t)$ der Spule:

$$H(t) = H_0\,e^{-t/\tau}$$

I_0 Strom zur Zeit 0
t Zeit nach Beginn des Feldabbaues
τ Zeitkonstante
I_i selbstinduzierte Stromstärke beim Abbau des Feldes

H_0 Feldstärke zur Zeit 0

5.5 Wechselstrom

5.5.1 Grundgrößen

Momentanwerte u und i von Spannung und Strom (sinusförmig)

$$u = \hat{u}\,\sin(\omega t + \varphi_{u,0}); \qquad i = \hat{i}\,\sin(\omega t + \varphi_{i,0})$$

$\hat{u}$ Scheitelwert der Wechselspannung (Spannungsamplitude)
$\hat{i}$ Scheitelwert des Wechselstromes (Stromamplitude)
ω Kreisfrequenz, t Zeit

Phasenwinkel $\varphi_u(t)$ und $\varphi_i(t)$ von Spannung und Strom

$$\varphi_u(t) = \omega t + \varphi_{u,0}; \qquad \varphi_i(t) = \omega t + \varphi_{i,0}$$

$\varphi_{u,0}$ Nullphasenwinkel der Spannung
$\varphi_{i,0}$ Nullphasenwinkel des Stromes

Phasenverschiebungswinkel φ

$$\varphi = \varphi_u(t) - \varphi_i(t) = \varphi_{u,0} - \varphi_{i,0}$$

$$\varphi = \text{konstant}; \qquad -\frac{\pi}{2} \leqslant \varphi \leqslant \frac{\pi}{2}$$

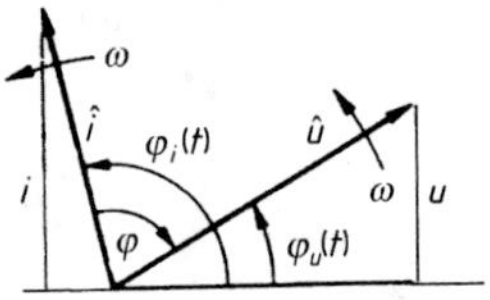

Zeigerdiagramm

Effektivwerte U und I von Spannung und Strom (allgemein periodisch)

$$U = \sqrt{\frac{1}{T}\int_0^T u^2\,dt}; \qquad I = \sqrt{\frac{1}{T}\int_0^T i^2\,dt}$$

T Dauer einer Periode
u, i Momentanwerte von Spannung und Strom

Speziell sinusförmiger Wechselstrom und doppelweggleichgerichteter Wechselstrom:

$$U = \tfrac{1}{2}\sqrt{2}\,\hat{u}; \qquad I = \tfrac{1}{2}\sqrt{2}\,\hat{i}$$

$\hat{u}$, $\hat{i}$ Scheitelwerte von Spannung und Strom

Mittelwerte $\bar{u}$ und $\bar{i}$ von Spannung und Strom (allgemein periodisch)

$$\bar{u} = \frac{1}{T}\int_0^T u\,dt; \qquad \bar{i} = \frac{1}{T}\int_0^T i\,dt$$

Speziell sinusförmiger Wechselstrom:

$$\bar{u} = 0; \qquad \bar{i} = 0$$

Speziell doppelweggleichgerichteter Wechselstrom:

$$\bar{u} = \frac{2}{\pi}\,\hat{u}; \qquad \bar{i} = \frac{2}{\pi}\,\hat{i}$$

5.5.2 Widerstand und Leitwert

Scheinwiderstand (Impedanz) Z

$$Z = \frac{U}{I}$$

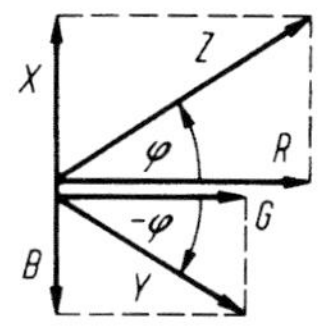

Einheit: 1 Ω

U Effektivwert der Wechselspannung

Scheinleitwert (Admittanz) Y

$$Y = \frac{1}{Z} = \frac{I}{U}$$

Einheit: $1\,\Omega^{-1} = 1\,\text{S}$

I Effektivwert des Wechselstromes

Speziell: Sinusförmiger Wechselstrom mit der Kreisfrequenz ω

$$\underline{Z} = \frac{\hat{u}\,e^{j(\omega t + \varphi_{u,0})}}{\hat{i}\,e^{j(\omega t + \varphi_{i,0})}} = Z\,e^{j\varphi}; \quad \underline{Z} = R + jX; \quad Z = |\underline{Z}|$$

$$Z = \sqrt{R^2 + X^2}; \qquad \tan\varphi = \frac{X}{R}$$

$$R = Z\cos\varphi$$

$$X = Z\sin\varphi$$

φ Phasenverschiebungswinkel
$\underline{Z}$ komplexe Impedanz
j imaginäre Einheit ($j^2 = -1$)
Z Scheinwiderstand (Impedanz)
R Wirkwiderstand (Resistanz)
X Blindwiderstand (Reaktanz)

$$\underline{Y} = \frac{1}{\underline{Z}} = Y\,e^{-j\varphi}; \qquad \underline{Y} = G + j\,B$$

$$Y = \sqrt{G^2 + B^2}; \qquad \tan\varphi = -\frac{B}{G}$$

$$G = Y\cos(-\varphi) = \frac{\cos^2\varphi}{R} = \frac{R}{Z^2}$$

$$B = Y\sin(-\varphi) = -\frac{\sin^2\varphi}{X} = -\frac{X}{Z^2}$$

$\underline{Y}$ komplexe Admittanz
Y Scheinleitwert (Admittanz)
G Wirkleitwert (Konduktanz)
B Blindleitwert (Suszeptanz)

5.5.3 Passive lineare Schaltelemente

Verbraucherwiderstand

$$u_R = R\,i_R; \quad \varphi_R = 0$$

$$X_R = 0; \qquad B_R = 0$$

$$Z_R = R; \qquad Y_R = \frac{1}{R} = G$$

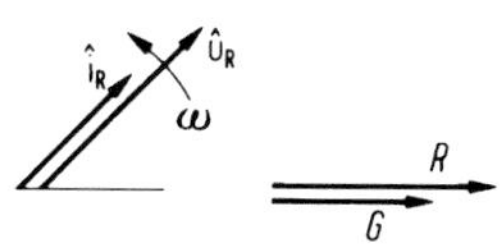

R bzw. G Widerstand bzw. Leitwert des Verbrauchers
u_R bzw. i_R momentane Spannung am bzw. momentaner Strom im Verbraucher
φ_R Phasenverschiebungswinkel zwischen u_R und i_R
Z_R bzw. Y_R Scheinwiderstand bzw. Scheinleitwert

Induktionsspule (ohne Wärmeverluste)

$$u_L = L\,\frac{di_L}{dt}; \qquad \varphi_L = +\pi/2$$

$$X_L = \omega L; \qquad B_L = -\frac{1}{\omega L}$$

$$Z_L = \omega L; \qquad Y_L = \frac{1}{\omega L}$$

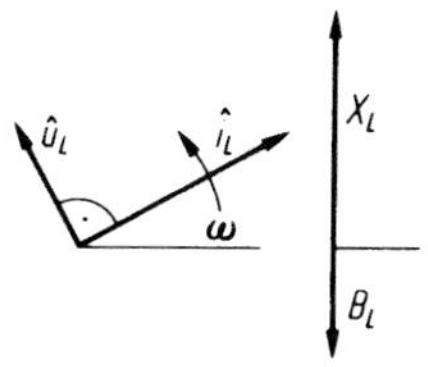

L Induktivität der Spule (vgl. S. 84)
u_L bzw. i_L momentane Spannung an bzw. momentaner Strom in der Spule
X_L bzw. B_L Blindwiderstand bzw. Blindleitwert
φ_L Phasenverschiebungswinkel zwischen u_L und i_L

Z_L bzw. Y_L Scheinwiderstand bzw. Scheinleitwert

Kondensator (ohne Wärmeverluste)

$$i_C = C\,\frac{\mathrm{d}u_C}{\mathrm{d}t}; \qquad \varphi_C = -\pi/2$$

$$X_C = -\frac{1}{\omega C}; \qquad B_C = \omega C$$

$$Z_C = \frac{1}{\omega C}; \qquad Y_C = \omega C$$

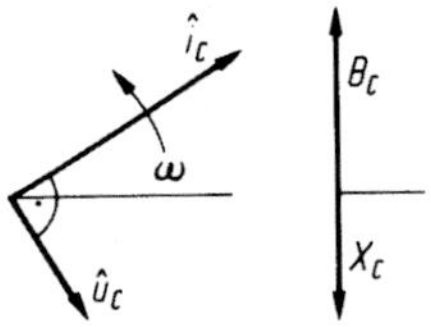

C Kapazität des Kondensators
i_C bzw. u_C (Verschiebungs-)Strom im bzw. Spannung am Kondensator
X_C bzw. B_C Blindwiderstand bzw. Blindleitwert des Kondensators
φ_C Phasenverschiebungswinkel zwischen u_C und i_C
Z_C bzw. X_C Scheinwiderstand bzw. Scheinleitwert

5.5.4 Wechselstromkreis mit passiven linearen Schaltelementen

Gesetz von Ohm

Die Stromstärke I ist bei konstanter Temperatur proportional zur Spannung U.

$$I = Y\,U$$
$$U = Z\,I$$

Y Scheinleitwert, Z Scheinwiderstand
U, I Effektivwerte von Spannung und Strom

Wechselstromleistung

Einheit: 1 V A = 1 W

$$p = u\,i$$

$$\bar{p} = \frac{1}{T}\int_0^T p\,\mathrm{d}t = P$$

p momentane Leistung
u, i Momentanwerte von Spannung und Strom
$\bar{p}$ mittlere Leistung in der Periode T
P Wirkleistung

Speziell sinusförmiger Wechselstrom:

$$P = U\,I\cos\varphi = \mathrm{Re}(\underline{U}\,\underline{I}^*)$$
$$P = I^2 R = U^2 G$$
$$Q = U\,I\sin\varphi = \mathrm{Im}\,(\underline{U}\,\underline{I}^*)$$
$$Q = I^2 X = U^2 B$$
$$S = U\,I = \sqrt{P^2 + Q^2}$$

P Wirkleistung
$\underline{U} = U\mathrm{e}^{\mathrm{j}\varphi_{u,0}}$, $\underline{I}^* = I\mathrm{e}^{-\mathrm{j}\varphi_{i,0}}$
Re Realteil, Im Imaginärteil
φ Phasenverschiebungswinkel zwischen Spannung und Strom (S. 86)
$\cos\varphi$ Leistungsfaktor, R Wirkwiderstand
G Wirkleitwert, Q Blindleistung
X Blindwiderstand, B Blindleitwert
S Scheinleistung

Serienschaltung von Verbraucher, Spule und Kondensator
(vgl. Serienschwingkreis, S. 91, 92)

$$u = u_R + u_L + u_C$$

$$Z = \sqrt{R^2 + \left(\omega L - \frac{1}{\omega C}\right)^2}$$

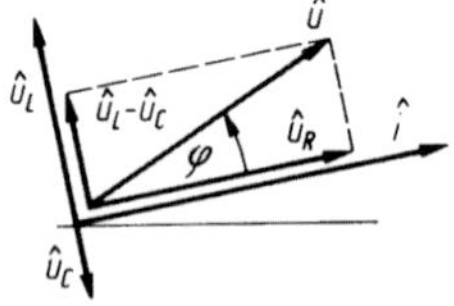

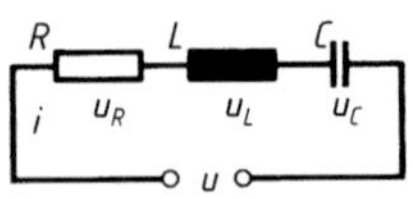

$$\tan\varphi = \frac{\omega L - \dfrac{1}{\omega C}}{R}$$

$$X = X_L + X_C = \omega L - \frac{1}{\omega C}$$

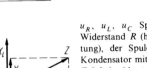

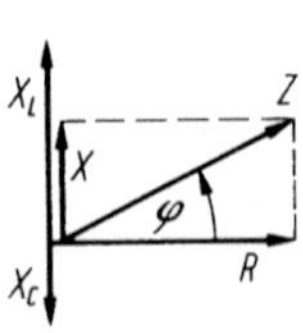

u_R, u_L, u_C Spannung am Verbraucher mit dem Widerstand R (hier gleich Wirkwiderstand der Schaltung), der Spule mit der Induktivität L und dem Kondensator mit der Kapazität C
Z Scheinwiderstand
X Blindwiderstand
X_L bzw. X_C Blindwiderstand von Spule bzw. Kondensator

Speziell Maximum von $\hat{i}$:

$$\varphi = 0; \qquad \omega = \frac{1}{\sqrt{L\,C}}; \qquad Z = R$$

φ Phasenverschiebungswinkel zwischen Gesamtspannung u und Gesamtstrom i

Parallelschaltung von Verbraucher, Spule und Kondensator

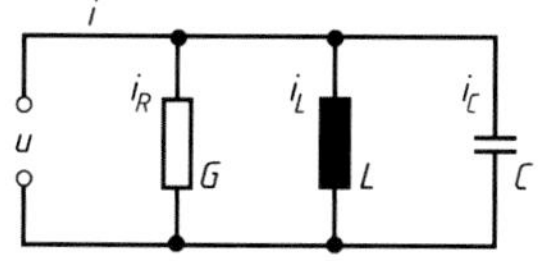

$$i = i_R + i_L + i_C$$

$$Y = \sqrt{G^2 + \left(\omega C - \frac{1}{\omega L}\right)^2}$$

$$\tan(-\varphi) = \frac{\omega C - \dfrac{1}{\omega L}}{G}$$

$$B = B_C + B_L = \omega C - \frac{1}{\omega L}$$

Speziell Minimum von $\hat{i}$:

$$\varphi = 0; \qquad \omega = \frac{1}{\sqrt{LC}}; \qquad Y = G$$

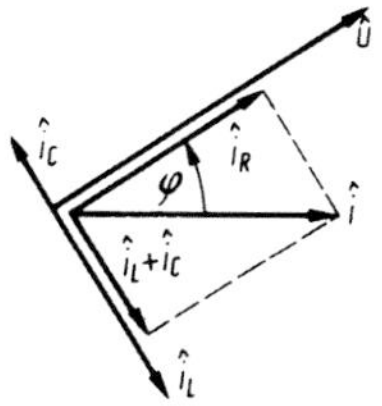

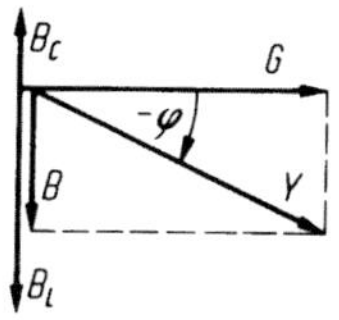

i_R, i_L, i_C Strom durch den Verbraucher mit dem Widerstand R, der Spule mit der Induktivität L und dem Kondensator mit der Kapazität C

Y Scheinleitwert der Schaltung

G Leitwert des Verbrauchers (hier gleich Wirkleitwert der Schaltung)

B Blindleitwert

B_C bzw. B_L Blindleitwert von Kondensator bzw. Spule

φ Phasenverschiebungswinkel zwischen Gesamtspannung u und Gesamtstrom i

Wirkwiderstand: $R_W = \frac{1}{Y} \cos\varphi$

Sperrkreis

$$Y = \sqrt{\omega^2 C^2 - \frac{2\omega^2 LC - 1}{R^2 + \omega^2 L^2}}$$

$$\tan\varphi = \frac{\omega L - (R^2 + \omega^2 L^2)\,\omega C}{R}$$

Speziell $\varphi = 0$:

$$Y = \frac{RC}{L}; \qquad \omega = \sqrt{\frac{1}{LC} - \left(\frac{R}{L}\right)^2}$$

Speziell Minimum von $\hat{i}$:

$$\omega = \sqrt{\frac{\sqrt{L^2C^2 + 2LC^3R^2} - C^2R^2}{L^2C^2}}$$

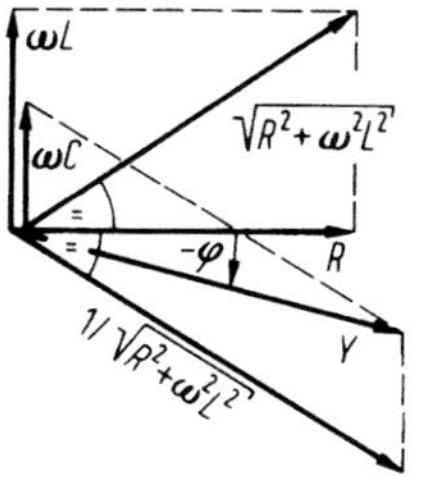

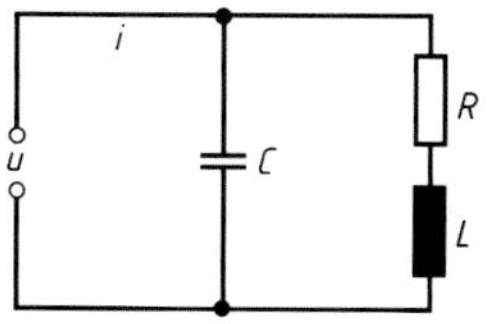

R Widerstand des Verbrauchers im Spulenzweig

C Kapazität des Kondensators

L Induktivität der Spule

Y Scheinleitwert der Schaltung

$\hat{i}$ Scheitelwert des Gesamtstroms

φ Phasenverschiebungswinkel zwischen Gesamtspannung u und Gesamtstrom i

5.5.5 Transformator (Umspanner) mit fester Kopplung und ohne Verluste

Kennzeichen

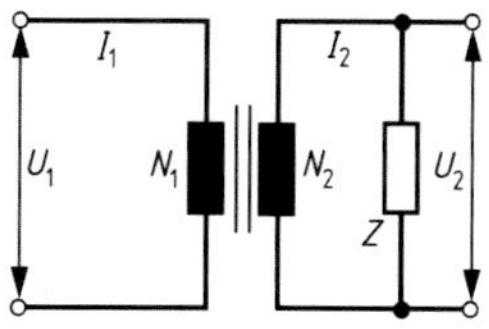

$$\phi_1 = \phi_2 = \phi$$

$$P_1 = U_1 I_1 \cos\varphi_1$$

$$P_2 = U_2 I_2 \cos\varphi_2$$

$$P_1 = P_2$$

Index 1: Primärkreis (Primärspule)

Index 2: Sekundärkreis (Sekundärspule)

ϕ magn. Fluß, P Wirkleistung

U bzw. I Effektivwert der Spannung bzw. des Stromes

φ Phasenverschiebungswinkel zwischen Spannung und Strom

Übersetzungsverhältnis $\ddot{u}$

$$\ddot{u} = U_1 : U_2 = N_1 : N_2$$

N_1, N_2 Windungszahlen der Spulen

Unbelasteter Transformator

$$Z \to \infty; \qquad I_2 = 0; \qquad \varphi_1 = \pi/2$$

Z Scheinwiderstand im Sekundärkreis

Stark belasteter Transformator

$$Z \to 0; \qquad \varphi_1 = \varphi_2; \qquad I_2 : I_1 = U_1 : U_2 = \ddot{u}$$

$\ddot{u}$ Übersetzungsverhältnis

5.5.6 Dreiphasensystem (symmetrisch) mit gleichmäßiger Belastung

Sternschaltung

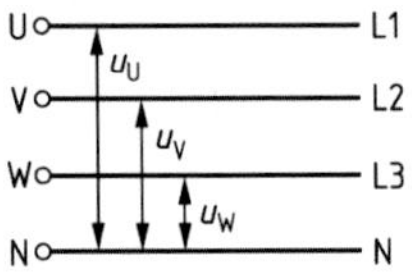

$u_U + u_V + u_W = 0$

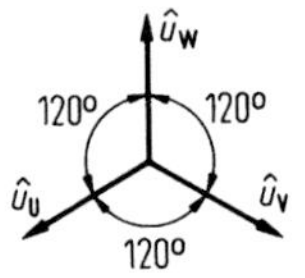

u_U, u_V, u_W Quellenspannungen an den Strangwicklungen U, V, W des Drehstromgenerators
$\hat{u}_U$, $\hat{u}_V$, $\hat{u}_W$ Scheitelwerte der Strangspannungen

$I = I_{Str}$

$U = \sqrt{3}\, U_{Str}$

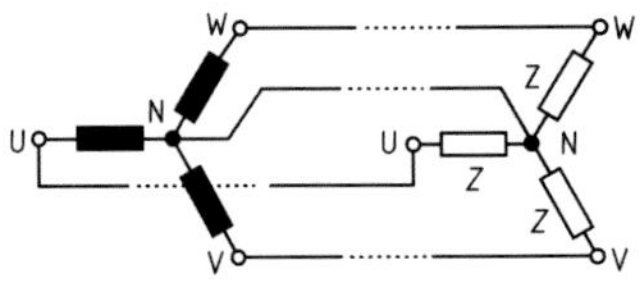

Z Scheinwiderstand in den einzelnen Außenleitern
U_{Str}, I_{Str} Effektivwert von Spannung an und Strom in einem Generatorstrang
I Effektivwert des Stroms in den Außenleitern (Leiterstrom)
U Effektivwert der Spannung zwischen zwei Außenleitern (Leiterspannung)

$U = U_{UV} = U_{VW} = U_{WU}$

Dreiecksschaltung

$I = \sqrt{3}\, I_{Str}$

$U = U_{Str}$

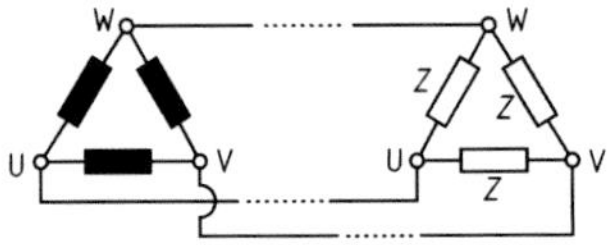

Drehstromleistung in Dreieck- und Sternschaltung

Wirkleistung im einzelnen Strang:

$$P_{Str} = U_{Str}\, I_{Str} \cos\varphi = \frac{1}{\sqrt{3}}\, U\, I \cos\varphi$$

Gesamte Wirkleistung:

$$P = 3\, P_{Str} = \sqrt{3}\, U\, I \cos\varphi$$

Gesamte Blindleistung: $Q = \sqrt{3}\, U\, I \sin\varphi$
Gesamte Scheinleistung: $S = \sqrt{3}\, U\, I$

φ Phasenverschiebungswinkel zwischen Strangspannung und Strangstrom

5.6 Elektromagnetische Schwingungen

5.6.1 Grundgrößen

Ladung q, Strom i und Spannung u sind zeitabhängige skalare Größen.

Kreisfrequenz ω, Frequenz f, Schwingungsdauer T (S. 39)

Spannung u_C am Kondensator

$$u_C = \frac{1}{C}\, q$$

C Kapazität des Kondensators
q Ladung des Kondensators

Spannung u_R am Verbraucherwiderstand

$$u_R = R\, i$$

R Ohmscher Widerstand des Verbrauchers
i Strom durch den Verbraucher

Spannung u_L an der Spule

$$u_L = L\, \frac{\mathrm{d}i}{\mathrm{d}t}$$

i Strom durch die Spule
L Induktivität der Spule

5.6.2 Freie Schwingungen ohne Dämpfung

Differentialgleichung

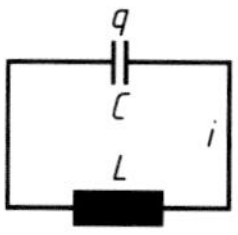

$$L\ddot{q} + \frac{1}{C}q = 0$$

$$L\frac{d^2 i}{dt^2} + \frac{1}{C}i = 0 \quad \text{oder} \quad \frac{d^2 i}{dt^2} + \omega_0^2 i = 0$$

q Ladung des Kondensators
i Stromstärke
L Induktivität, C Kapazität
ω_0 Kennkreisfrequenz

Kennkreisfrequenz ω_0

Einheit: $1\,s^{-1}$

$$\omega_0 = \frac{1}{\sqrt{LC}}$$

L Induktivität, C Kapazität

Schwingungsdauer T_0

Einheit: $1\,s$

$$T_0 = 2\pi\sqrt{LC}$$ *(Gleichung von Thomson)*

L Induktivität, C Kapazität

Stromstärke i

$$i = \hat{i}\sin(\omega_0 t + \varphi_{i,0})$$

$\hat{i}$ Scheitelwert der Stromstärke (Stromstärkeamplitude)
$\varphi_{i,0}$ Nullphasenwinkel des Stromes

Energie des Magnetfeldes W_m

$$W_m = \tfrac{1}{2}L\hat{i}^2\sin^2(\omega_0 t + \varphi_{i,0})$$

ω_0 Kennkreisfrequenz, L Induktivität
$\hat{i}$ Scheitelwert des Stromes
$\varphi_{i,0}$ Nullphasenwinkel des Stromes

Energie des elektrischen Feldes W_{el}

$$W_{el} = \tfrac{1}{2}C\hat{u}^2\cos^2(\omega_0 t + \varphi_{i,0})$$

ω_0 Kennkreisfrequenz, C Kapazität
$\hat{u}$ Scheitelwert der Kondensatorspannung
$\varphi_{i,0}$ Nullphasenwinkel des Stromes

Elektromagnetische Schwingungsenergie W_S

$$W_S = W_m + W_{el} = \text{konstant}$$

$$W_S = \frac{1}{2}L\hat{i}^2 = \frac{1}{2}C\hat{u}^2 = \frac{1}{2}\frac{\hat{q}^2}{C} = \frac{1}{2}\hat{q}\hat{u}$$

C Kapazität, L Induktivität
$\hat{i}$, $\hat{u}$ und $\hat{q}$ Scheitelwerte von Strom, Kondensatorspannung und -ladung

5.6.3 Freie Schwingungen mit Dämpfung im Serienschwingkreis

Differentialgleichung

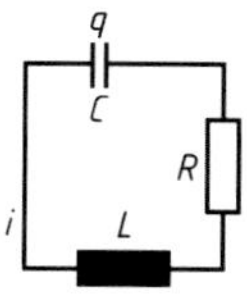

$$L\ddot{q} + R\dot{q} + \frac{1}{C}q = 0$$

$$L\frac{d^2 i}{dt^2} + R\frac{di}{dt} + \frac{1}{C}i = 0$$

$$\frac{d^2 i}{dt^2} + 2\delta\frac{di}{dt} + \omega_0^2 i = 0$$

q Ladung des Kondensators
i Stromstärke
R Ohmscher Widerstand, L Induktivität
C Kapazität
δ Abklingkoeffizient, ω_0 Kennkreisfrequenz

Kennkreisfrequenz ω_0

Einheit: $1\,s^{-1}$

$$\omega_0 = \frac{1}{\sqrt{LC}}$$

L Induktivität, C Kapazität

Abklingkoeffizient δ

Einheit: $1\,s^{-1}$

$$\delta = \frac{R}{2L}$$

R Ohmscher Widerstand, L Induktivität

Gütefaktor (Resonanzschärfe) Q_0

$$Q_0 = \frac{\omega_0}{2\delta} = \frac{1}{2\vartheta}$$

δ Abklingkoeffizient, ω_0 Kennkreisfrequenz
ϑ Dämpfungsgrad (S. 41)

Periodische Fälle: $0 < \delta < \omega_0$

Stromstärke: $i = \hat{i}_0\, e^{-\delta t} \sin(\omega_d t + \varphi_{i,0})$

$$\omega_d = \sqrt{\omega_0^2 - \delta^2}$$

$$\omega_d = \frac{2\pi}{T_d} = 2\pi f_d$$

$\hat{i}_0$ Scheitelwert der Stromstärke für $\delta = 0$
$\varphi_{i,0}$ Nullphasenwinkel des Stromes
ω_d Eigenkreisfrequenz
ω_0 Kennkreisfrequenz, δ Abklingkoeffizient
T_d Schwingungsdauer, f_d Frequenz

Logarithmisches Dekrement Λ }
Dämpfungsverhältnis k } siehe 3.1, S. 42

Aperiodischer Grenzfall: $\delta = \omega_0$

Stromstärke: $i = i_0\, e^{-\delta t}(1 + c\, t)$

i_0 Anfangsstromstärke
δ Abklingkoeffizient
c Konstante

Aperiodische Fälle (Kriechfälle): $\delta > \omega_0$

Stromstärke: $i = i_0\, e^{-\delta t} \sinh(\omega_d' t + \varphi_{i,0}')$

$$\omega_d' = \sqrt{\delta^2 - \omega_0^2}$$

$i_0 \sinh \varphi_{i,0}'$ Anfangsstromstärke
δ Abklingkoeffizient
ω_0 Kennkreisfrequenz

5.6.4 Erzwungene Schwingungen mit Dämpfung im Serienschwingkreis (stationärer Zustand)

Anregende Spannung *u*

$$u = \hat{u} \sin \omega t$$

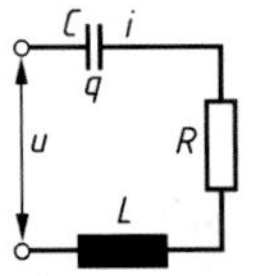

$\hat{u}$ Scheitelwert der anregenden Spannung
ω Kreisfrequenz der anregenden Spannung

Differentialgleichung

$$L\ddot{q} + R\dot{q} + \frac{1}{C} q = u$$

$$L \frac{d^2 i}{dt^2} + R \frac{di}{dt} + \frac{1}{C} i = \frac{du}{dt}$$

q Ladung des Kondensators, i Stromstärke
L Induktivität, C Kapazität
R Ohmscher Widerstand
u anregende Spannung

Ladung *q* des Kondensators

$$q = \hat{q} \sin(\omega t - \psi)$$

$\hat{q}$ Scheitelwert der Ladung
ω Anregungskreisfrequenz
ψ Phasenverschiebungswinkel zwischen Anregungsspannung und Kondensatorladung

Stationärer Strom *i*

$$i = \hat{i}(\omega) \sin(\omega t - \varphi)$$

$$\varphi = \psi - \pi/2$$

$\hat{i}(\omega)$ Scheitelwert der Stromstärke
φ Phasenverschiebungswinkel zwischen anregender Spannung und Strom

Phasenverschiebungswinkel φ zwischen Anregungsspannung und Strom

$$\cot \varphi = \frac{2\delta\omega}{\omega^2 - \omega_0^2}$$

δ Abklingkoeffizient, ω_0 Kennkreisfrequenz (S. 91)
ω Kreisfrequenz der anregenden Spannung

Amplitude $\hat{u}_C(\omega)$ der Kondensatorspannung

$$\hat{u}_C(\omega) = \frac{\hat{u}\,\omega_0^2}{\sqrt{(\omega^2 - \omega_0^2)^2 + (2\delta\omega)^2}}$$

Speziell Spannungsresonanz: $\hat{u}_C$ maximal

$$\omega_{res} = \sqrt{\omega_0^2 - 2\delta^2}; \quad \hat{u}_{C,\,max} = \frac{\hat{u}\,\omega_0^2}{2\delta\sqrt{\omega_0^2 - \delta^2}}; \quad \varphi_{res} < 0$$

Resonanzüberhöhung ϱ_0:

$$\varrho_0 = \frac{\hat{u}_{C,\,max}}{\hat{u}} = \frac{Q_0}{\sqrt{1 - \frac{1}{4Q_0^2}}}$$

$\hat{u}$ Scheitelwert der Anregungsspannung
ω_0 Kennkreisfrequenz
ω Anregungskreisfrequenz
δ Abklingkoeffizient
$\hat{u}_C$ Scheitelwert der Kondensatorspannung

ω_{res} Resonanzkreisfrequenz
φ_{res} Phasenverschiebungswinkel zwischen Anregungsspannung und Strom bei Resonanz

Q_0 Gütefaktor (S. 92)

Amplitude $\hat{\imath}(\omega)$ des Stromes

$$\hat{\imath}(\omega) = \omega\, C\, \hat{u}_C(\omega)$$

Speziell Stromresonanz: $\hat{\imath}$ maximal

$$\omega_{res} = \omega_0; \quad \hat{\imath}_{max} = \frac{\hat{u}}{R}; \quad \varphi_{res} = 0$$

Bandbreite $\Delta\omega$: $\quad \Delta\omega = \frac{\omega_0}{Q_0} = 2\delta$

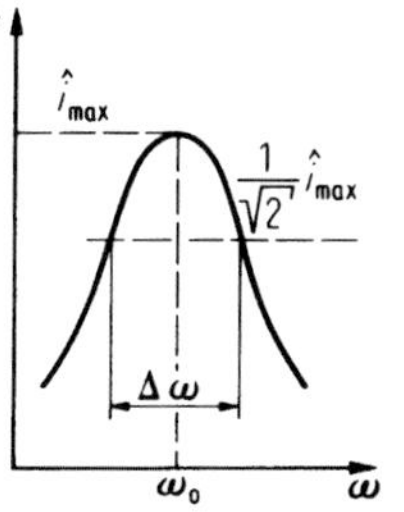

w Anregungskreisfrequenz, C Kapazität
$\hat{u}_C(\omega)$ Scheitelwert der Kondensatorspannung
$\hat{u}$ Scheitelwert der Anregungsspannung
ω_0 Kennkreisfrequenz
R Verbraucherwiderstand
δ Abklingkoeffizient
φ_{res} Phasenverschiebungswinkel zwischen Anregungsspannung und Strom bei Resonanz
Q_0 Gütefaktor

5.7 Elektromagnetische Wellen (siehe auch Kapitel 3 und Abschn. 6.3)

5.7.1 Grundgrößen

Poyntingscher Vektor $\vec{S}$ der Energiestromdichte

$$\vec{S} = \vec{E} \times \vec{H}$$

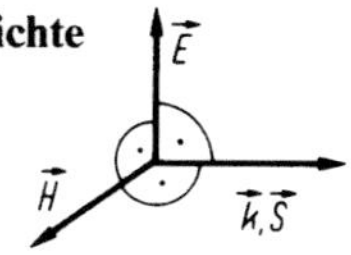

Betragseinheit: 1 W/m²
$\vec{E}$ momentane elektrische Feldstärke
$\vec{H}$ momentane magnetische Feldstärke

Frequenz f, Kreisfrequenz ω, Wellenlänge λ

siehe S. 39; 46

Ausbreitungsvektor $\vec{k}$

Betragseinheit: 1 m^{-1}

$$|\vec{k}| = \frac{2\pi}{\lambda} = k; \qquad \vec{k} \uparrow\uparrow \vec{S}$$

k Kreisrepetenz, λ Wellenlänge

Ausbreitungs-(Phasen-)geschwindigkeit c

Einheit: 1 m/s

$$c = \frac{1}{\sqrt{\varepsilon\,\mu}}$$

ε Permittivität des Mediums
μ Permeabilität des Mediums

Speziell Vakuum: $c_0 = \frac{1}{\sqrt{\varepsilon_0\,\mu_0}} = 299\,792\,458$ m/s

ε_0 elektrische Feldkonstante
μ_0 magnetische Feldkonstante
c_0 Vakuumlichtgeschwindigkeit

Gruppengeschwindigkeit v_G einer Wellengruppe

Einheit: 1 m/s

$$v_G(\bar{k}) = \left(\frac{d\omega(k)}{dk}\right)_{k=\bar{k}}; \qquad \omega(k) = k \cdot c(k)$$

$$v_G(\bar{\lambda}) = c(\bar{\lambda}) - \bar{\lambda}\left(\frac{dc(\lambda)}{d\lambda}\right)_{\lambda=\bar{\lambda}}; \qquad v_G(\bar{f}) = \frac{c(\bar{f})}{1 - \frac{\bar{f}}{c(\bar{f})}\left(\frac{dc(f)}{df}\right)_{f=\bar{f}}}$$

$\bar{k}$ bzw. $\bar{\lambda}$ bzw. $\bar{f}$ mittlere Kreisrepetenz bzw. Wellenlänge bzw. Frequenz des Spektrums der Wellengruppe
$\omega(k)$ Kreisfrequenz
$c(k)$ bzw. $c(\lambda)$ bzw. $c(f)$ Phasengeschwindigkeit in Abhängigkeit von k bzw. λ bzw. f

Speziell Wellen ohne Dispersion: $v_G = c$

5.7.2 Maxwellsche Gleichungen (Integralform)

$$\oint_s \vec{H}\,d\vec{s} = I + \frac{\partial}{\partial t}\int_A \vec{D}\,d\vec{A}$$

$\vec{H}$ magnetische Feldstärke auf einem geschlossenen Weg s am Ort des Wegelements $d\vec{s}$ um einen Leiter mit der Stromstärke I und/oder um ein elektrisches Feld durch eine Fläche A mit der momentanen Flußdichte $\vec{D}$ im Flächenelement $d\vec{A}$

$$\oint_s \vec{E}\,d\vec{s} = -\frac{\partial}{\partial t}\int_A \vec{B}\,d\vec{A}$$

$\vec{E}$ elektrische Feldstärke auf einem geschlossenen Weg s am Ort des Wegelements $d\vec{s}$ um ein magnetisches Feld durch eine Fläche A mit der momentanen Flußdichte $\vec{B}$ im Flächenelement $d\vec{A}$

$$\psi = \oint_A \vec{D}\,d\vec{A} = \pm Q$$

$$\phi = \oint_A \vec{B}\,d\vec{A} = 0$$

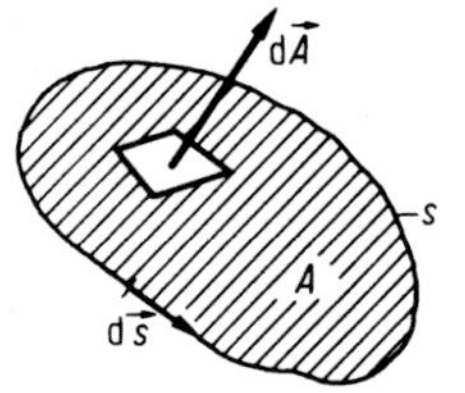

ψ bzw. ϕ elektrischer bzw. magnetischer Fluß durch eine geschlossene Fläche A ($d\vec{A}$ zeigt nach außen, S. 72 bzw. S. 81)
$\pm Q$ elektrische Ladung (Quelle von ψ)

5.7.3 Freie ebene harmonische Wellen

Elektrische bzw. magnetische Feldstärke E_y bzw. H_z

$$E_y(x,t) = \hat{E}_y \sin(\omega t - kx + \varphi_0)$$
$$H_z(x,t) = \hat{H}_z \sin(\omega t - kx + \varphi_0)$$

$\hat{E}_y$ Scheitelwert der elektrischen Feldstärke
$\hat{H}_z$ Scheitelwert der magnetischen Feldstärke
ω Kreisfrequenz
$\vec{k}$ Ausbreitungsvektor, k Kreisrepetenz

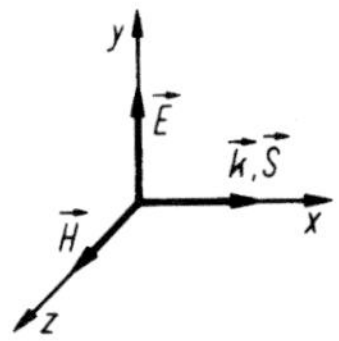

Energiestromdichte S_x bzw. $\overline{S}_x$

$$S_x(x,t) = \hat{E}_y \hat{H}_z \sin^2(\omega t - kx + \varphi_0)$$
$$\overline{S}_x = E_{y,\mathrm{eff}} \cdot H_{z,\mathrm{eff}} = E_{\mathrm{eff}} \cdot H_{\mathrm{eff}} = \overline{I}$$

φ_0 Nullphasenwinkel von E_y und H_z
$\overline{S}_x$ bzw. $\overline{I}$ zeitlicher Mittelwert von S_x bzw. I
I momentane Intensität

Wellenwiderstand Z im Nichtleiter

Einheit: 1 Ω

$$Z = \frac{E_{\mathrm{eff}}}{H_{\mathrm{eff}}} = \sqrt{\mu/\varepsilon}$$

ε Permittivität, μ Permeabilität
E_{eff}, H_{eff} Effektivwerte der Feldstärken

Speziell Vakuum:

$$Z = Z_0 = \sqrt{\mu_0/\varepsilon_0} = 376{,}73\ \ldots\ \Omega$$

ε_0 elektrische Feldkonstante
μ_0 magnetische Feldkonstante

Energiedichte w bzw. $\overline{w}$

Einheit: 1 J/m³

$$w = w_{\mathrm{el}} + w_{\mathrm{m}}$$

w_{el} Energiedichte des elektrischen Feldes (S. 73)
w_{m} Energiedichte des magnetischen Feldes (S. 82)

zeitliche Mittelwerte:

$$\overline{w}_{\mathrm{el}} = \tfrac{1}{2}\varepsilon E_{\mathrm{eff}}^2; \quad \overline{w}_{\mathrm{m}} = \tfrac{1}{2}\mu H_{\mathrm{eff}}^2; \quad \overline{w}_{\mathrm{el}} = \overline{w}_{\mathrm{m}}$$
$$\overline{w} = \overline{w}_{\mathrm{el}} + \overline{w}_{\mathrm{m}} = \sqrt{\varepsilon\mu}\, E_{\mathrm{eff}} H_{\mathrm{eff}}$$

E_{eff}, H_{eff} Effektivwerte der Feldstärken
ε Permittivität des Mediums
μ Permeabilität des Mediums

Intensität (Energiestromdichte) $\overline{I}$ einer fortlaufenden Welle

Einheit: 1 W/m²

$$\overline{I} = c\,\overline{w} = E_{\mathrm{eff}} H_{\mathrm{eff}} = E_{\mathrm{eff}}^2/Z = H_{\mathrm{eff}}^2 Z$$

c Phasengeschwindigkeit
Z Wellenwiderstand

5.7.4 Parallelleitung ohne Dämpfung ($R \ll s \ll \lambda$)

Wellen(Telegraphen-)gleichung

$$\frac{\partial^2 u}{\partial x^2} = \frac{1}{c^2}\frac{\partial^2 u}{\partial t^2}; \qquad \frac{\partial^2 i}{\partial x^2} = \frac{1}{c^2}\frac{\partial^2 i}{\partial t^2}$$

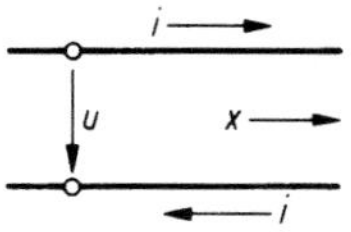

R Leiterradius, s Leiterabstand (Mitte-Mitte)
λ Wellenlänge, t Zeit
u bzw. i Spannung bzw. Strom an der Stelle x zur Zeit t
c Ausbreitungsgeschwindigkeit

Phasengeschwindigkeit c

Einheit: 1 m/s

$$c = \frac{c_0}{\sqrt{\varepsilon_r \mu_r}} = \frac{1}{\sqrt{L' C'}}$$

$$L' = L/l; \qquad C' = C/l$$

c_0 Vakuumlichtgeschwindigkeit
ε_r bzw. μ_r Permittivitätszahl bzw. Permeabilitätszahl des den Leiter umgebenden Stoffes
l Leiterlänge
C Kapazität (S. 72), L Induktivität (S. 84)

L' längenbezogene Induktivität — *Einheit*: 1 H/m

C' längenbezogene Kapazität — *Einheit*: 1 F/m

Wellenwiderstand Z

Einheit: 1 Ω

$$Z = \frac{U}{I} = \sqrt{\frac{L'}{C'}}$$

U bzw. I Effektivwerte von Spannung bzw. Strom

Harmonische Wellen auf einer endlosen Leitung

$$u = \hat{u}\cos(\omega t - k x); \qquad i = \hat{i}\cos(\omega t - k x)$$

$\hat{u}$ bzw. $\hat{i}$ Scheitelwerte von Spannung bzw. Strom
ω Kreisfrequenz, k Kreisrepetenz

Längenbezogener zeitlicher Mittelwert $\bar{W}'$ der elektromagnetischen Energie:

Einheit: 1 J/m

$$\bar{W}' = \tfrac{1}{2} C' U^2 = \tfrac{1}{2} L' I^2$$

C' bzw. L' längenbezogene Kapazität bzw. Induktivität

Zeitlicher Mittelwert P der transportierten Leistung:

Einheit: 1 W

$$P = c\,\bar{W}' = \frac{1}{2}\frac{U^2}{Z} = \frac{1}{2} I^2 Z$$

c Phasengeschwindigkeit, Z Wellenwiderstand

Stehende harmonische Wellen auf einem Leitersystem (Lechersystem)
(Leiterende $x = 0$ ist Reflexionsstelle)

Reflexion am offenen Ende:

$$u = 2\hat{u}\cos(k x)\cos(\omega t); \qquad i = 2\hat{i}\sin(k x)\sin(\omega t)$$

Reflexion am kurzgeschlossenen Ende:

$$u = 2\hat{u}\sin(k x)\sin(\omega t); \qquad i = 2\hat{i}\cos(k x)\cos(\omega t)$$

$\hat{u}$ bzw. $\hat{i}$ Scheitelwerte von Spannung bzw. Strom der ankommenden und reflektierten Welle
k Kreisrepetenz, ω Kreisfrequenz
Spannungsknoten = Strombauch: $u = 0$
Stromknoten = Spannungsbauch: $i = 0$

Eigenfrequenzen f_n eines Systems der Länge l:

beidseitig offen bzw. geschlossen: $f_n = \frac{c}{2l} n$ — $n = 1, 2, 3, \ldots$

einseitig offen: $f_n = \frac{c}{2l}\left(n - \frac{1}{2}\right)$

5.8 Freie Ladungsträger in elektrischen und magnetischen Feldern

5.8.1 Dynamische Grundgrößen für eine Punktladung

Positives Teilchen: Ladung $q > 0$; negatives Teilchen: Ladung $-q < 0$.

Bewegungsgleichung

$$\vec{F} = \frac{d\vec{p}}{dt}; \quad \vec{p} = m\vec{v}$$

$$m = \frac{m_0}{\sqrt{1-\beta^2}}; \quad \beta = \frac{v}{c_0}$$

m dynamische (relativistische) Masse
$\vec{p}$ (relativistischer) Impuls
m_0 Ruhemasse
c_0 Vakuumlichtgeschwindigkeit
v Geschwindigkeit des Teilchens

Kraft $\vec{F}$

Betragseinheit: 1 N

$$\vec{F} = \vec{F}_E + \vec{F}_B = \pm q(\vec{E} + \vec{v} \times \vec{B})$$

$$\vec{F}_E = \pm q\vec{E}; \quad \vec{F}_B = \pm q\vec{v} \times \vec{B} \quad \text{(Lorentzkraft)}$$

$\vec{E}$ bzw. $\vec{B}$ elektrische Feldstärke bzw. magnetische Flußdichte
$\vec{v}$ bzw. $\pm q$ Geschwindigkeit bzw. Ladung des Teilchens
$\vec{F}_E$ bzw. $\vec{F}_B$ Kraft im elektrischen bzw. magnetischen Feld

Speziell $\vec{E} = \vec{0}$: $\quad \vec{F} = \pm q\vec{v} \times \vec{B}$

Wenn das magnetische Feld homogen und zeitlich konstant ist und $\vec{v} \perp \vec{B}$, dann durchlaufen geladene Teilchen Kreisbahnen mit $\vec{F}$ als Zentripetalkraft (s. 5.8.3).

Es folgt: $v, m, p =$ konstant.

Speziell $\vec{B} = \vec{0}$ oder $\vec{B} \parallel \vec{v}$: $\quad \vec{F} = \pm q\vec{E}$

Überführungsarbeit ΔW zwischen zwei Punkten des elektrischen Potentialfeldes

Einheit: 1 J
$1\ \text{eV} = 1{,}60218 \cdot 10^{-19}\ \text{J}$

$$\Delta W = \pm q\left(-\int_{P_1}^{P_2} \vec{E}(\vec{r})\, d\vec{r}\right)$$

$$\Delta W = \pm q(\varphi_2 - \varphi_1); \quad |\Delta W| = qU$$

$\vec{E}(\vec{r})$ elektrische Feldstärke (S. 71)
$\vec{r}$ Ortsvektor des Wegelementes $d\vec{r}$

φ_1 bzw. φ_2 elektrisches Potential im Feldpunkt P_1 bzw. P_2
U Spannung zwischen den Feldpunkten P_1 und P_2

Relativer Energiezuwachs ε

$$\varepsilon = \frac{W - W_0}{W_0} = \frac{qU_b}{W_0}; \quad W = m c_0^2; \quad W_0 = m_0 c_0^2$$

W Gesamtenergie des Teilchens
W_0 Ruheenergie des Teilchens
U_b Spannung zur Beschleunigung des Teilchens aus der Ruhe bis zur Gesamtenergie W
c_0 Vakuumlichtgeschwindigkeit

Relativistischer Impuls p

$$p = mv = \sqrt{2qU_b m_0(1 + \varepsilon/2)}$$

Speziell $v \ll c_0$ bzw. $\varepsilon \ll 1$:

$$m = m_0; \quad v = \sqrt{\frac{2qU_b}{m_0}}; \quad p = \sqrt{2qU_b m_0}$$

m Masse, v Geschwindigkeit des Teilchens (S. 32)
m_0 Ruhemasse
U_b Beschleunigungsspannung
ε relativer Energiezuwachs

5.8.2 Punktladung im elektrischen Feld ($v \ll c_0$)

Bewegung im homogenen Feld $\vec{E}$ = konstant

Beschleunigung $\vec{a}$: $\vec{a} = \frac{\pm q}{m_0} \vec{E} = \text{konstant}$

Geschwindigkeit v: $\vec{v}(t) = \vec{a}\, t + \vec{v}_0$

Ort $\vec{r}$: $\vec{r}(t) = \frac{1}{2} \vec{a}\, t^2 + \vec{v}_0\, t + \vec{r}_0$

$\pm q$ bzw. m_0 Ladung bzw. Ruhemasse des Teilchens
$\vec{v}_0$ bzw. $\vec{r}_0$ Geschwindigkeit bzw. Ort des Teilchens zur Zeit $t = 0$

Speziell Ablenkkondensator:

$$v_x = v_0 = \sqrt{\frac{2q\, U_b}{m_0}} \qquad x = v_0\, t$$

$$v_y = \frac{\pm q\, U}{m_0\, d}\, t\,; \qquad y = \frac{\pm q\, U}{2\, m_0\, d}\, t^2$$

$$s = \frac{\pm q\, l^2}{2\, m_0\, v_0^2\, d}\, U\,; \qquad \tan\varphi = \frac{\pm q\, l}{m_0\, v_0^2\, d}\, U$$

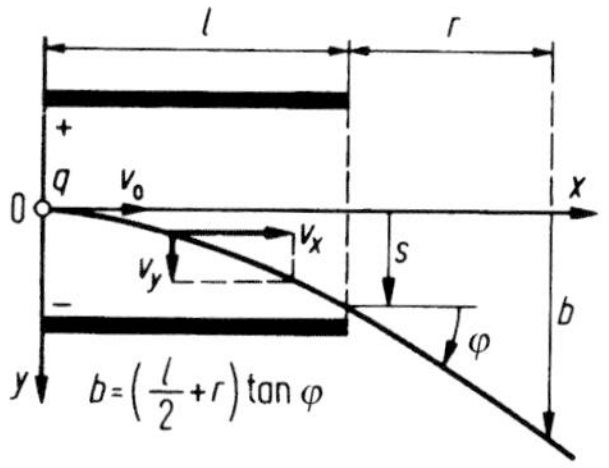

m_0 Ruhemasse
v_0 Eintrittsgeschwindigkeit des Teilchens
U_b bzw. U Beschleunigungs- bzw. Plattenspannung
d bzw. l Plattenabstand bzw. Feldlänge

Bewegung im Radialfeld

Im Zentrum $r = 0$ befindet sich die felderzeugende Ladung $\pm Q$ und in ihrem Radialfeld die kleine Ladung $\mp q$.

Gesamtenergie W:

$$W = \frac{1}{2} m_0\, v^2 + W_{pot} = \text{konstant}$$

$$W_{pot} = q \frac{Q}{4\pi\, \varepsilon_0} \left(\frac{1}{r_0} - \frac{1}{r} \right)$$

Drehimpuls L:

$$L = m_0\, r^2\, \omega = \text{konstant}$$

W_{pot} potentielle Energie von $\mp q$
r bzw. r_0 Abstand der Ladung $\mp q$ bzw. des Potentialnullpunktes vom Zentrum ($r > r_0$)
m_0 bzw. v Ruhemasse bzw. Geschwindigkeit des Teilchens mit der Ladung $\mp q$
ε_0 elektrische Feldkonstante
ω momentane Winkelgeschwindigkeit des Strahls vom Zentrum zum Teilchens

5.8.3 Punktladung im Magnetfeld

Speziell: homogenes Feld mit der Flußdichte $\vec{B}$ = konstant und Teilchengeschwindigkeit $\vec{v} \perp \vec{B}$. Die Teilchen durchlaufen Kreisbahnen.

Kreisradius *R*

$$R = \frac{p}{q\, B}$$

p relativistischer Impuls des Teilchens
q Betrag der Ladung des Teilchens

Umlaufdauer *T*

$$T = 2\pi \frac{m}{q\, B}$$

m relativistische Masse des Teilchens

Zyklotronkreisfrequenz ω_c

$$\omega_c = \frac{qB}{m} = \frac{2\pi}{T}$$

T Umlaufdauer
m relativistische Masse des Teilchens

Geschwindigkeit *v*

$$v = \left[\left(\frac{m_0}{q\, R\, B} \right)^2 + \left(\frac{1}{c_0} \right)^2 \right]^{-\frac{1}{2}}$$

c_0 Vakuumlichtgeschwindigkeit
R Kreisradius
m_0 Ruhemasse des Teilchens

5.9 Stromleitung

5.9.1 Stromstärke und Stromdichte bewegter geladener Teilchen

Strom I durch eine Fläche

Einheit: 1 A

$$I = \left| q_+ \frac{\Delta N_+}{\Delta t} - q_- \frac{\Delta N_-}{\Delta t} \right|$$

ΔN_+ bzw. ΔN_- Anzahl der positiven bzw. negativen Ladungsträger, die in der Zeit Δt durch die Fläche treten
$q_+ > 0$ bzw. $q_- < 0$ Ladung eines positiven bzw. negativen Ladungsträgers

Anzahldichte n der Ladungsträger

Einheit: $1\,\mathrm{m}^{-3}$

$$n_+ = \frac{\Delta N_+}{\Delta V} > 0; \qquad n_- = \frac{\Delta N_-}{\Delta V} > 0$$

ΔN_+ bzw. ΔN_- Anzahl der positiven bzw. negativen Ladungsträger im Volumen ΔV

Speziell n_+ bzw. n_- = konstant:

$$n_+ = \frac{N_+}{V}; \qquad n_- = \frac{N_-}{V}$$

N_+ bzw. N_- Anzahl der positiven bzw. negativen Ladungsträger im Volumen V

Raumladungsdichte ϱ

Einheit: $1\,\mathrm{C/m^3}$

$$\varrho = \varrho_+ + \varrho_-$$
$$\varrho_+ = n_+ q_+ > 0$$
$$\varrho_- = n_- q_- < 0$$

ϱ_+ bzw. ϱ_- Raumladungsdichte der positiven bzw. negativen Ladungsträger
n_+ bzw. n_- Anzahldichte der positiven bzw. negativen Ladungsträger

Stromdichte $\vec{J}$ (vgl. S. 76)

Betragseinheit: $1\,\mathrm{A/m^2}$

$$\vec{J} = \varrho_+ \vec{v}_+ + \varrho_- \vec{v}_-$$

v_+ bzw. v_- Driftgeschwindigkeit, ϱ_+ bzw. ϱ_- Raumladungsdichte der positiven bzw. negativen Ladungsträger

5.9.2 Stromleitung in Gasen

Beweglichkeit b_+ bzw. b_- (Tab. 36)

Einheit: $1\,\mathrm{m^2\,V^{-1}\,s^{-1}}$

$$b_+ = \frac{v_+}{E} \geq 0\,; \quad b_- = \frac{v_-}{E} \geq 0$$

v_+ bzw. v_- Driftgeschwindigkeit der positiven bzw. negativen Ladungsträger
E äußere elektrische Feldstärke (klein)

Stromdichte $\vec{J}$

Betragseinheit: $1\,\mathrm{A/m^2}$

$$\vec{J} = (\varrho_+ b_+ - \varrho_- b_-)\,\vec{E}$$
$$\vec{J} = \gamma\,\vec{E}$$

(Gesetz von Ohm für γ = konstant)

ϱ_+ bzw. ϱ_- Raumladungsdichte der positiven bzw. negativen Ladungsträger
γ elektrische Leitfähigkeit
$\vec{E}$ (äußere) elektrische Feldstärke

Elektrische Leitfähigkeit γ

Einheit: $1\,\Omega^{-1}\,\mathrm{m}^{-1}$

$$\gamma = \varrho_+ b_+ - \varrho_- b_-$$
$$\gamma = e\,n\,(b_+ + b_-)$$

b_+ bzw. b_- Beweglichkeit der positiven bzw. negativen Ladungsträger mit der Anzahldichte $n_+ = n_- = n$
n Anzahl der Paare aus je einem Elektron und einem einfach positiven Ion pro Volumeneinheit
e Elementarladung

5.9.3 Stromleitung in Elektrolyten

Elektrolytische Leitfähigkeit γ

$$\gamma = e(z_+ n_+ b_+ + z_- n_- b_-)$$

$$z_+ n_+ = z_- n_-$$

e Elementarladung
z_+ bzw. z_- Wertigkeit, n_+ bzw. n_- Anzahldichte
b_+ bzw. b_- Beweglichkeit der positiven bzw. negativen Ladungsträger (alle Größen positiv)

1. Gesetz von Faraday
Masse m des an einer Elektrode umgesetzten Stoffes:

$$m = \ddot{A}\, I\, t$$

$$\ddot{A} = \frac{M_r u}{z e} = 1{,}03643 \cdot 10^{-8}\,\frac{\text{kg}}{\text{As}}\,\frac{M_r}{z}$$

$\ddot{A}$ elektrochemisches Äquivalent des umgesetzten Stoffes
I Stromstärke, t Zeit, e Elementarladung
z Wertigkeit des umgesetzten Ions mit der relativen Molekülmasse M_r
u atomare Masseneinheit

2. Gesetz von Faraday
Transportierte Ladung Q zu einer Elektrode:

$$Q = F z \nu; \qquad F = N_A e = 9{,}64853 \cdot 10^7\ \text{A s/kmol}$$

F Faradaykonstante, N_A Avogadrokonstante
ν Stoffmenge des an einer Elektrode umgesetzten Stoffes
z Wertigkeit der Ionen des umgesetzten Stoffes
e Elementarladung

5.9.4 Stromleitung in Halbleitern

Temperaturspannung U_T

Einheit: 1 V

$$U_T = \frac{k T}{e} = 0{,}8617 \cdot 10^{-4}\,\frac{\text{V}}{\text{K}}\,T$$

k Boltzmannkonstante
T absolute Temperatur
e Elementarladung

Diffusionskoeffizient D beweglicher Ladungsträger

Einheit: 1 m²/s

$$D = b\, U_T$$

b Beweglichkeit, U_T Temperaturspannung

Diffusionslänge L

Einheit: 1 m

$$L = \sqrt{D \tau}$$

D Diffusionskoeffizient
τ mittlere Lebensdauer der beweglichen Ladungsträger

Intrinsicdichte n_i
(Konzentration der Eigenleitungselektronen)

Einheit: 1 m^{-3} (cm^{-3})

$$n_i = \sqrt{n_+ n_-} = 2\left(\frac{2\pi k T}{h^2}\right)^{\frac{3}{2}} (m_+^* m_-^*)^{\frac{3}{4}}\, e^{-\frac{\Delta W_0}{2kT}}$$

Speziell bei 300 K:

Germanium: $n_i = 2{,}4 \cdot 10^{13}\,\text{cm}^{-3}$

Silicium: $n_i = 1{,}5 \cdot 10^{10}\,\text{cm}^{-3}$

n_- bzw. n_+ Anzahldichte der Leitungs- bzw. Defektelektronen
k Boltzmannkonstante, h Wirkungsquantum
m_+^* bzw. m_-^* effektive Masse eines Leitungs- bzw. Defektelektrons
ΔW_0 Energielücke zwischen Valenz- und Leitfähigkeitsband

Abrupter (nicht entarteter) pn-Übergang

Diffusionsspannung U_D: $U_D = U_T \ln \frac{n_A n_D}{n_i^2}$

Diffusionsstrom I_D: $I_D = C_D\, e^{-U_D/U_T}$

Feldstrom I_F: $I_F = C_F\, e^{-\Delta W_0/kT}$

U_T Temperaturspannung
n_A bzw. n_D Anzahldichte der Akzeptoren bzw. Donatoren
n_i Intrisicdichte
C_D, C_F temperaturunabhängige Konstanten
ΔW_0 Energielücke zwischen Valenz- und Leitfähigkeitsband

5.9.5 Stromleitung in Metallen und Legierungen

Elektrische Leitfähigkeit γ (S. 77; 98) *Einheit*: $1\ \Omega^{-1}\ m^{-1}$

$$\gamma = e\,n\,b\ ; \quad n = \text{konstant}\ ; \quad b = v/E$$

$$\frac{\lambda}{\gamma} = A \cdot T$$

(*Gesetz von Wiedemann-Franz*)

Supraleitung bei $T < T_s$: $\gamma \to \infty$ bzw. $\varrho \to 0$

e Elementarladung, E elektrische Feldstärke
n bzw. b Anzahldichte bzw. Beweglichkeit der Leitungselektronen, v Driftgeschwindigkeit
A Konstante
λ Wärmeleitfähigkeit (S. 65, Tab. 25)
T absolute Temperatur
T_s Sprungtemperatur

Hall-Spannung U_H *Einheit*: 1 V

$$U_H = |R_H|\,\frac{I}{d}\,B$$

$$R_H \approx -\frac{1}{e\,n}$$

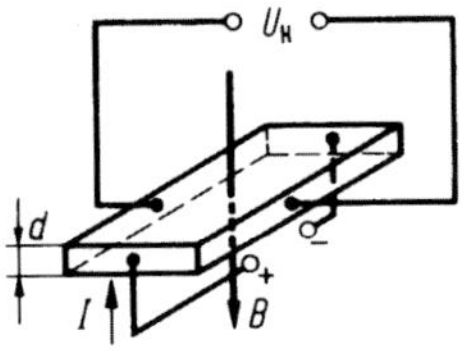

R_H Hallkonstante (Tab. 37)
B magnetische Flußdichte
I Querstromstärke, e Elementarladung
n Anzahldichte der Ladungsträger
d Plattendicke

Thermospannung U_{th} *Einheit*: 1 V

$$U_{th} = a\,\Delta T + b\,(\Delta T)^2$$

(*Seebeck-Effekt*)

ΔT Temperaturdifferenz der Kontaktstellen der beiden Leiter
a, b Materialkonstanten für das Leiterpaar

Thermokraft $U_{th}/\Delta T$ *Einheit*: $1\ VK^{-1}$

$$\frac{U_{th}}{\Delta T} \approx a$$

5.9.6 Elektronenemission aus Festkörpern

Glühelektrischer Effekt

Stromdichte J der austretenden Glühelektronen:

$$J = A_r\,T^2\,e^{-\Delta W_A/k\,T}$$

(*Gesetz von Richardson*)

T absolute Temperatur der Glühelektrode
A_r Mengenkonstante, k Boltzmannkonstante
ΔW_A thermische Austrittsarbeit (Tab. 38)

Äußerer Photoeffekt: siehe S. 116

5.9.7 Nichtlineare passive Schaltelemente

Differentieller (Innen-)Widerstand r eines Zweipols *Einheit*: $1\ \Omega$

$$r(P) \approx \frac{\Delta U}{\Delta I} \lessgtr 0$$

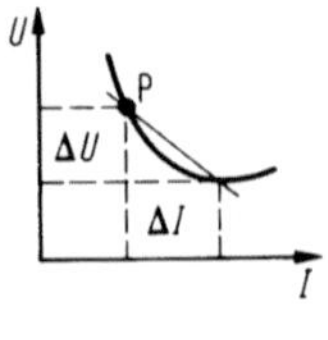

U Spannungsabfall am Leiter
I Strom durch den Leiter
P Arbeitspunkt

Röhrendiode

a) Anlaufstrom: $I_A = I_s\, e^{U_A/U_T}$

b) Raumladungsstrom: $I_A = K\, U_A^{3/2}$

(*Gesetz von Schottky-Langmuir*)

c) Sättigungsstrom: $I_A = I_s$ (ohne Schottky-Effekt)

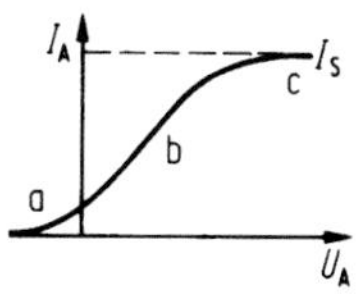

I_A Anodenstrom, U_A Anodenspannung
U_T Temperaturspannung
I_s Sättigungsstrom
K Konstante
a, b, c Arbeitsbereiche

Statische Kenngrößen der Triode

Innenwiderstand R_i:

$$R_i = \left|\frac{\Delta U_A}{\Delta I_A}\right|_{U_G}$$

Steilheit S:

$$S = \left|\frac{\Delta I_A}{\Delta U_G}\right|_{U_A}$$

Durchgriff D:

$$D = \left|\frac{\Delta U_G}{\Delta U_A}\right|_{I_A}$$

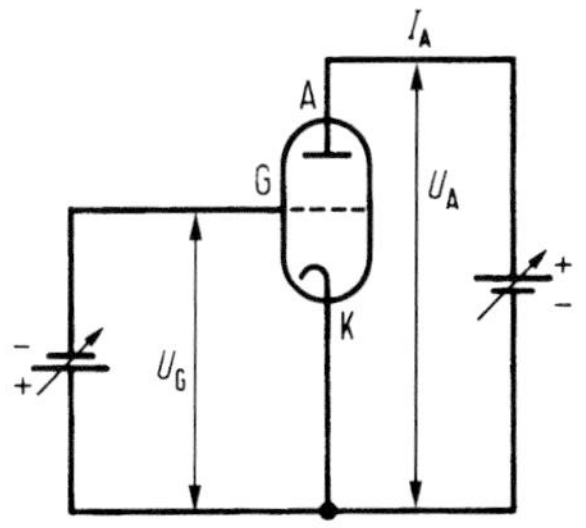

A Anode, G Gitter, K Kathode

I_A Anodenstrom
U_A Anodenspannung, U_G Gitterspannung

Erläuterung, z.B. $|\Delta I_A/\Delta U_G|\,U_A$:
ΔI_A Anodenstromänderung, die durch die Gitterspannungsänderung ΔU_G bewirkt wird bei U_A = konstant

Formel von Barkhausen: $S\,D\,R_i = 1$

Halbleiterdiode

$$I = I_{sp}\,(e^{gU/U_T} - 1) \quad \text{für} \quad U > U_z$$

$$I_{sp} \approx I_F; \qquad 0{,}5 \lesssim g \leqslant 1{,}0$$

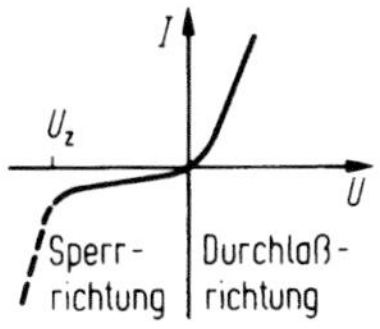

U_z Durchbruchspannung (Zenerspannung)
U_T Temperaturspannung (S. 99)
I_{sp} Sperrsättigungsstrom
I_F Feldstrom (S. 99)

Statische Kenngrößen des bipolaren Transistors (pnp) bei Emitterschaltung

Steilheit S:

$$S = \left|\frac{\Delta I_C}{\Delta U_{BE}}\right|_{U_{CE}}$$

Kurzschluß-Stromverstärkung β:

$$\beta = \left|\frac{\Delta I_C}{\Delta I_B}\right|_{U_{CE}}$$

Eingangsleitwert G_{ein}:

$$G_{ein} = \left|\frac{\Delta I_B}{\Delta U_{BE}}\right|_{U_{CE}}$$

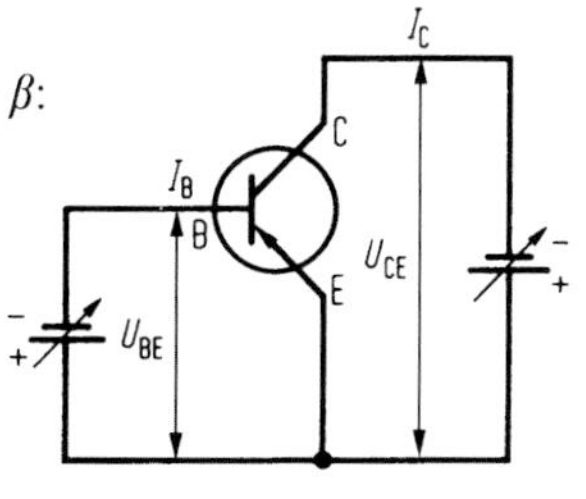

E Emitter, B Basis, C Kollektor

I_B bzw. I_C Basis- bzw. Kollektorstrom
U_{BE} bzw. U_{CE} Basis-Emitter- bzw. Kollektor-Emitter-Spannung

Erläuterung, z.B. $|\Delta I_B/\Delta U_{BE}|_{U_{CE}}$:

ΔI_B Basisstromänderung, die durch die Änderung ΔU_{BE} der Basis-Emitterspannung bewirkt wird bei U_{CE} = konstant

Ausgangsleitwert G_{aus} bzw. G^*_{aus}:

$$G_{aus} = \left|\frac{\Delta I_C}{\Delta U_{CE}}\right|_{U_{BE}}; \qquad G^*_{aus} = \left|\frac{\Delta I_C}{\Delta U_{CE}}\right|_{I_B}$$

6 Optik

6.1 Reflexion und Brechung

Reflexionsgesetz

$\varepsilon_r = \varepsilon$

Einfallender Strahl e, Flächenlot l und reflektierter Strahl r liegen in einer Ebene.

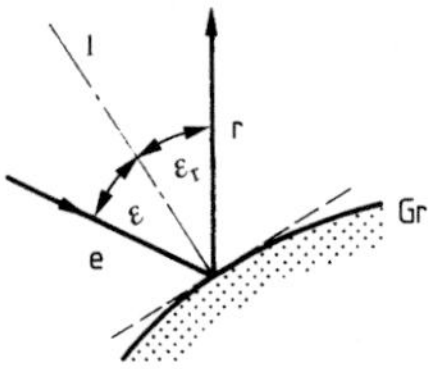

Gr Grenzfläche zwischen den Medien
ε Einfallswinkel
ε_r Reflexionswinkel bei gerichteter (regelmäßiger) Reflexion

Brechzahl eines Stoffes

1. Absolute Brechzahl n_{abs}:

Einheit: 1

$$n_{abs} = \frac{c_0}{c} = \frac{\lambda_0}{\lambda}; \qquad c_0 = 299\,792\,458 \text{ m/s}$$

λ_0 bzw. λ Wellenlänge des Lichtes im Vakuum bzw. im Stoff
c_0 bzw. c Lichtgeschwindigkeit im Vakuum bzw. im Stoff

Speziell Luft bei 20 °C und 1013 hPa:

$$n_{abs,\,L} = \frac{c_0}{c_L} = \frac{\lambda_0}{\lambda_L} \approx 1{,}0003; \qquad c_L \approx 299\,700 \text{ km/s}$$

λ_L Wellenlänge in Luft
c_L Lichtgeschwindigkeit in Luft

2. Auf Luft bezogene Brechzahlen n, n' zweier Stoffe

(Tab. 39)

$$n = \frac{c_L}{c} = \frac{\lambda_L}{\lambda}; \qquad n' = \frac{c_L}{c'} = \frac{\lambda_L}{\lambda'}$$

c, c' Lichtgeschwindigkeiten in den beiden Stoffen
λ, λ' Wellenlängen in den beiden Stoffen

Speziell Luft: $n = 1$ oder $n' = 1$

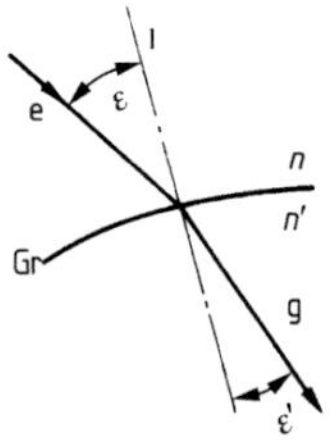

Brechungsgesetz von Snellius

$$\frac{\sin\varepsilon}{\sin\varepsilon'} = \frac{n'}{n} = \frac{c}{c'} = \frac{\lambda}{\lambda'}$$

Einfallender Strahl e, Flächenlot l und gebrochener Strahl g liegen in einer Ebene.

ε Einfallswinkel
ε' Brechungswinkel bei gerichteter Brechung
n bzw. n' Brechzahl des Stoffes vor bzw. hinter der brechenden Grenzfläche Gr
c bzw. c' Lichtgeschwindigkeit vor bzw. hinter Gr

Speziell Grenzfläche Luft → Stoff: $(n = 1)$ $\qquad \dfrac{\sin\varepsilon}{\sin\varepsilon'} = n'$

n' Brechzahl des Stoffes hinter Gr

Grenzfläche Stoff → Luft: $(n' = 1)$ $\qquad \dfrac{\sin\varepsilon}{\sin\varepsilon'} = \dfrac{1}{n}$

n Brechzahl des Stoffes vor Gr

Grenzwinkel ε_G der Totalreflexion

(Tab. 40)

$$n > n': \qquad \sin\varepsilon_G = \frac{n'}{n}; \qquad \varepsilon'_G = 90°$$

n bzw. n' Brechzahl des Stoffes vor bzw. hinter der Grenzfläche Gr
ε'_G Grenz-Brechungswinkel

Speziell Grenzfläche Stoff → Luft: $\sin\varepsilon_G = \dfrac{1}{n}$

J. Berber et al., *Physik in Formeln und Tabellen*

Reflexionsgrad ϱ an einer Grenzfläche (S. 53)

$$\varrho_\perp = \frac{\sin^2(\varepsilon - \varepsilon')}{\sin^2(\varepsilon + \varepsilon')} \qquad \text{(\textit{Fresnelsche Formeln})}$$

$$\varrho_\parallel = \frac{\tan^2(\varepsilon - \varepsilon')}{\tan^2(\varepsilon + \varepsilon')}$$

ε Einfallswinkel von ebenen Wellen
ε' Ausfallswinkel der gebrochenen Wellen
$\varrho_\perp$ Reflexionsgrad für die Polarisationsebene senkrecht zur Einfallsebene
$\varrho_\parallel$ Reflexionsgrad für die Polarisationsebene parallel zur Einfallsebene

Speziell senkrechter Einfall:

$$\varrho = \left(\frac{n - n'}{n + n'}\right)^2$$

n bzw. n' Brechzahl des Stoffes vor bzw. hinter der Grenzfläche

Eindringgrad:

$$\alpha = 1 - \varrho = \frac{4n\,n'}{(n + n')^2}$$

Planparallele Platte
Parallelverschiebung s:

$$s = \frac{d \sin|\varepsilon - \varepsilon'|}{\cos\varepsilon'}\,;\ (\varepsilon \neq 90°)$$

$$s = d \sin\varepsilon \left(1 - \frac{\cos\varepsilon}{\sqrt{(n'/n)^2 - \sin^2\varepsilon}}\right)$$

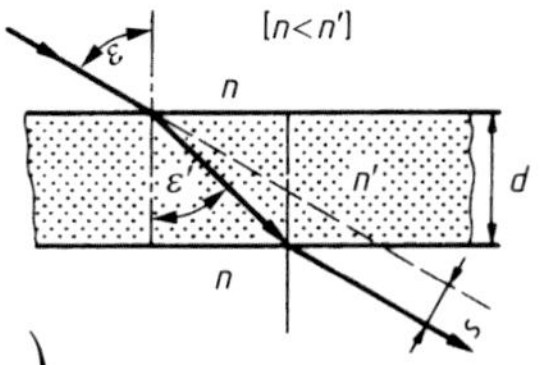

d Plattendicke
ε bzw. ε' Einfalls- bzw. Brechungswinkel
n bzw. n' Brechzahlen der beiden Medien

Prisma in Luft
Ablenkungswinkel δ:

$$\delta = \varepsilon_1 + \varepsilon_2 - \gamma$$

Speziell symmetrischer Strahlengang $\varepsilon_1 = \varepsilon_2$:

$$n = \frac{\sin\frac{1}{2}(\gamma + \delta)}{\sin(\gamma/2)}\,; \quad \delta \text{ minimal}$$

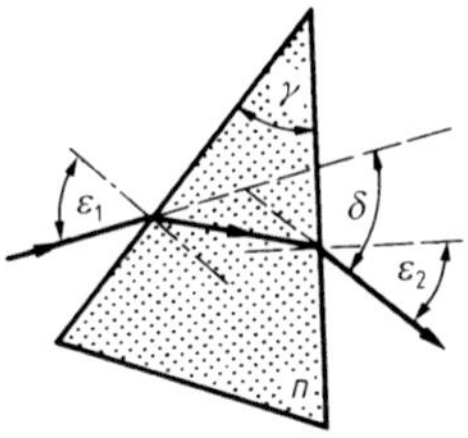

ε_1 bzw. ε_2 Einfalls- bzw. Ausfallswinkel
γ brechender Winkel des Prismas
n Brechzahl des Prismenmaterials

Speziell $\gamma \ll 1$:

$$\delta \approx (n - 1)\,\gamma$$

Mittlere Dispersion ϑ eines Stoffes

$$\vartheta = n_F - n_C$$

Abbe-Zahl ν (Tab. 39)

$$\nu = \frac{n_D - 1}{n_F - n_C}$$

n_C Brechzahl für $\lambda_C = 656{,}3$ nm
n_F Brechzahl für $\lambda_F = 486{,}1$ nm
n_D Brechzahl für $\lambda_D = 589{,}3$ nm

Prinzip von Fermat
Ein Lichtstrahl zwischen zwei Punkten nimmt immer den Weg s_{geom}, für den er möglichst wenig Zeit braucht, d.h. den minimalen optischen Weg s_{opt} (S. 108).

6.2 Paraxiale Abbildung in Luft

6.2.1 Spiegel

Abbildungsgleichung

$$\frac{1}{a}+\frac{1}{a'}=\frac{1}{f}$$

a Objektweite, *a'* Bildweite
f Brennweite SF
S Scheitelpunkt, F Brennpunkt

Abbildungsmaßstab *β*

$$\beta=\frac{y'}{y}=-\frac{a'}{a}$$

y Objektgröße AB, *y'* Bildgröße A'B'

Brennweite *f*

$$f=\frac{r}{2}$$

r Krümmungsradius SM
M Krümmungsmittelpunkt
o.A. optische Achse — - — - —

Ebener Spiegel: $f=\pm\infty$

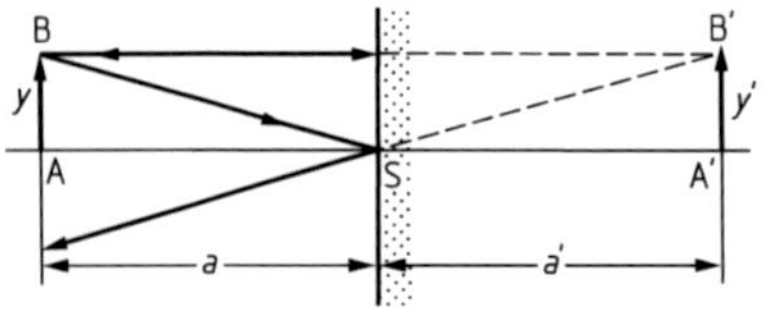

Bild virtuell: $a'<0$
aufrecht: $y'>0$
$\beta=1$

Hohlspiegel (Konkavspiegel): $f>0$

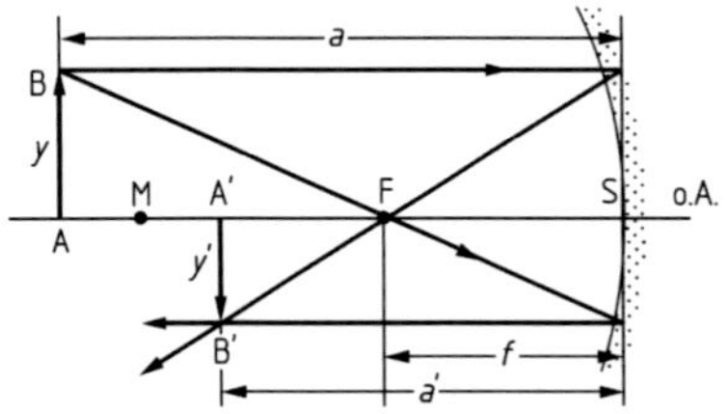

A außerhalb von SF:

Bild reell: $a'>0$
umgekehrt: $y'<0$
$\beta<0$

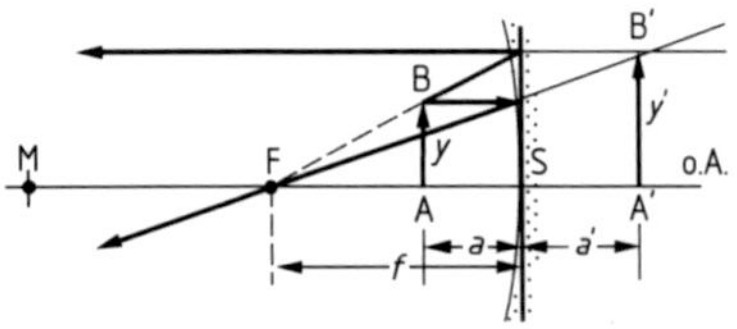

A innerhalb von SF:

Bild virtuell: $a'<0$
aufrecht: $y'>0$
vergrößert: $\beta>1$

Wölbspiegel (Konvexspiegel): $f<0$

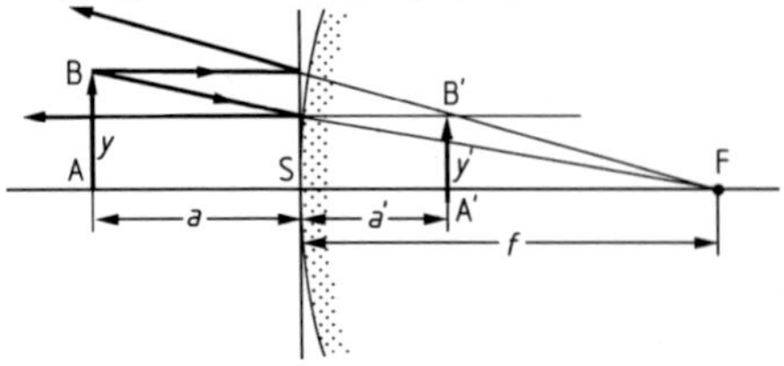

Bild virtuell: $a'<0$
aufrecht: $y'>0$
verkleinert: $0<\beta<1$

6.2.2 Linsen

Abbildungsgleichungen

$$\frac{1}{a}+\frac{1}{a'}=\frac{1}{f}\quad;\quad \beta=\frac{y'}{y}=-\frac{a'}{a}$$

a Objektweite, *a'* Bildweite
f Brennweite FH = F'H'
β Abbildungsmaßstab
y Objektgröße, *y'* Bildgröße

Brennweite *f*

$$\frac{1}{f}=(n-1)\left(\frac{1}{r}-\frac{1}{r'}\right)+\frac{(n-1)^2}{n}\,\frac{d}{r\,r'}$$

r Krümmungsradius der dem Objekt zugewandten Linsenfläche
r' Krümmungsradius der vom Objekt abgewandten Linsenfläche
Eine vom Objekt aus gesehen konvexe Linsenfläche besitzt einen positiven Radius, eine konkav gesehene Fläche einen negativen.

Lage der Haupt- und Brennpunkte

$$\mathrm{SH}=\frac{rd}{n\,(r-r')-d(n-1)}$$

$$\mathrm{S'H'}=\frac{-r'd}{n\,(r-r')-d(n-1)}$$

S, S' Scheitelpunkte; F, F' Brennpunkte
h, h' Hauptebenen; H, H' Hauptpunkte
d Linsendicke, *n* Brechzahl des Linsenmaterials
A, B Objektpunkte, A', B' Bildpunkte

SH > 0 (< 0): H rechts (links) von S
FH > 0 (< 0): F links (rechts) von H
a = AH = AS + SH
AH > 0 (< 0): A links (rechts) von H

S'H' > 0 (< 0): H' links (rechts) von S'
F'H' > 0 (< 0): F' rechts (links) von H'
a' = A'H' = A'S' + S'H'
A'H' > 0 (< 0): A' rechts (links) von H'

Brechkraft D

$$D=\frac{1}{f}$$

Einheit: 1 m^{-1} = 1 Dioptrie dpt

Sammellinse: $f>0$

In der Mitte dicker als am Rand

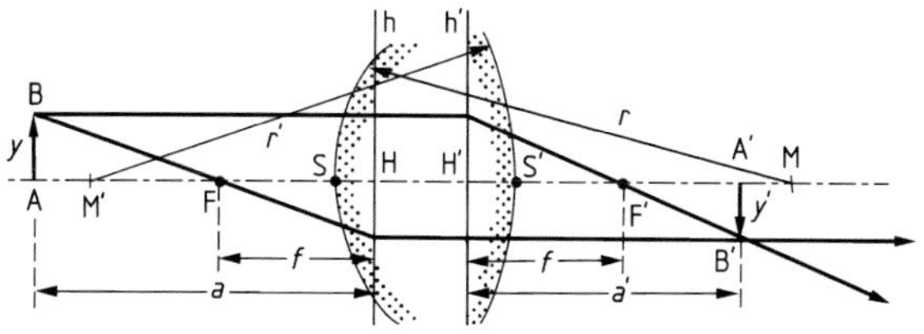

(konvex-konkav: $r>0$; $r'<0$)

A außerhalb von SF:
Bild reell: $a'>0$
umgekehrt: $y'<0$
$\beta<0$

A innerhalb von SF:
Bild virtuell: $a'<0$
aufrecht: $y'>0$
vergrößert: $\beta>1$

Zerstreuungslinse: $f<0$

Am Rand dicker als in der Mitte

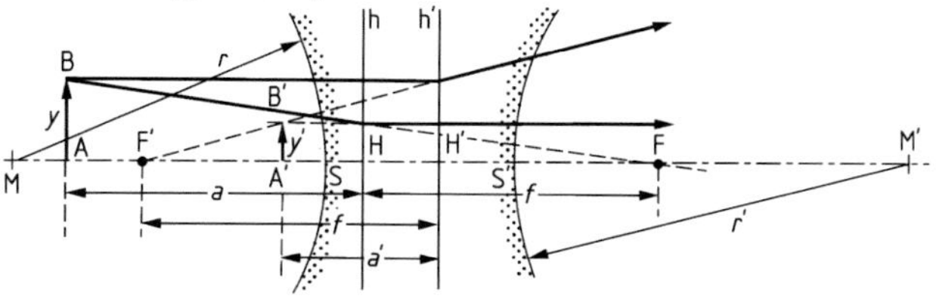

(konkav-konvex: $r<0$; $r'>0$)

Bild virtuell: $a'<0$
aufrecht: $y'>0$
verkleinert: $0<\beta<1$

Speziell **dünne Linse:** $d \approx 0$

Brennweite f

$$\frac{1}{f} = (n-1)\left(\frac{1}{r} - \frac{1}{r'}\right)$$

S = H = H' = S'

h = h' = m (Mittelebene)

Sammellinse: $f > 0$

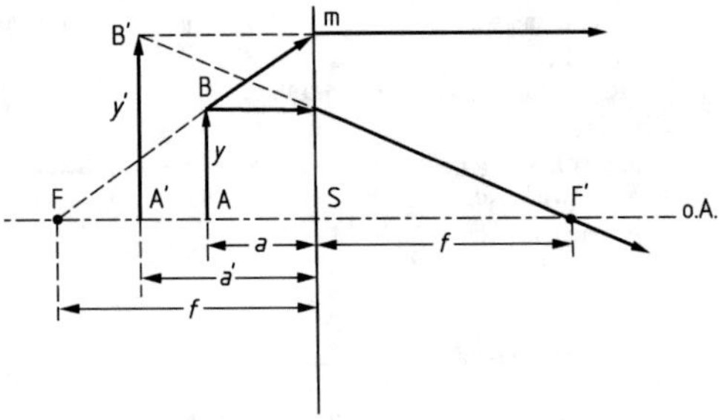

Zerstreuungslinse: $f < 0$

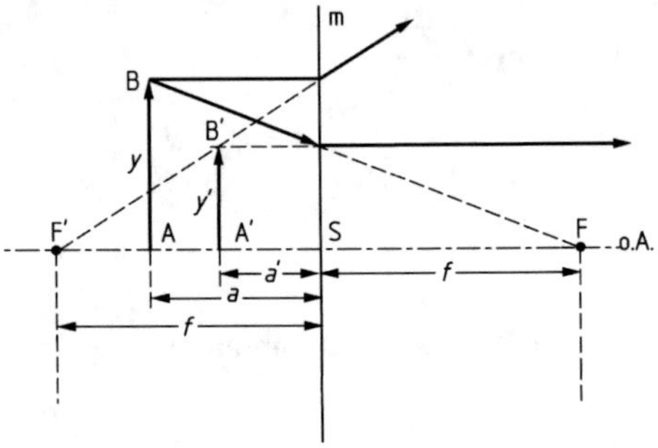

6.2.3 System aus zwei dünnen Linsen[1)]

Mit Verwendung der Hauptebenen h und h':

Brennweite f

$$\frac{1}{f} = \frac{1}{f_1} + \frac{1}{f_2} - \frac{d}{f_1 f_2}$$

f = FH = F'H'
f_1 bzw. f_2 Brennweite der 1. bzw. der 2. Linse L_1 bzw. L_2
d Abstand der Mittelebenen

Abbildungsgleichung

$$\frac{1}{a} + \frac{1}{a'} = \frac{1}{f}$$

a Objektweite AH, a' Bildweite A'H'
H bzw. H' Schnittpunkte der Hauptebenen des Systems mit der optischen Achse

Abbildungsmaßstab β

$$\beta = \frac{y'}{y} = -\frac{a'}{a}$$

y Objektgröße, y' Bildgröße

Abstand der beiden Hauptebenen

$$HH' = \frac{d^2}{\Delta}$$
$$\Delta = f_1 + f_2 - d$$

(Δ negativ: H' rechts von H)

Abstand der Hauptebenen von den Linsen

$$S_1 H = \frac{f_1 d}{\Delta}$$
$$S_2 H' = \frac{f_2 d}{\Delta}$$

S_1 bzw. S_2 Schnittpunkte der Mittelebenen von L_1 bzw. L_2 mit der optischen Achse

---

1) Vorzeichenbedeutung; S. 105 (für $S = S_1$, $S' = S_2$)

Ohne Verwendung der Hauptebenen h und h':

Vergrößerung: s. S. 112

Abbildungsgleichungen

$$\frac{1}{a_1}+\frac{1}{a_1'}=\frac{1}{f_1}; \quad \frac{y_1'}{y_1}=-\frac{a_1'}{a_1}; \quad \frac{1}{a_2}+\frac{1}{a_2'}=\frac{1}{f_2}; \quad \frac{y_2'}{y_2}=-\frac{a_2'}{a_2}$$

Mikroskop

Objektiv $L_1 : f_1 > 0$ Okular $L_2 : f_2 > 0$

$S_1 S_2 = f_1 + t + f_2$; t optische Tubuslänge

$a_1 > f_1$; $a_1' = f_1 + t$; $a_2 = f_2$; $a_2' = -\infty$

Wenn $f_2 > a_2 > 0$, dann ist $-\infty < a_2' < 0$ (virtuelles Bild)

$a_2 > 0$; $y_2 < 0$; $a_2' < 0$; $y_2' < 0$

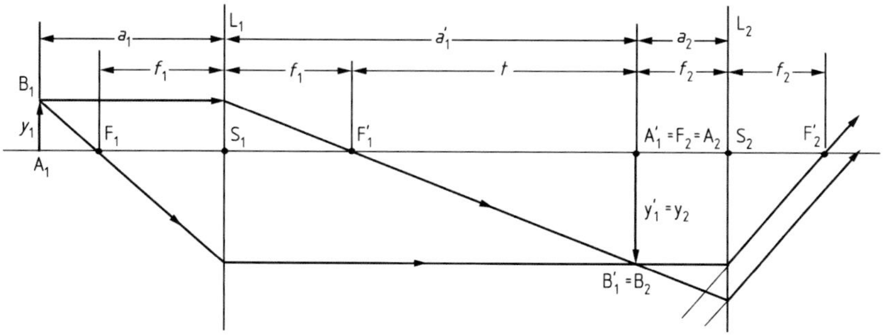

Astronomisches Fernrohr

Objektiv $L_1 : f_1 > 0$ Okular $L_2 : f_2 > 0$

$S_1 S_2 = f_1 + f_2$

$a_1 \gg f_1$; $a_1' = f_1$; $a_2 = f_2$; $a_2' = -\infty$

Wenn $S_1 S_2 < f_1 + f_2$ und $f_2 > a_2 > 0$, dann ist $-\infty < a_2' < 0$.

$a_2 > 0$; $y_2 < 0$; $a_2' < 0$; $y_2' < 0$

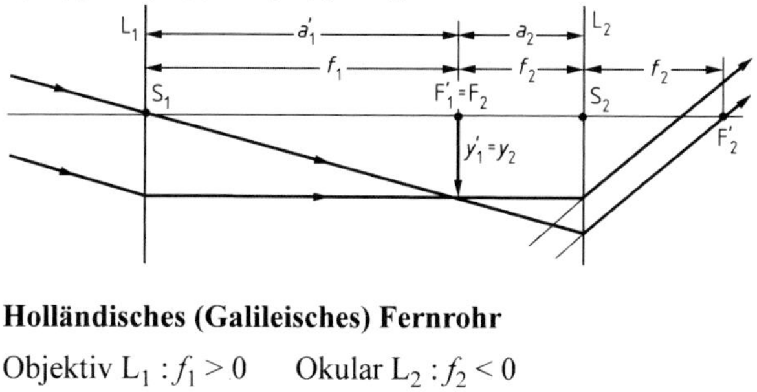

Holländisches (Galileisches) Fernrohr

Objektiv $L_1 : f_1 > 0$ Okular $L_2 : f_2 < 0$

$S_1 S_2 = f_1 - |f_2|$

$a_1 \gg f_1$; $a_1' = f_1$; $a_2 = f_2$; $a_2' = -\infty$

Wenn $S_1 S_2 < f_1 - |f_2|$ und $|a_2| > |f_2|$ (virtuelles Objekt), dann ist $-\infty < a_2' < 0$.

$a_2 < 0$; $y_2 < 0$; $a_2' < 0$; $y_2' > 0$

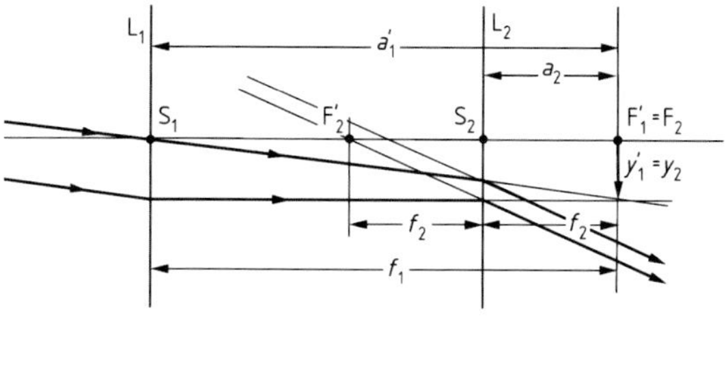

6.3 Wellenoptik (siehe auch elektromagnetische Wellen 5.7)

6.3.1 Grundgrößen

Wellenlänge λ in einem Stoff

Einheit: 1 m

$$\lambda = \frac{c}{f}; \qquad \lambda = \frac{\lambda_0}{n_{abs}} = \frac{\lambda_L}{n}; \qquad n_{abs} \approx n$$

c Ausbreitungsgeschwindigkeit der Welle im Stoff mit der Brechzahl n_{abs} bzw. n
f Frequenz, λ_0 bzw. λ_L Wellenlänge im Vakuum bzw. in Luft

Repetenz (Wellenzahl) σ

Einheit: 1 m^{-1}

$$\sigma = 1/\lambda$$

λ Wellenlänge

Optischer Weg s_{opt} eines Strahles in einem Stoff

Einheit: 1 m

Ohne Reflexion am optisch dichteren Stoff:

$$s_{opt} = s_{geom}\, n$$

s_{geom} geometrischer Weg des Strahles im Stoff mit der Brechzahl n

Mit Reflexion am optisch dichteren Stoff:

$$s_{opt} = s_{geom}\, n \pm \frac{1}{2}\lambda_L$$

λ_L Wellenlänge in Luft

Gangunterschied Δs_{opt} zweier Strahlen 1 und 2

Einheit: 1 m

$$\Delta s_{opt} = \left| s_{opt,1} - s_{opt,2} \right|$$

$s_{opt,1}$ bzw. $s_{opt,2}$ optischer Weg des Strahles 1 bzw. 2

6.3.2 Kohärenz

Phasendifferenz $\Delta\varphi$ zweier kohärenter Strahlen 1 und 2

Einheit: 1

$$\Delta\varphi = 2\pi \cdot \frac{\Delta s_{opt}}{\lambda_L}$$

Δs_{opt} Gangunterschied der Strahlen
λ_L Wellenlänge in Luft

Gangunterschied Δs_{opt}

bei Auslöschung: $\Delta s_{opt} = (2k+1)\,\dfrac{\lambda_L}{2}$

bei Verstärkung: $\Delta s_{opt} = k \cdot \lambda_L$

$k = 0, 1, 2, \ldots$

Strahlung einer punktförmigen Quelle

Kohärenzzeit τ:

$$\tau \approx \frac{1}{\Delta f}$$

Δf Halbwertsbreite der Spektralverteilung der Quelle

Kohärenzlänge l:

$$l = c\,\tau$$

c Ausbreitungsgeschwindigkeit der Strahlung

Bedingung für die Beobachtbarkeit von Interferenzen:

$$\Delta s_{opt} < l \quad \text{(Koinzidenzbedingung)}$$

Δs_{opt} Gangunterschied zwischen den interferierenden Strahlen der Quelle

Strahlung einer ausgedehnten Quelle
(monochromatisch, inkohärent)

Kohärenzbedingung: $a \sin \vartheta \ll \frac{\lambda_L}{2}$

a Durchmesser des Strahlers bzw. des bestrahlten Bereichs
λ_L Wellenlänge der Strahlung in Luft
ϑ Öffnungswinkel des Strahlenkegels

1. Bedingung für die Beobachtbarkeit von Interferenzen:

$$\Delta s_{opt} \approx a_Q \sin \vartheta < \frac{\lambda_L}{2}$$

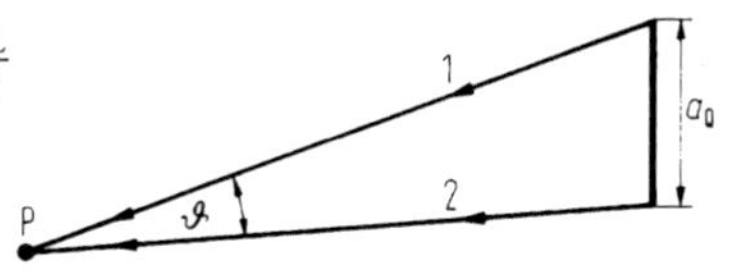

a_Q Quellendurchmesser
Δs_{opt} Gangunterschied zwischen den Randstrahlen 1 und 2
P Ort der Interferenz

2. Kohärenzwinkel ϑ_K:

$$\sin \vartheta_K \approx \frac{\lambda_L}{2 a_Q}$$

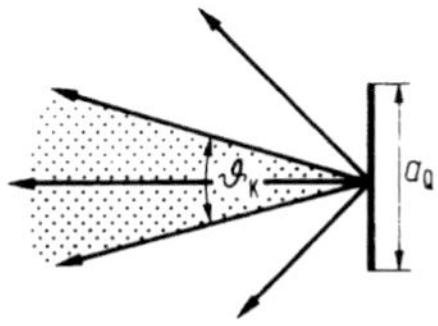

λ_L Wellenlänge der Strahlung in Luft
a_Q Durchmesser der Quelle

3. Durchmesser a_K kohärent ausgeleuchteter Bereiche einer bestrahlten Fläche:

$$a_K \approx \frac{\lambda_L}{2 \sin \vartheta}$$

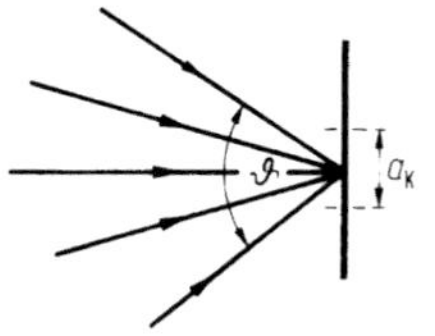

ϑ Öffnungswinkel der einfallenden Strahlung

6.3.3 Interferenz durch Reflexion

Dünne Parallelschicht
Gangunterschied zwischen den Teilstrahlen 1 und 2:

$$\Delta s_{opt} = 2\, d \sqrt{n^2 - \sin^2 \varepsilon} \pm \frac{\lambda_L}{2}$$

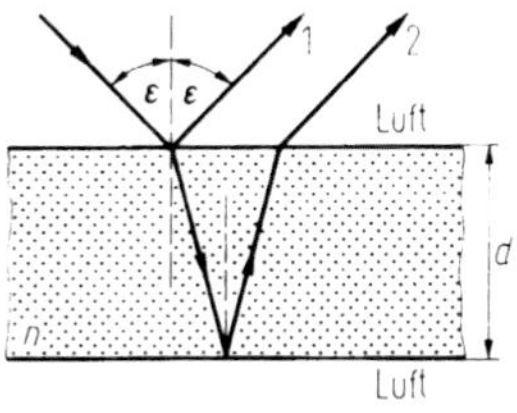

Speziell senkrechter Einfall $\varepsilon = 0°$:

$$\Delta s_{opt} = 2\, d n \pm \frac{\lambda_L}{2}$$

d Schichtdicke des Stoffes mit der Brechzahl n
λ_L Wellenlänge in Luft

Optische Vergütungsschicht auf Linsen

Schichtdicke d: $d = \frac{\lambda_L}{4n}$

Brechzahl n des Schichtmaterials: $n = \sqrt{n'}$

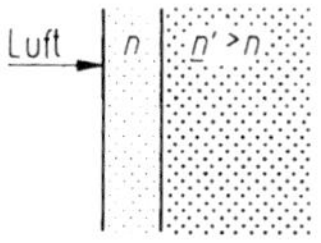

λ_L Wellenlänge in Luft
n' Brechzahl des Linsenmaterials

Newtonsche Ringe

Radius ϱ_k des k-ten dunklen Ringes in Reflexion bei senkrechtem Einfall:

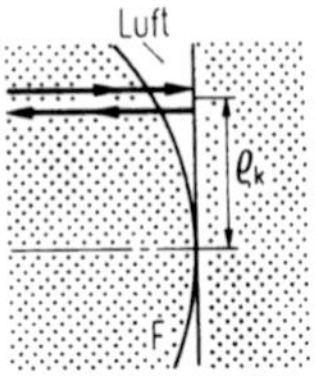

$$\varrho_k = \sqrt{k\,\lambda_L\,R}$$

$$k = 1, 2, 3, \ldots$$

R Radius der Kugelfläche F
λ_L Wellenlänge der monochromatischen Strahlung in Luft

6.3.4 Fraunhofersche Beugungserscheinungen

Beugung am Spalt bei senkrechtem Einfall

Strahlstärke I (siehe S. 113) der gebeugten Strahlung:

$$I = I_0 \left[\frac{\sin x}{x}\right]^2$$

$$x = \frac{\pi\, b \sin \alpha}{\lambda}$$

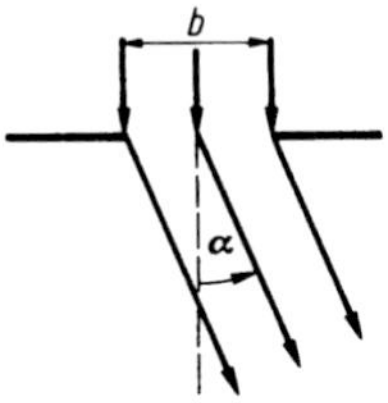

b Spaltbreite, λ Wellenlänge der Strahlung
α Beugungswinkel
I_0 Strahlstärke der gebeugten Strahlung in der Richtung $\alpha = 0°$

Richtungen α_k für die Nullstellen von I (Minima):

$$\sin \alpha_k = k\,\frac{\lambda}{b}; \qquad k = \pm 1, \pm 2, \pm 3, \ldots$$

Richtungen α_k der Nebenmaxima:
$\sin \alpha_k = (k + \frac{1}{2})\,\frac{\lambda}{b}$; $k = 1, \pm 2, \pm 3, \ldots$
λ Wellenlänge der Strahlung

Beugung am Doppelspalt bei senkrechtem Einfall

Richtungen α_k für die Nullstellen der Strahlstärke I (Minima):

$$\sin \alpha_k = (k + \tfrac{1}{2})\,\frac{\lambda}{g}; \qquad k = 0, \pm 1, \pm 2, \ldots$$

λ Wellenlänge der Strahlung
g Abstand der Spaltmitten
α_k Beugungswinkel

Richtungen α_k der Maxima:

$$\sin \alpha_k = k\,\frac{\lambda}{g}$$

Beugung am Gitter bei senkrechtem Einfall

Richtungen α_k der Hauptmaxima der Strahlstärke I:

$$\sin \alpha_k = k\,\frac{\lambda}{g}; \qquad k = 0, \pm 1, \pm 2, \ldots$$

g Gitterkonstante
λ Wellenlänge der Strahlung

Speziell Beobachtung in der Brennebene einer Sammellinse:

$$\tan \alpha_k = \frac{z_k}{f}$$

f Brennweite der Sammellinse
z_k Abstand des k-ten Hauptmaximums vom 0-ten Hauptmaximum in der Brennebene der Linse

Speziell kleine Winkel α_k:

$$\lambda = \frac{z_k\, g}{k\, f}; \qquad k = 1, 2, 3, \ldots$$

g Gitterkonstante

Beugung an kreisförmiger Öffnung bei senkrechtem Einfall
Richtungen α_k für die Nullstellen der Strahlstärke I (Minima):

$\sin \alpha_1 = 0{,}610 \cdot (\lambda/R)$

$\sin \alpha_2 = 1{,}116 \cdot (\lambda/R)$

$\sin \alpha_3 = 1{,}619 \cdot (\lambda/R)$

...

λ Wellenlänge der Strahlung
R Radius der Öffnung

Beugung am Raumgitter (Kristall) für Röntgenstrahlung ($n = 1$)
Einfallswinkel $\pi/2 - \vartheta_k$ der Strahlung, für die Reflexion auftritt:

$2d \sin \vartheta_k = k\,\lambda$

(Gesetz von Bragg)

$k = 1, 2, 3, \ldots$

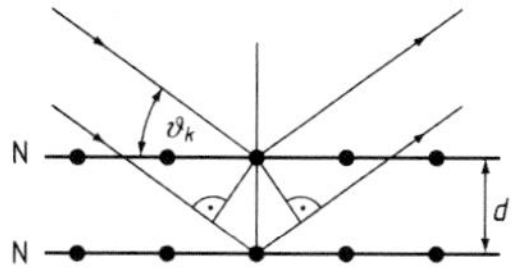

N Netzebenen des Kristalls, für die Reflexion auftritt
d Netzebenenabstand
λ Wellenlänge der Strahlung
ϑ_k Glanzwinkel

6.3.5 Polarisierte Lichtwellen

Polarisationsgrad P einer Lichtwelle

$$P = \frac{\phi_P}{\phi}$$

ϕ_P polarisierter Anteil des gesamten Strahlungsflusses ϕ

Polarisation durch Reflexion

Brewsterscher Winkel ε_B:

$$\tan \varepsilon_B = n$$

ε_B Einfallswinkel, bei dem vollständige Polarisation des reflektierten Lichtes eintritt
n Brechzahl des reflektierenden Stoffes

Optische Aktivität von Lösungen

Drehwinkel α der Schwingungsrichtung von linear polarisiertem Licht:

$$\alpha = \alpha_0 \frac{l}{\text{dm}} \frac{\varrho}{\text{g/cm}^3} \frac{m}{m_L}$$

α_0 spezifischer Drehwinkel
l Weglänge des Lichts in der Lösung
ϱ Dichte der Lösung
m Masse der optisch aktiven Substanz
m_L Masse des Lösungsmittels

6.3.6 Dopplereffekt im Vakuum

$$f_E = f_S \frac{\sqrt{1-\beta^2}}{1-\beta\cos\gamma}; \quad \lambda_E = \lambda_S \frac{1-\beta\cos\gamma}{\sqrt{1-\beta^2}}$$

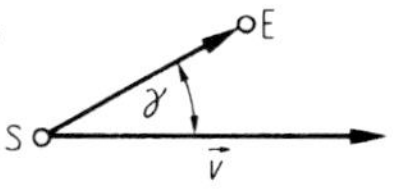

f_E bzw. λ_E Frequenz bzw. Wellenlänge beim Empfänger E
f_S Eigenfrequenz des strahlenden Senders S

$\lambda_S = \frac{c_0}{f_S}; \quad \lambda_E = \frac{c_0}{f_E}; \quad \beta = \frac{v}{c_0}$

$\vec{v}$ Geschwindigkeit des Senders S
c_0 Vakuumlichtgeschwindigkeit

Speziell transversaler Effekt: $\gamma = 90°; 270°$

Speziell longitudinaler Effekt: $\gamma = 0°$ bei Annäherung

$\gamma = 180°$ bei Entfernung

Speziell $\beta \ll 1$: $f_E - f_S \approx \pm \beta f_S$

$\lambda_S - \lambda_E \approx \pm \beta \lambda_S$

+: Annäherung
–: Entfernung

6.4 Optische Instrumente

Vergrößerung Γ

$$\Gamma = \frac{\varphi'}{\varphi} \approx \frac{\tan \varphi'}{\tan \varphi}$$

φ Sehwinkel, unter dem das Objekt dem bloßen Auge erscheint (Fernrohr) oder in der deutlichen Sehweite s_0 erscheinen würde (Lupe, Mikroskop)
φ' Sehwinkel mit Instrument, unter dem das virtuelle Bild dem Auge erscheint

Lupe (Sammellinse)
Standardvergrößerung Γ_L: Objekt in der Lupenbrennebene, Auge auf unendlich akkommodiert.

$$\Gamma_L = \frac{s_0}{f}; \qquad s_0 = 25\,\text{cm}$$

f Lupenbrennweite
s_0 deutliche Sehweite des menschlichen Auges

Gebrauchsvergrößerung Γ_{LG}: Bild in der Entfernung $|a'| = s_0$, Auge auf s_0 akkommodiert.

a' Bildweite

$$\Gamma_{LG} = \frac{s_0}{f} + 1$$

Kamera

Relative Objektivöffnung $\frac{1}{k}$: $\quad \frac{1}{k} = \frac{d}{f}$

Blendenzahl k: $\quad k = \frac{f}{d}$

d wirksamer Durchmesser des Objekts (Eintrittspupille)
f Objektivbrennweite

Belichtungszeiten für gleiche Lichtmengen: $t_1 : t_2 = k_1^2 : k_2^2$

t_1 bzw. t_2 Belichtungszeit bei der Blendenzahl k_1 bzw. k_2

Fernrohr (S. 107)

Vergrößerung Γ: $\quad \Gamma = \frac{f_{obj}}{|f_{ok}|}$

f_{obj} bzw. f_{ok} Objektiv- bzw. Okularbrennweite

Winkelauflösungsvermögen: $\quad \frac{1}{\varphi_{min}} \approx 0{,}8\,\frac{d}{\lambda}$

d wirksamer Durchmesser des Objektivs
φ_{min} kleinster Winkelabstand zweier Gegenstandspunkte ohne Instrument, die im Bild noch als getrennt erkannt werden

Mikroskop (S. 107)
Vergrößerung Γ:

$$\Gamma = \frac{t\,s_0}{f_{obj} f_{ok}}$$

Numerische Apertur A: $\quad A = n \sin\alpha$

Punktauflösungsvermögen: $\quad 1/y_{min} \approx 2A/\lambda$

t optische Tubuslänge (Abstand der benachbarten Brennpunkte von Objektiv und Okular)
s_0 deutliche Sehweite
n Brechzahl des Stoffes vor dem Objektiv
α halber Öffnungswinkel des Strahlenkegels vom Gegenstandspunkt zur Eintrittspupille
λ Wellenlänge des Lichts
y_{min} kleinster Abstand zweier Gegenstandspunkte, die im Bild noch getrennt wahrgenommen werden

Auflösungsvermögen A_s von Spektralapparaten

Einheit: 1

$$A_s = \frac{\lambda}{\Delta\lambda}$$

Speziell Prisma: $\quad A_s = B\,|\mathrm{d}n/\mathrm{d}\lambda|$

Speziell Gitter: $\quad A_s = mN - 1 \approx mN$

$\Delta\lambda$ kleinste Differenz zweier Wellenlängen λ und $\lambda + \Delta\lambda$, die gerade noch trennbar sind
$\mathrm{d}n/\mathrm{d}\lambda$ Dispersion des Prismenmaterials
B wirksame Basislänge des Prismas
N Anzahl der kohärent beleuchteten Gitterstriche
m Ordnung der gebeugten Welle; $m = 1, 2, 3, \ldots$

6.5 Strahlung und Photometrie

6.5.1 Grundgrößen

Raumwinkel Ω

$$\Omega = \frac{A_K}{r_K^2}\Omega_0; \quad \Omega_0 = 1 \text{ sr}$$

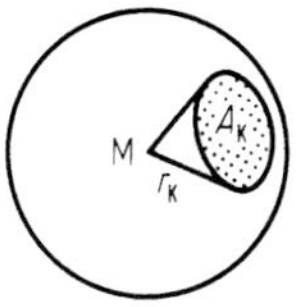

Einheit: 1 m^2/m^2 = 1 Steradiant sr

A_K Stück einer Kugelfläche, das von einem Kegel (Spitze im Kugelmittelpunkt) ausgeschnitten wird

r_K Kugelradius

Spektrale Strahlungsgrößen

$$X_\lambda = \frac{dX}{d\lambda}; \quad X_f = \frac{dX}{df}$$

$[X_\lambda] = [X]/[\lambda]; \quad [X_f] = [X]/[f]$

dX Änderung der physikalischen oder visuellen Strahlungsgröße im Wellenlängenbereich von λ bis λ + dλ bzw. im Frequenzbereich von f bis f + df

Zusammenhang zwischen physikalischen und visuellen Strahlungsgrößen

$$X = \int_0^\infty X_\lambda\, K(\lambda)\, d\lambda$$

$$K(\lambda) = K_m \cdot V(\lambda); \quad K_m = 683\,\frac{[X]_{\text{visuell}}}{[X]_{\text{physik.}}}$$

X visuelle Strahlungsgröße

X_λ zugehörige spektrale physikalische Strahlungsgröße

$K(\lambda)$ photometrisches Strahlungsäquivalent mit dem Maximum K_m

$V(\lambda)$ spektrale Empfindlichkeit des menschlichen Auges für Tagsehen (Tab. 41)

6.5.2 Physikalische und visuelle Strahlungsgrößen

Strahlungsfluß(-leistung) ϕ

Einheit: 1 Watt W

Lichtstrom ϕ

Einheit: 1 Lumen lm

$$\phi = \frac{dQ}{dt}$$

dQ ist die in der Zeit dt abgestrahlte Energie bzw. Lichtmenge.

Spezifische Ausstrahlung M

Einheit: 1 W/m^2

Spezifische Lichtausstrahlung M

Einheit: 1 lm/m^2

$$M = \frac{d\phi_1}{dA_1}$$

dϕ_1 ist der aus der Senderfläche dA_1 in den Halbraum abgegebene Strahlungsfluß bzw. Lichtstrom.

Strahlstärke I

Einheit: 1 W/sr

Lichtstärke I[1]

Einheit: 1 lm/sr = **1 Candela cd**

$$I(\vartheta_1) = \frac{d\phi_1}{d\Omega_1}$$

dϕ_1 ist der von einer punktförmigen (oder weit entfernten) Strahlungsquelle innerhalb des Raumwinkels dΩ_1 in eine durch den Winkel ϑ_1 angegebenen Raumrichtung ausgehende Strahlungsfluß bzw. Lichtstrom.

Speziell Lambert-Strahler: $\quad I(\vartheta_1) = I(0)\cos\vartheta_1$

$I(0)$ ist die in Richtung der Flächennormalen wirksame Strahlstärke bzw. Lichtstärke.

[1]) Basisgröße

Strahldichte L

Einheit: 1 W/(m² sr)

Leuchtdichte L

Einheit: 1 lm/(m² sr) = 1 cd/m²

$$L(\vartheta_1) = \frac{\mathrm{d}I(\vartheta_1)}{\cos\vartheta_1 \cdot \mathrm{d}A_1} = \frac{\mathrm{d}I(\vartheta_1)}{\mathrm{d}A_1'}$$

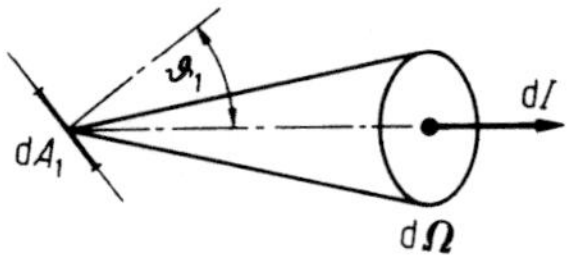

$\mathrm{d}A_1'$ ist die vom Beobachter gesehene Senderfläche.
$\mathrm{d}I(\vartheta_1)$ ist die von der Senderfläche $\mathrm{d}A_1$ in der durch ϑ_1 angegebenen Richtung bewirkte Strahlstärke bzw. Lichtstärke.

Speziell Lambert-Strahler:

$$L = \frac{M}{\Omega_0 \cdot \pi} = \text{konstant} \qquad \Omega_0 = 1\,\text{sr}$$

M ist die spezifische Ausstrahlung bzw. spezifische Lichtausstrahlung.

Bestrahlungsstärke E

Einheit: 1 W/m²

Beleuchtungsstärke E

Einheit: 1 lm/m² = 1 Lux lx

$$E = \frac{\mathrm{d}\phi_2}{\mathrm{d}A_2}$$

$\mathrm{d}\phi_2$ ist der auf die Empfängerfläche $\mathrm{d}A_2$ fallende Strahlungsfluß bzw. Lichtstrom.

Abstandsgesetz:

$$E(\vartheta_1, \vartheta_2) = \frac{I(\vartheta_1)}{r_{1,2}^2}\, \Omega_0 \cdot \cos\vartheta_2$$

Speziell horizontale Sender- und Empfängerfläche:

$$E = I(\vartheta_1)\, \Omega_0 \frac{h}{(a^2 + h^2)^{3/2}}$$

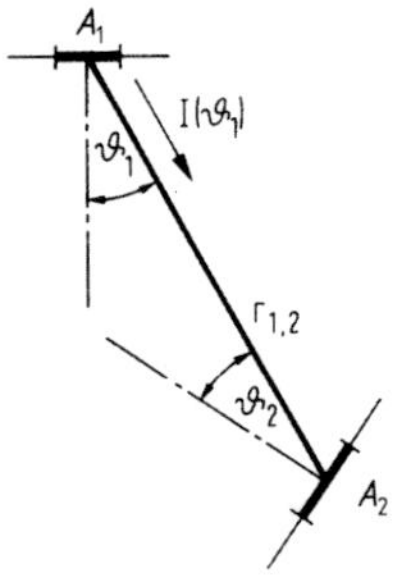

$I(\vartheta_1)$ Strahlstärke bzw. Lichtstärke des Senders in Richtung zum Empfänger
$r_{1,2}$ Abstand Sender-Empfänger; $\Omega_0 = 1$ sr
ϑ_2 Winkel zwischen der Normalen zur Empfängerfläche und der Richtung zum Sender

h Höhe der Senderfläche A_1 über der Empfängerfläche A_2
a Horizontalabstand
$\Omega_0 = 1$ sr

Bestrahlung H

Einheit: 1 W s/m²

Belichtung H

Einheit: 1 lx s

$$H = \int_{t_1}^{t_2} E(t)\,\mathrm{d}t$$

$E(t)$ ist die in der Zeit $\mathrm{d}t$ beim Empfänger bestehende Bestrahlungsstärke bzw. Beleuchtungsstärke.

Reflexionsgrad ϱ

$$\varrho = \frac{\phi_r}{\phi}$$

ϕ auftreffender Strahlungsfluß bzw. Lichtstrom
ϕ_r reflektierter Strahlungsfluß bzw. Lichtstrom

Transmissionsgrad τ

$$\tau = \frac{\phi_t}{\phi}$$

ϕ_t durchgehender Strahlungsfluß bzw. Lichtstrom

Absorptionsgrad α

$$\alpha = \frac{\phi_a}{\phi}$$

ϕ_a absorbierter Strahlungsfluß bzw. Lichtstrom

Spektrale Größen ϱ_λ, τ_λ, α_λ

$$\varrho_\lambda = \frac{\phi_{\lambda r}}{\phi_\lambda}; \qquad \tau_\lambda = \frac{\phi_{\lambda t}}{\phi_\lambda}; \qquad \alpha_\lambda = \frac{\phi_{\lambda a}}{\phi_\lambda}$$

ϕ_λ auftreffender spektraler Strahlungsfluß bzw. Lichtstrom

$\phi_{\lambda r}$, $\phi_{\lambda t}$, $\phi_{\lambda a}$ reflektierter, durchgelassener, absorbierter Strahlungsfluß bzw. Lichtstrom

Zusammenhang zwischen Reflexionsgrad, Transmissionsgrad und Absorptionsgrad

$$\varrho + \tau + \alpha = 1; \qquad \varrho_\lambda + \tau_\lambda + \alpha_\lambda = 1$$

Leuchtdichte L

einer diffus reflektierenden ebenen Fläche:

$$L = \frac{\varrho E}{\Omega_0 \pi}$$

ϱ Reflexionsgrad
E Beleuchtungsstärke

einer diffus durchlassenden ebenen Fläche:

$$L = \frac{\tau E}{\Omega_0 \pi}$$

τ Transmissionsgrad
$\Omega_0 = 1$ sr

Energiedichte w

Einheit: 1 W s/m^3

$$w = \frac{dQ}{dV}$$

dQ Strahlungsenergie im Volumen dV

Strahlungsdruck p_{str} auf eine Oberfläche

Einheit: 1 Pa

bei vollständiger Absorption: $p_{str} = w$

bei vollständiger Reflexion: $p_{str} = 2w$

w Energiedichte

Elementarstrahler

I_1 bzw. I_0 Lichtstärke in der durch den Winkel ϑ_1 bzw. 0° angegebenen Richtung
Φ Gesamtlichtstrom, $\Omega_0 = 1$ sr

Kugelfläche:

$$I_1 = I_0; \qquad \Phi = 4\pi I_0 \Omega_0$$

$\vartheta_1 = 0°$ in Richtung einer Symmetrieachse ($-180° \leq \vartheta_1 \leq +180°$)

Halbkugelfläche:

$$I_1 = \tfrac{1}{2} I_0 (1 + \cos\vartheta_1); \qquad \Phi = 2\pi I_0 \Omega_0$$

$\vartheta_1 = 0°$ in Richtung der Symmetrieachse ($-180° \leq \vartheta_1 \leq +180°$)

Kreisscheibe:

$$I_1 = I_0 \cos\vartheta_1; \qquad \Phi = \pi I_0 \Omega_0$$

$\vartheta_1 = 0°$ in Richtung senkrecht zur Scheibe vom Mittelpunkt aus ($-90° \leq \vartheta_1 \leq +90°$)

Zylindermantelfläche:

$$I_1 = I_0 \,|\cos\vartheta_1|; \qquad \Phi = \pi^2 I_0 \Omega_0$$

(in einer Ebene durch die Symmetrieachse)

$\vartheta_1 = 0°$ in Richtung senkrecht zur Achse vom Mittelpunkt aus ($-90° \leq \vartheta_1 \leq +90°$)

7 Quantenmechanik und Atombau

7.1 Photonen

7.1.1 Grundgrößen des Photons

Gesamtenergie W

$$W = h f; \qquad f = \frac{c_0}{\lambda_0}$$

$$h = 6{,}62608 \cdot 10^{-34}\ \text{Js} = 4{,}13567 \cdot 10^{-15}\ \text{eV s}$$

Einheit: 1 J = 1 W s = 1 N m
1 eV = $1{,}6022 \cdot 10^{-19}$ J

c_0 bzw. λ_0 Lichtgeschwindigkeit bzw. Wellenlänge der dem Photon zugeordneten Welle der Frequenz f im Vakuum
h Planck-Konstante (Wirkungsquantum)

Impuls $\vec{p}$

$$p = \frac{h}{\lambda_0} = \frac{W}{c_0}$$

Betragseinheit: 1 N s
λ_0 Wellenlänge im Vakuum
c_0 Vakuumlichtgeschwindigkeit

Dynamische (träge) Masse m

$$m = \frac{W}{c_0^2} = \frac{h}{\lambda_0\, c_0}$$

Einheit: 1 kg
c_0 bzw. λ_0 Lichtgeschwindigkeit bzw. Wellenlänge der dem Photon zugeordneten Welle der Frequenz f im Vakuum
h Planck-Konstante (Wirkungsquantum)

7.1.2 Elementarprozesse des Photons

Photoeffekt
(Maximale) Translationsenergie W_{trans} eines abgelösten Elektrons:

$$W_{\text{trans}} = h f - \Delta W \qquad \text{für } f > f_{\text{gr}}$$

Grenzfrequenz f_{gr}: $\quad f_{\text{gr}} = \Delta W / h$

h Planck-Konstante
f Frequenz der dem ablösenden Photon zugeordneten Wellen
ΔW Ablösearbeit

Compton-Effekt
Wellenlängenzunahme $\Delta\lambda$ bei Streuung eines Photons an einem ruhenden Elektron:

$$\Delta\lambda = 2\lambda_{\text{C}} \sin^2\left(\frac{\vartheta}{2}\right) = \lambda_{\text{C}} \cdot (1 - \cos\vartheta)$$

$$\lambda_{\text{C}} = \frac{h\, c_0}{W_{\text{e},0}} = 2{,}426311 \cdot 10^{-12}\ \text{m}$$

λ_{C} Compton-Wellenlänge
ϑ Streuwinkel des Photons
$W_{\text{e},0} = 0{,}510999$ MeV Ruheenergie des Elektrons
c_0 Vakuumlichtgeschwindigkeit
h Planck-Konstante

Energie W' des gestreuten Photons:

$$W' = \frac{W}{1 + \dfrac{W(1 - \cos\vartheta)}{W_{\text{e},0}}}$$

W Energie des ankommenden Photons

Klassischer Elektronenradius r_{e}:

$$r_{\text{e}} = \frac{e^2}{4\pi\ \varepsilon_0\, W_{\text{e},0}} = 2{,}817941 \cdot 10^{-15}\ \text{m}$$

e Elementarladung
ε_0 elektrische Feldkonstante

Paarbildungseffekt
Energie $W (W > 2\, W_{\text{e},0})$ eines Photons im Coulombfeld eines Atomkerns:

$$W = W_{\text{trans,e}} + W_{\text{trans,p}} + 2\, W_{\text{e},0}$$

$W_{\text{trans,e}}$ bzw. $W_{\text{trans,p}}$ Translationsenergie des gebildeten Elektrons bzw. Positrons
$W_{\text{e},0}$ Ruheenergie des Elektrons und Positrons
c_0 Vakuumlichtgeschwindigkeit

J. Berber et al., *Physik in Formeln und Tabellen*

7.2 Wellenmechanik

7.2.1 Unschärferelation von Heisenberg

Unschärfe des Impulses und des Ortes

$$\Delta p_x \, \Delta x \geqslant h/4\pi = \frac{\hbar}{2}\ ;\ \hbar = \frac{h}{2\pi}$$

Δp_x Unschärfe der Impulskoordinate p_x in x-Richtung
Δx Unschärfe der Ortskoordinate x
h Planck-Konstante

Unschärfe des Drehimpulses und des Winkels

$$\Delta L_z \, \Delta\varphi \geqslant h/4\pi$$

ΔL_z Unschärfe der Drehimpulskoordinate L_z in z-Richtung
$\Delta\varphi$ Unschärfe der Winkelkoordinate φ bezüglich der Drehung um die z-Achse

Unschärfe der Energie und der Zeit

$$\Delta W \, \Delta t \geqslant h/4\pi$$

ΔW Unschärfe der Energie W
Δt Unschärfe der Zeit t
h Planck-Konstante

7.2.2 Materiewellen

Wellenlänge λ eines Teilchens mit dem Impulsbetrag p

$$\lambda = \frac{h}{p} = \frac{h}{m\,v} \qquad \textit{(Gesetz von de Broglie)}$$

h Planck-Konstante
m dynamische Masse
v Geschwindigkeit des Teilchens

Phasengeschwindigkeit c

$$c = \lambda\, f = c_0^2/v = c_0/\sqrt{1-(W_0/W)^2}$$

f Frequenz der Materiewelle
c_0 Vakuumlichtgeschwindigkeit
W bzw. W_0 Gesamt- bzw. Ruheenergie des Teilchens

Frequenz f

$$f = W/h$$

W Gesamtenergie
h Planck-Konstante

7.2.3 Schrödingergleichung

Wellengleichung für Einteilchensysteme

$$\frac{\partial^2 \Psi}{\partial x^2} + \frac{\partial^2 \Psi}{\partial y^2} + \frac{\partial^2 \Psi}{\partial z^2} - \frac{1}{c^2}\frac{\partial^2 \Psi}{\partial t^2} = 0$$

$\Psi(x, y, z, t)$ Zustandsfunktion (Wellenfunktion) zur Zeit t am Ort mit den kartesischen Koordinaten x, y, z
c Phasengeschwindigkeit

mit den stationären und normierten Lösungen

$$\Psi_n(x, y, z, t) = \psi_n(x, y, z)\cos(2\pi f_n t); \quad \int\limits_{-\infty}^{+\infty} \psi_n^2(x, y, z)\,\mathrm{d}V = 1$$

$\psi_n(x, y, z, t)$ Zustandsfunktion für den Quantenzustand n
f_n Frequenz im Quantenzustand n
$\mathrm{d}V = \mathrm{d}x\,\mathrm{d}y\,\mathrm{d}z$ Volumelement; h Planck-Konstante

und den Eigenwerten der Energie $W_n = h\,f_n$.

Für ein nichtrelativistisches Teilchen ist $\psi_n(x, y, z)$ Lösung der zeitunabhängigen Schrödingergleichung

$$\frac{\partial^2 \psi}{\partial x^2} + \frac{\partial^2 \psi}{\partial y^2} + \frac{\partial^2 \psi}{\partial z^2} + \frac{2\,(W - W_{pot})\,m}{\hbar^2}\,\psi(x, y, z) = 0$$

$$\Delta \mathcal{W}_n = \psi_n^2(x, y, z)\,\Delta V$$

W Gesamtenergie
W_{pot} potentielle Energie des Teilchens
m Masse des Teilchens, $\hbar = h/2\pi$
$\Delta\mathcal{W}_n$ Aufenthaltswahrscheinlichkeit des Teilchens im Volumelement $\Delta V = \Delta x\,\Delta y\,\Delta z$
$\psi_n^2(x, y, z)$ Wahrscheinlichkeitsdichte im Zustand der Quantenzahl n

Spezielle eindimensionale Potentiale $W_{pot}(x)$:

Harmonischer Oszillator:	$W_{pot} = 2\pi^2\, m\, f_0^2\, x^2$
Eigenwerte der Energie W_n:	$W_n = (n + \frac{1}{2})\,h\,f_0$
Speziell Nullpunktenergie:	$W_0 = \frac{1}{2}\,h\,f_0$

m (reduzierte) Masse des Oszillators
f_0 Oszillatorgrundfrequenz
$n = 0, 1, 2, \ldots$ Quantenzahl
h Planck-Konstante

Reflexionsoszillator:

Mögliche Wellenlängen λ_n: $\lambda_n = 2\,l/n$

Normierte Eigenfunktionen: $\psi_n(x) = \sqrt{\frac{2}{l}} \cdot \sin\left(\frac{\pi\, n}{l}\, x\right)$

Eigenwerte der Energie W_n: $W_n = p_n^2/2\,m = h^2/(2\,m\,\lambda_n^2)$

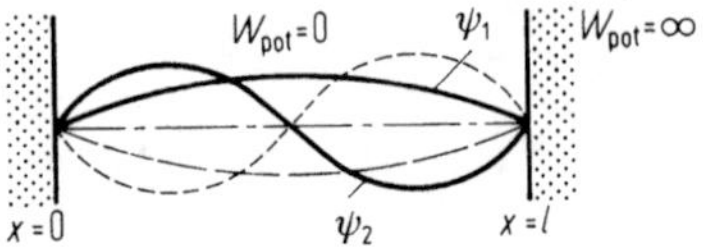

p_n Impuls im Zustand mit der Quantenzahl n
m Masse des Oszillators

7.3 Atomhülle

7.3.1 Einelektronensysteme

1. Postulat von Bohr

r_n Radius einer Kreisbahn, auf der ein Elektron umlaufen kann ohne Energie abzustrahlen

$$p_e\, u_n = n\, h \qquad n = 1, 2, 3, \ldots$$

$$m_{e,0}\, v_n\, 2\pi\, r_n = n\, h \qquad (n = 1\text{: Grundzustand})$$

p_e Bahnimpuls, $m_{e,0}$ Ruhemasse des Elektrons
v_n Bahngeschwindigkeit des Elektrons auf der Kreisbahn mit dem Radius r_n und dem Umfang u_n
n Hauptquantenzahl, h Planck-Konstante

Radius r_n der n-ten Kreisbahn des Elektrons:

$$r_n = \frac{\varepsilon_0\, h^2}{\pi\, e^2\, m_{e,0}}\, \frac{1}{Z}\, n^2 = 5{,}291772 \cdot 10^{-11}\,\mathrm{m}\, \frac{1}{Z}\, n^2 = \frac{1}{Z}\, r_1\, n^2$$

Z Kernladungszahl (= Ordnungszahl im PSE)
ε_0 elektrische Feldkonstante
e Elementarladung
r_1 Radius der innersten Bahn

Speziell H-Atom $Z = 1$:

$n = 1$: $r_1 = r_B = 5{,}291772 \cdot 10^{-11}$ m (*Bohrscher Radius*)

Bahngeschwindigkeit v_n des Elektrons auf der n-ten Kreisbahn:

$$v_n = \frac{e^2}{2\,\varepsilon_0\, h}\, Z\, \frac{1}{n} = 2{,}18769 \cdot 10^6\, \frac{\mathrm{m}}{\mathrm{s}}\, Z\, \frac{1}{n}$$

e Elementarladung
ε_0 elektrische Feldkonstante
h Planck-Konstante
Z Kernladungszahl

Energie W_n des Elektrons auf der n-ten Kreisbahn:

$$W_n = W_\infty - \frac{e^4\, m_{e,0}}{8\,\varepsilon_0^2\, h^2}\, Z^2\, \frac{1}{n^2} = W_\infty - h\, R_{Z,\infty}\, \frac{1}{n^2}$$

$R_{Z,\infty}$ Rydbergfrequenz bei ruhendem Atomkern mit der Kernladungszahl Z
W_1 Energie des Elektrons auf der innersten Bahn mit dem Radius r_1

Spezielle Energieskalen:

$W_\infty = 0$: W_n Bindungsenergie

$W_1 = 0$: W_n Anregungsenergie, $W_\infty = h\, R_{Z,\infty}$

$h\, R_{Z,\infty}$ Ionisierungsenergie

Rydbergfrequenz $R_{Z,\infty}$, R_∞

$$R_{Z,\infty} = \frac{Z^2\, e^4\, m_{e,0}}{8\,\varepsilon_0^2\, h^3} = Z^2\, R_\infty\,; \quad R_\infty = 3{,}28984196 \cdot 10^{15}\,\mathrm{s}^{-1}$$

R_∞ Rydbergfrequenz für das H-Atom ($Z = 1$) bei ruhendem Atomkern
$R_{Z,\infty}$ Rydbergfrequenz für ein Atom mit der Ordnungszahl Z bei ruhendem Atomkern

Rydbergfrequenz für einen nichtruhenden Atomkern:

$$R_Z = R_{Z,\infty}\, \frac{1}{1 + \frac{m_{e,0}}{m_K}}$$

m_K Masse des Atomkerns
$m_{e,0}$ Ruhemasse des Elektrons

2. Postulat von Bohr

Abgestrahlte bzw. absorbierte Energie beim Bahnsprung eines Elektrons:

$$\Delta W = W_2 - W_1; \qquad |\Delta W| = h f$$

$$f = R_{Z,\infty} \left| \frac{1}{n_2^2} - \frac{1}{n_1^2} \right|$$

Repetenz (Wellenzahl): $\sigma = \frac{1}{\lambda_0}$; $\sigma = R^*_{Z,\infty} \left| \frac{1}{n_2^2} - \frac{1}{n_1^2} \right|$

$$R^*_{Z,\infty} = \frac{R_{Z,\infty}}{c_0} = Z^2 R^*_\infty; \qquad R^*_\infty = 1{,}09737316 \cdot 10^7\ \text{m}^{-1}$$

W_2 bzw. W_1 Energie des Elektrons auf den Bahnen mit den Hauptquantenzahlen n_2 bzw. n_1
h Planck-Konstante
f Frequenz des abgestrahlten bzw. absorbierten Quants
$R_{Z,\infty}$ Rydbergfrequenz bei ruhendem Atomkern der Ordnungszahl Z
λ_0 Wellenlänge im Vakuum
$R^*_{Z,\infty}$ Rydbergkonstante für ruhenden Atomkern
c_0 Vakuumlichtgeschwindigkeit
R^*_∞ Rydbergkonstante für das H-Atom ($Z = 1$)

Spektralserien des H-Atoms:

$n_1 = 1$;	$n_2 = 2, 3, 4, \ldots$	Lyman-Serie
$n_1 = 2$;	$n_2 = 3, 4, 5, \ldots$	Balmer-Serie
$n_1 = 3$;	$n_2 = 4, 5, 6, \ldots$	Paschen-Serie
$n_1 = 4$;	$n_2 = 5, 6, 7, \ldots$	Brackett-Serie
$n_1 = 5$;	$n_2 = 6, 7, 8, \ldots$	Pfund-Serie

Ellipsenbahnen nach Sommerfeld

Große Halbachse a_n:

$$a_n = r_n = \frac{\varepsilon_0 h^2}{\pi e^2 m_{e,0}} \frac{1}{Z} n^2; \qquad n = 1, 2, 3, \ldots$$

Kleine Halbachse $b_{n,l}$:

$$b_{n,l} = r_1 (l + 1) n; \qquad l = 0, 1, 2, \ldots, (n - 1)$$

r_n Kreisbahnradius nach Bohr
ε_0 elektrische Feldkonstante
e Elementarladung
h Planck-Konstante, $m_{e,0}$ Elektronenmasse
Z Kernladungszahl, n Hauptquantenzahl
r_1 Radius der innersten Kreisbahn
l Bahndrehimpulsquantenzahl (Nebenquantenzahl)

Mechanische Drehimpulse des umlaufenden Elektrons

Betrag L_l des Bahndrehimpulses

nach Bohr-Sommerfeld: $L_l = l\hbar$; $\hbar = h/2\pi$

nach Schrödinger: $L_l = \sqrt{l(l+1)}\,\hbar$

z-Koordinate: $L_{l,z} = m\hbar$

l Bahndrehimpulsquantenzahl; $l = 0, 1, 2, \ldots, (n - 1)$
h Planck-Konstante

m Richtungsquantenzahl: $m = 0, \pm 1, \pm 2, \ldots, \pm l$
z-Richtung: Richtung der Feldstärke

Betrag L_s des Elektronenspins (Eigendrehimpuls)

nach Schrödinger: $L_s = \sqrt{|s|(|s|+1)} \cdot \hbar$; $s = \pm\frac{1}{2}$

z-Koordinate: $L_{s,z} = s\hbar$

s Spinquantenzahl

Magnetische Momente des Elektrons [1])

Einheit: 1 A m^2

Betrag m_l des magnetischen Bahnmomentes:

$$m_l = (L_l/\hbar)\,\mu_B$$

z-Koordinate: $m_{l,z} = (L_{l,z}/\hbar)\,\mu_B$

$$\mu_B = \frac{e\hbar}{2\,m_{e,0}} = 9{,}27402 \cdot 10^{-24}\ \text{A m}^2; \quad \hbar = h/2\pi$$

L_l bzw. $L_{l,z}$ Betrag bzw. z-Koordinate des Bahndrehimpulses
μ_B Bohrsches Magneton
e Elementarladung, $m_{e,0}$ Elektronenruhemasse

[1]) Identisch mit dem Ampereschen magnetischen Moment $\vec{m}$ von Seite 81.

Betrag m_s des magnetischen Spinmomentes:

$$m_s = L_s \, \mu_B$$

z-Koordinate: $$m_{s,z} = L_{s,z} \, \mu_B$$

L_s bzw. $L_{s,z}$ Betrag bzw. z-Koordinate des Elektronenspins
μ_B Bohrsches Magneton

Wellenmechanisches Atommodell (Schrödinger-Atommodell)
Speziell Schrödinger-Gleichung für reelle radialsymmetrische Eigenfunktionen $\psi_n(r)$ für das Elektron des H-Atoms:

$$\frac{d^2\psi}{dr^2} + \frac{2}{r}\frac{d\psi}{dr} + \frac{2\,m_{e,0}}{\hbar^2}\left(W + \frac{e^2}{4\pi\,\varepsilon_0\,r}\right)\psi = 0$$

r Abstand vom Kernmittelpunkt
W Gesamtenergie, e Elementarladung
$m_{e,0}$ Elektronenruhemasse
ε_0 elektrische Feldkonstante

Normierte Eigenfunktionen $\psi_n(r)$:

1 s-Zustand: $$\psi_1(r) = \frac{1}{\sqrt{\pi\, r_B^3}} \cdot e^{-\varrho}; \qquad \varrho = \frac{r}{r_B}$$

$r_B = 5{,}291772 \cdot 10^{-11}$ m (*Bohrscher Radius*)

2 s-Zustand: $$\psi_2(r) = \frac{1}{2\sqrt{2\pi\, r_B^3}}\left(1 - \frac{\varrho}{2}\right) \cdot e^{-\varrho/2}$$

3 s-Zustand: $$\psi_3(r) = \frac{1}{3\sqrt{3\pi\, r_B^3}}\left(1 - \frac{2}{3}\varrho + \frac{2}{27}\varrho^2\right) \cdot e^{-\varrho/3}$$

Aufenthaltswahrscheinlichkeit $\Delta\mathcal{W}_n$ für das Elektron in der Kugelschale mit den Radien r bis $r + \Delta r$:

$$\Delta\mathcal{W}_n = \psi_n^2(r)\, 4\pi\, r^2 \cdot \Delta r$$

$\psi_n(r)$ Eigenfunktionen mit der Hauptquantenzahl n
r Abstand vom Kernmittelpunkt

7.3.2 Schalenaufbau für Mehrelektronensysteme

Schalenbezeichnung und Besetzung (Elektronenkonfiguration)

Hauptquantenzahl n	1	2	3	4	5	6	7
Schale	K	L	M	N	O	P	Q

Maximale Besetzungszahl N_{max}:

$$N_{max} = 2\,n^2$$

Unterschalen:

Nebenquantenzahl l	0	1	2	3
Unterschale	s	p	d	f

Maximale Besetzungszahl N_{max}:

$$N_{max} = 2\,(2\,l + 1)$$

Pauli-Prinzip
Die Elektronen in einer Atomhülle müssen sich mindestens in einer der vier Quantenzahlen n, l, m, s unterscheiden.

Periodensystem der Elemente (PSE) und Schalenbesetzung: siehe Tabellenanhang

Beispiel: 14 Si (Ne) 3 s^2 3 p^2 Schale M: $n = 3$
2 Elektronen auf Unterschale s; 2 Elektronen auf Unterschale p

7.3.3 Röntgenstrahlung

Bremsstrahlung

Vakuumgrenzwellenlänge $\lambda_{0,\,min}$:

$$\lambda_{0,\,min} = \frac{c_0 \cdot h}{e \cdot U_b} = 1{,}23984\ \text{nm} \cdot \frac{\text{kV}}{U_b}; \qquad \lambda_{0,\,min} \leq \lambda_0 < \infty$$

U_b Beschleunigungsspannung der Elektronen
e Elementarladung, h Planck-Konstante
c_0 Lichtgeschwindigkeit im Vakuum

Charakteristische Strahlung eines Elements (Emission und Absorption)
Frequenz der K_α-Linie (Elektronensprung zwischen den Bahnen $n = 2$ und $n = 1$):

$$f_{K,\,\alpha} = R_\infty\,(Z-1)^2 \cdot \tfrac{3}{4}; \qquad Z > 1 \quad \textit{(Gesetz von Moseley)}$$

Frequenz der L_α-Linie (Elektronensprung zwischen den Bahnen $n = 3$ und $n = 2$):

$$f_{L,\,\alpha} = R_\infty\,(Z-7{,}4)^2 \cdot \tfrac{5}{36}; \qquad Z > 10$$

R_∞ Rydbergfrequenz (siehe S. 118)
Z Kernladungszahl des Elements

7.4 Aufbau und Umwandlung des Atomkerns

7.4.1 Charakteristische Größen des Nuklids

Ein Nuklid ist eine Atomart, die durch die Angabe der Nukleonenzahl A und der Kernladungszahl Z gekennzeichnet ist. Alle Massen sind Ruhemassen.

Nukleonenzahl A des Nuklids $^A_Z\mathrm{X}$

$$A = N + Z$$

N Anzahl der Neutronen im Kern
Z Anzahl der Protonen im Kern = Anzahl der Elektronen in der Hülle (Kernladungszahl, Ordnungszahl im PSE)

Speziell isobare Nuklide:	A = konstant
Speziell isotone Nuklide:	N = konstant
Speziell isotope Nuklide:	Z = konstant
Speziell idiaphere Nuklide:	$N - Z$ = konstant

Masse m_A eines Atoms des Nuklids $^A_Z\mathrm{X}$

$$m_A = A_r\,u$$

$$u = \tfrac{1}{12}\,m_A\,(^{12}_{6}\mathrm{C}) = 1{,}66054 \cdot 10^{-27}\ \text{kg}$$

Näherungswert: $m_A \approx A \cdot u \approx A \cdot 1{,}66 \cdot 10^{-27}$ kg

A_r relative Atommasse (Tab. 45)
u atomare Masseneinheit

A Nukleonenzahl

Mittlere Masse m_A (X) der Atome des Elementes X

$$m_A(\mathrm{X}) = A_r(\mathrm{X}) \cdot u$$

$$A_r(\mathrm{X}) = p_1\,A_r(^{A_1}_{Z}\mathrm{X}) + p_2\,A_r(^{A_2}_{Z}\mathrm{X}) + \ldots$$

$$(p_1 + p_2 + \ldots = 1)$$

$A_r(\mathrm{X})$ mittlere relative Atommasse (PSE)
u atomare Masseneinheit
p_i bzw. $A_r(^{A_i}_{Z}\mathrm{X})$ relative Häufigkeit bzw. relative Atommasse des Nuklids $^{A_i}_{Z}\mathrm{X}$ im Element X

Masse m_K eines Atomkerns des Nuklids $^A_Z\mathrm{X}$

$$m_K = m_A - Z \cdot m_{e,\,0}$$

m_A Atommasse, $m_{e,\,0}$ Elektronenruhemasse
Z Kernladungszahl

Massendefekt Δm_K eines Atomkerns des Nuklids $^A_Z X$

$$\Delta m_K = Z\, m_{p,0} + N\, m_{n,0} - m_K$$

$$\Delta m_K = Z\, m_A\,(^1_1H) + (A - Z)\, m_{n,0} - m_A$$

$$\Delta m_K = [Z \cdot 1{,}0072765 + (A - Z) \cdot 1{,}0086649 - A_r]\, u$$

Relativer Massendefekt: $\Delta A_r = \dfrac{\Delta m_K}{u}$

$m_{p,0} = 1{,}67262 \cdot 10^{-27}$ kg Protonenruhemasse
$m_{n,0} = 1{,}67493 \cdot 10^{-27}$ kg Neutronenruhemasse
Z Kernladungszahl, $N = A - Z$ Neutronenzahl
A Nukleonenzahl, m_K Kernmasse
m_A Atommasse
$m_A\,(^1_1H)$ Masse des Wasserstoffatoms
A_r relative Masse eines Atoms des Nuklids $^A_Z X$ (Tab. 45)
u atomare Masseneinheit

Bindungsenergie W_B eines Atomkerns des Nuklids $^A_Z X$

$$W_B = -\Delta m_K\, c_0^2$$

$$W_B = -931{,}49 \text{ MeV} \cdot \Delta A_r$$

Δm_K Massendefekt
c_0 Vakuumlichtgeschwindigkeit
ΔA_r relativer Massendefekt

Weizsäcker-Formel für die Bindungsenergie:

$$W_B = -\left[15{,}85\, A - 18{,}34\, A^{2/3} - 0{,}71\, \frac{Z^2}{A^{1/3}} - 23{,}22\, \frac{(A - 2Z)^2}{A} + \delta\, \frac{33{,}4}{A^{3/4}}\right] \text{MeV}$$

$$\delta = \begin{cases} +1 & \text{für (g, g)-Kerne} \\ 0 & \text{für (g, u)- bzw. (u, g)-Kerne} \\ -1 & \text{für (u, u)-Kerne} \end{cases}$$

A Nukleonenzahl, Z Kernladungszahl
g gerade Protonen- bzw. Neutronenzahl im Kern
u ungerade Protonen- bzw. Neutronenzahl im Kern

Ungefährer Radius r_K eines Atomkerns

$$r_K = r_0 \sqrt[3]{A}$$

$$r_0 = 1{,}42 \cdot 10^{-15} \text{ m} = 1{,}42 \text{ fm}$$

A Nukleonenzahl

7.4.2 Radioaktivität

Verschiebungsregeln von Soddy und Fajans

($^A_Z X_K$ Kern des Nuklids $^A_Z X$; $^A_Z Y^*$ bzw. $^A_Z Y^m$ angeregter bzw. isomerer Zustand des Folgenuklids $^A_Z Y$)

Atom:

α-Prozeß:	$^A_Z X \rightarrow {}^{A-4}_{Z-2} Y + {}^4_2 He$	(α-Strahlung)
β⁻-Prozeß:	$^A_Z X \rightarrow {}_{Z+1}^{\;\;A} Y + {}^{\;\;0}_{-1} e$	(β⁻-Strahlung)
β⁺-Prozeß:	$^A_Z X \rightarrow {}_{Z-1}^{\;\;A} Y + {}^{\;\;0}_{+1} e$	(β⁺-Strahlung)
γ-Übergang:	$^A_Z Y^* \rightarrow {}^A_Z Y + \gamma$ $^A_Z Y^m \rightarrow {}^A_Z Y + \gamma$	(γ-Strahlung)

Kern:

α-Prozeß:	$^A_Z X_K \rightarrow {}^{A-4}_{Z-2} Y_K + {}^4_2 \alpha$
β⁻-Prozeß:	$^A_Z X_K \rightarrow {}_{Z+1}^{\;\;A} Y_K + {}^{\;\;0}_{-1} \beta^-$
β⁺-Prozeß:	$^A_Z X_K \rightarrow {}_{Z-1}^{\;\;A} Y_K + {}^{\;\;0}_{+1} \beta^+$
γ-Übergang:	$^A_Z Y^*_K \rightarrow {}^A_Z Y_K + \gamma$ $^A_Z Y^m_K \rightarrow {}^A_Z Y_K + \gamma$

Umwandlungskonstante (Zerfallskonstante) λ

Einheit: $1\ s^{-1}$

$$\lambda = \ln 2 / T_{1/2} = 1/\tau; \qquad \ln 2 = 0{,}693$$

$T_{1/2}$ Halbwertszeit, τ mittlere Lebensdauer

Halbwertszeit $T_{1/2}$, mittlere Lebensdauer τ

Einheit: 1 s

$$T_{1/2} = \ln 2/\lambda = \tau \cdot \ln 2; \quad \tau = 1/\lambda = T_{1/2}/\ln 2$$

λ Umwandlungskonstante

Anzahl $N(t)$ der Atome eines genetisch unabhängigen Radionuklids zur Zeit t in einer Stoffmenge

$$N(t) = \frac{m(t)}{m_A} = \frac{m(t)}{A_r\, u}$$

$$N(t) = N_0\, e^{-\lambda t} = N_0\, 2^{-t/T_{1/2}}$$

$m(t)$ Masse der Radionuklidmenge zur Zeit t
m_A bzw. A_r Masse bzw. relative Atommasse eines Atoms
N_0 Anzahl der Atome zur Zeit $t = 0$
λ Umwandlungskonstante, $T_{1/2}$ Halbwertszeit

Umwandlungsrate dN/dt

$$\frac{dN}{dt} = -\lambda\, N(t)$$

$N(t)$ Anzahl der Atome eines genetisch unabhängigen Radionuklids zur Zeit t
dN Abnahme von N in der Zeit dt
λ Umwandlungskonstante

Aktivität $\mathcal{A}$

Einheit: $1\ s^{-1} = 1$ Becquerel Bq
1 Curie Ci = $3{,}7 \cdot 10^{10}$ Bq

$$\mathcal{A} = \lambda\, N(t) = -\frac{dN}{dt}$$

$$\mathcal{A} = \mathcal{A}_0\, e^{-\lambda t} = \mathcal{A}_0\, 2^{-t/T_{1/2}}; \qquad \mathcal{A}_0 = \lambda\, N_0$$

$N(t)$ Anzahl der Atome der Radionuklidmenge zur Zeit t
$\mathcal{A}_0$ Aktivität zur Zeit $t = 0$

Spezifische Aktivität $\mathfrak{a}$ eines Radionuklids

Einheit: 1 Bq/kg
1 Ci/kg = $3{,}7 \cdot 10^{10}$ Bq/kg

$$\mathfrak{a} = \frac{\mathcal{A}}{m} = \frac{\lambda}{A_r\, u}$$

$\mathcal{A}$ Aktivität der Atome mit der Masse m des Radionuklids
λ Umwandlungskonstante, A_r relative Atommasse,
u atomare Masseneinheit

Nuklidspezifische Aktivität $\mathfrak{a}_s$ einer Stoffmenge

$$\mathfrak{a}_s = \frac{\mathcal{A}}{m_{ges}} = \mathfrak{a}\, p; \qquad p = \frac{m}{m_{ges}}$$

$\mathfrak{a}$ spezifische Aktivität des Radionuklids der Radionuklidmenge der Aktivität $\mathcal{A}$
p bzw. m relativer Massenanteil bzw. Masse der radioaktiven Atome in der Stoffmenge mit der Gesamtmasse m_{ges}

Quellstärke (Emissionsrate) Q

Einheit: $1\ s^{-1}$

$$Q = k\, \mathcal{A}$$

k Anzahl der Teilchen oder Photonen pro Umwandlung
$\mathcal{A}$ Aktivität

Teilchenfluenz ϕ

Einheit: $1\ m^{-2}$

$$\phi = \frac{\Delta N}{\Delta A}$$

ΔN Anzahl der Teilchen oder Photonen, die senkrecht durch die Fläche ΔA hindurchtreten (in einer gewissen Zeit)

Teilchenflußdichte φ

Einheit: $1\ m^{-2}\ s^{-1}$

$$\varphi = \frac{\Delta \phi}{\Delta t} = \frac{\Delta(\Delta N)}{\Delta A\, \Delta t}$$

$\Delta(\Delta N)$ Anzahl der Teilchen oder Photonen, die sich in der Zeit Δt senkrecht durch die Fläche ΔA bewegen

Energiefluenz Ψ

Einheit: $1\ J/m^2$

$$\Psi = \frac{\Delta W}{\Delta A}$$

ΔW Energie der Teilchen oder Photonen, die senkrecht durch die Fläche ΔA hindurchtritt

Speziell Teilchen mit der gleichen Energie W_0: $\Psi = W_0\, \phi$

ϕ Teilchenfluenz

Energieflußdichte $\dot{\Psi}$

Einheit: $1\ W/m^2$

$$\dot{\Psi} = \frac{\Delta \Psi}{\Delta t} = \frac{\Delta(\Delta W)}{\Delta A\, \Delta t}$$

$\Delta(\Delta W)$ Energie der Teilchen oder Photonen, die in der Zeit Δt senkrecht durch die Fläche ΔA gelangt

Speziell Teilchen mit der gleichen Energie W_0: $\dot{\Psi} = W_0\, \varphi$

φ Teilchenflußdichte

7.4.3 Radioaktive Gleichgewichte

Mutter-Tochter-Gleichgewichte

Speziell laufendes Gleichgewicht: $\lambda_M < \lambda_T$

$$\mathcal{A}_T(t) = \frac{\lambda_T}{\lambda_T - \lambda_M} \mathcal{A}_M(t)$$

$$\mathcal{A}_{ges}(t) = \mathcal{A}_T + \mathcal{A}_M = \frac{2\,\lambda_T - \lambda_M}{\lambda_T - \lambda_M} \mathcal{A}_M$$

$\mathcal{A}_T$ Aktivität der Tochtersubstanz
$\mathcal{A}_M$ Aktivität der Muttersubstanz
λ_T Umwandlungskonstante des Tochternuklids
λ_M Umwandlungskonstante des Mutternuklids
$\mathcal{A}_{ges}$ Gesamtaktivität von Mutter- und Tochtersubstanz

Speziell Dauergleichgewicht: $\lambda_M \ll \lambda_T$

$$\mathcal{A}_T = \mathcal{A}_M; \qquad \mathcal{A}_{ges} = 2\,\mathcal{A}_M$$

$$N_T(t) : N_M(t) = \lambda_M : \lambda_T = T_{1/2,\,T} : T_{1/2,\,M}$$

$T_{1/2,\,T}$ Halbwertszeit des Tochternuklids
$T_{1/2,\,M}$ Halbwertszeit des Mutternuklids
$N_T(t)$ Anzahl der nicht umgewandelten Atome des Tochternuklids
$N_M(t)$ Anzahl der nicht umgewandelten Atome des Mutternuklids

Radioaktive Umwandlungsreihen (Tab. 46)

Speziell laufendes Gleichgewicht: $\lambda_M < \lambda_{T_1}, \lambda_{T_2}, \ldots$:

$\mathcal{A}_{ges}$ nimmt mit λ_M ab.

λ_M Umwandlungskonstante des Mutternuklids

Speziell Dauergleichgewicht: $\lambda_M \ll \lambda_{T_1}, \lambda_{T_2}, \ldots$:

$$N_M : N_1 : N_2 : \ldots = T_{1/2,\,M} : T_{1/2,\,1} : T_{1/2,\,2} : \ldots$$

$$\mathcal{A}_M = \mathcal{A}_1 = \mathcal{A}_2 = \ldots$$

$\lambda_{T,\,1}, \lambda_{T,\,2}, \ldots$ Umwandlungskonstanten der Folgenuklide
$N_1, N_2, \ldots$ Anzahl der Atome der Folgenuklide
$\mathcal{A}_1, \mathcal{A}_2, \ldots$ Aktivitäten der Folgenuklide
$T_{1/2,\,1}, T_{1/2,\,2}, \ldots$ Halbwertszeiten der Folgenuklide

7.4.4 Erzwungene Nuklidumwandlungen

Mögliche Umwandlungen eines Nuklids $^A_Z X$:

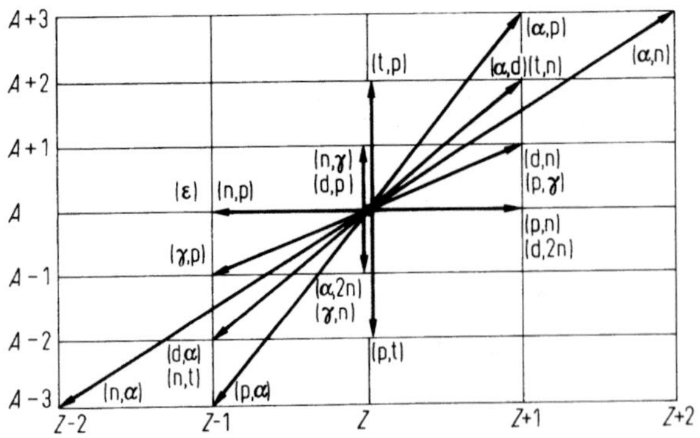

Umwandlungsspinne

Abkürzungen:

n: Neutron; p: Proton; α: α-Teilchen
γ: γ-Quant (Photon)
d: Deuteron (Kern des schweren Wasserstoffatoms H 2)
t: Triton (Kern des überschweren Wasserstoffatoms H 3)
ε: Elektroneneinfang, meistens aus der K-Schale

Schreibweise:
X + a → Y + b bzw. X (a, b) Y

X Ausgangs-, Y Folgenuklid
a Geschoßteilchen oder Photon
b abgestrahltes Teilchen oder Photon

7.5 Wechselwirkung ionisierender Strahlung mit Materie

7.5.1 Grundgrößen

Totaler atomarer (mikroskopischer) Wirkungsquerschnitt σ_T *Einheit*: 1 m^2

1 barn = 10^{-28} m^2

$$\sigma_T = \frac{\Delta N_W}{N\,\Delta t}\frac{1}{\varphi}$$

$$N = n\,V = n\,A\,d$$

$$n = \frac{\varrho}{m_A}$$

ΔN_W Anzahl der Wechselwirkungen in der Zeit Δt im Volumen V, A Fläche, d Schichtdicke, N Anzahl der Targetatome in V
φ Teilchenflußdichte der einfallenden Strahlung
n Anzahl der Targetatome pro Volumeinheit
ϱ Dichte des Stoffes in V, m_A Masse eines Atoms

Schwächungskoeffizient[1] μ (makroskopischer Wirkungsquerschnitt Σ) *Einheit*: 1 m^{-1}

$$\mu = \Sigma = n\,\sigma_T = \frac{\Delta N_W}{V\,\Delta t}\frac{1}{\varphi}$$

σ_T totaler atomarer Wirkungsquerschnitt

Massenschwächungskoeffizient μ^* *Einheit*: 1 m^2/kg

$$\mu^* = \frac{\mu}{\varrho}$$

μ Schwächungskoeffizient
ϱ Dichte des Stoffes

Massenschichtdicke (flächenbezogene Masse) d^* *Einheit*: 1 kg/m^2 (1 kg/m^2 = 10^2 mg/cm^2)

$$d^* = d\,\varrho = \frac{m}{A}$$

ϱ Dichte des Schichtmaterials
m Masse des Materials im durchstrahlten Volumen mit der Schichtdicke d in Strahlrichtung und der Querschnittsfläche A

7.5.2 Wechselwirkung von Röntgen- und γ-Strahlung

γ-Energien von Radionukliden siehe Tab. 45

Schwächungsgesetz
für Strahlenbüschel kleiner Öffnungswinkel

$$\varphi(d) = \varphi_0\,e^{-\mu d}$$

$$\varphi(d^*) = \varphi_0\,e^{-\mu^* d^*}; \qquad d^* = d\,\varrho; \qquad \mu^* = \mu/\varrho$$

$$\mu = n \cdot \sigma_T = \mu_\tau + \mu_\sigma + \mu_\varkappa$$

Halbwertsschichtdicke $d_{1/2}$: $\quad d_{1/2} = \frac{\ln 2}{\mu}$

Zehntelwertsschichtdicke $d_{1/10}$: $\quad d_{1/10} = \frac{\ln 10}{\mu}$

φ_0 Teilchenflußdichte der ankommenden Strahlung
$\varphi(d)$ bzw. $\varphi(d^*)$ Teilchenflußdichte der Strahlung nach Durchlaufen der Schichtdicke d bzw. der Massenschichtdicke d^*
μ Schwächungskoeffizient (Tab. 42)
μ^* Massenschwächungskoeffizient
ϱ Dichte des Absorbermaterials
n Anzahl der Targetatome pro Volumeinheit
σ_T totaler Wirkungsquerschnitt
μ_τ, μ_σ, bzw. $\mu_\varkappa$, Schwächungskoeffizient des Photo-, Compton- bzw. Paarbildungseffekts (S. 116)

Schwächungsgesetz für breite Bündel

$$\varphi(d) = B\,\varphi_0\,e^{-\mu d}$$

$$B \approx 1 + \mu d$$

φ_0 Teilchenflußdichte der ankommenden Strahlung
$\varphi(d)$ Teilchenflußdichte nach Durchlaufen der Schichtdicke d
μ Schwächungskoeffizient
B Aufbaufaktor (Zuwachsfaktor) des Absorbermaterials

[1]) Auch linearer Absorptionskoeffizient genannt.

7.5.3 Wechselwirkung von α-Teilchen

α-Energien von Radionukliden — siehe Tab. 45

Reichweite R in einem Absorber

$$R = 3{,}4 \cdot 10^{-4}\,\frac{\text{g}}{\text{cm}^3} \cdot \frac{\sqrt{\bar{A}_\text{r}}}{\varrho} \cdot R_\text{L}; \qquad \bar{A}_\text{r} = \sum_\text{i} p_\text{i}\, A_{\text{r, i}}$$

$\bar{A}_\text{r}$ relative Atommasse des Absorbers
p_i relative Häufigkeit der Atome des Elements i mit der relativen Atommasse $A_{\text{r, i}}$ (PSE)
ϱ Dichte des Stoffes
R_L Reichweite in Normalluft

$$R_\text{L} = 0{,}32\ \text{cm} \cdot \left(\frac{W_\text{kin}}{\text{MeV}}\right)^{3/2}$$

W_kin Anfangsbewegungsenergie des Teilchens

Massenreichweite R^*
(für alle Zustände eines Stoffes konstant)

Einheit: 1 kg/m^2

$$R^* = R \cdot \varrho$$

R Reichweite im Absorber der Dichte ϱ

7.5.4 Wechselwirkung von Elektronen- und β^--Strahlung

β^--Maximalenergie W_max eines Radionuklides — siehe Tab. 45

Schwächungsgesetz für $d < R_\text{max}$

$$\varphi(d) \approx \varphi_0\, \text{e}^{-\mu d}$$

$$\varphi(d^*) \approx \varphi_0\, \text{e}^{-\mu^* d^*}; \qquad d^* = d\,\varrho$$

$$\mu^* = \mu/\varrho$$

$$\mu^* \approx \frac{22\ \text{cm}^2/\text{g}}{(W_\text{max}/\text{MeV})^{1{,}333}}$$

R_max maximale Reichweite in einem Absorber für β^--Strahlung mit der Maximalenergie W_max
φ_0 Teilchenflußdichte der ankommenden Strahlung
$\varphi(d)$ bzw. $\varphi(d^*)$ Teilchenflußdichte der Strahlung nach Durchlaufen der Schichtdicke d bzw. der Massendicke d^* (Einheit: 1 kg/m^2)
μ Schwächungskoeffizient
μ^* Massenschwächungskoeffizient
ϱ Dichte des Absorbermaterials

Maximale Massenreichweite R^*_max

Einheit: 1 kg/m^2

$$R^*_\text{max} = R_\text{max} \cdot \varrho$$

R_max maximale Reichweite im Absorber der Dichte ϱ

$$\frac{R^*_\text{max}}{\text{g/cm}^2} = -0{,}11 + \sqrt{0{,}0121 + \left(\frac{W_\text{max}}{1{,}92\ \text{MeV}}\right)^2}; \quad 0{,}01\ \text{MeV} < W_\text{max} < 2{,}5\ \text{MeV}$$

W_max Maximalenergie der Elektronen

$$W_\text{max} = 1{,}92\ \text{MeV}\sqrt{\left(\frac{R^*_\text{max}}{\text{g/cm}^2} + 0{,}11\right)^2 - 0{,}0121}$$

7.5.5 Wechselwirkung von Neutronen

Schwächungskoeffizient (makr. Wirkungsquerschnitt) Σ

Einheit: 1 m^{-1}

$$\Sigma = n\,\sigma_\text{T} = n\,(\sigma_\text{s} + \sigma_\text{e} + \sigma_\text{f})$$

$$\sigma_\text{a} = \sigma_\text{e} + \sigma_\text{f}$$

n Anzahl der Wechselwirkungsatome pro Volumeinheit
σ_T totaler atomarer Wirkungsquerschnitt
σ_s Streu-, σ_e Einfang-, σ_f Spalt- und σ_a Absorptionsquerschnitt

Schwächungsgesetz für Strahlenbüschel kleiner Öffnungswinkel

$$\varphi(d) = \varphi_0 \, e^{-d\Sigma}$$

φ_0 Dichte des auftreffenden Neutronenflusses
$\varphi(d)$ Neutronenflußdichte nach Durchlaufen der Schichtdicke d
Σ Schwächungskoeffizient des Schichtmaterials

Neutronenaktivierung (dünnes Target)
Aktivität $\mathcal{A}$ der aktivierten Atome:

$$\mathcal{A}(t) = \sigma_e \, \varphi_0 \, N_a \, (1 - e^{-\lambda t}) = \sigma_e \, \varphi_0 \, N_a \, (1 - 2^{-t/T_{1/2}})$$

$$N_a = \frac{p \cdot m_{ges}}{m_m} \cdot N_A$$

σ_e Neutroneneinfangsquerschnitt des zu aktivierenden Nuklids
φ_0 Dichte des auftreffenden Neutronenflusses
N_a Anzahl der zu aktivierenden Atome mit dem relativen Massenanteil p in der Stoffmenge der Masse m_{ges}
λ Umwandlungskonstante des aktivierten Nuklids
t Aktivierungszeit
N_A Avogadrokonstante, $T_{1/2}$ Halbwertszeit
m_m molare Masse des aktivierten Nuklids

7.5.6 Dosimetrie

Energiedosis D

$$D = \frac{\Delta W}{\Delta m} = \frac{1}{\varrho} \frac{\Delta W}{\Delta V}$$

Einheit: 1 Gray Gy = 1 J/kg
1 rad rd = 10^{-2} Gy
ΔW absorbierte Strahlungsenergie in der Stoffmenge mit der Masse Δm bzw. im Volumen ΔV
ϱ Dichte

Energiedosisrate(-leistung) $\dot{D}$

$$\dot{D} = \frac{\Delta D}{\Delta t}$$

Einheit: 1 Gy/s
1 rd/s = 10^{-2} Gy/s
ΔD Energiedosis in der Zeit Δt

Ionendosis J_L (luftbezogen)

$$J_L = \frac{\Delta Q}{\Delta m_L} = \frac{1}{\varrho_{L,n}} \frac{\Delta Q}{\Delta V_L}$$

Einheit: 1 C/kg
1 Röntgen R = 2,58 · 10^{-4} C/kg
ΔQ durch ionisierende Strahlung erzeugte Ladung eines Vorzeichens in Normalluft der Masse Δm_L bzw. des Volumens ΔV_L bei der Dichte $\varrho_{L,n}$

Ionendosisrate(-leistung) $\dot{J}_L$

$$\dot{J}_L = \frac{\Delta J_L}{\Delta t}$$

Einheit: 1 A/kg
1 R/h = 7,17 · 10^{-8} A/kg
ΔJ_L Ionendosis in der Zeit Δt

Zusammenhang zwischen Energiedosis D_B im Stoff B und Ionendosis J_L bei γ-Strahlung

$$D_B = 34 \text{ V} \cdot \frac{\mu_B^*}{\mu_L^*} \cdot J_L$$

Speziell organisches Gewebe: $D_{gew} = 37{,}2 \text{ V} \cdot J_L$

μ_B^* bzw. μ_L^* Massenschwächungskoeffizient des Stoffes B bzw. der Luft
J_L Ionendosis in Luft

Äquivalentdosis H

$$H = q\,D; \qquad q = Q \cdot N$$

Einheit: 1 Sievert Sv = 1 J/kg; 1 rem = 10^{-2} Sv
q Bewertungsfaktor (Tab. 44), D Energiedosis
Q Qualitätsfaktor
N Zahlenfaktor (äußere Strahlung: $N = 1$)

Äquivalentdosisrate(-leistung) $\dot{H}$

$$\dot{H} = \frac{\Delta H}{\Delta t}$$

$$\dot{H} = K_\gamma \cdot \frac{\mathcal{A}}{r^2}$$

Einheit: 1 Sv/s = 1 W/kg
1 rem/h = 2,78 µSv/s
ΔH Äquivalentdosis in der Zeit Δt
K_γ γ-Dosiskonstante (Tab. 43)
$\mathcal{A}$ Aktivität
r Abstand vom Strahler

7.6 Systeme freier Teilchen

Fermi-Dirac-Verteilungsfunktion $f_F(W)$
für Elementarteilchen mit halbzahligem Spin (Fermionen)

$$f_F(W) = \frac{1}{A(T)\,e^{\frac{W}{kT}} + 1}$$

W kinetische Energie eines Fermions
$A(T)$ temperaturabhängige Normierungskonstante

$$f_F(W) = (\Delta N_W / \Delta N_0)_F$$

ΔN_W Anzahl der von Teilchen besetzten Zustände von ΔN_0 nach dem Pauli-Prinzip möglichen Zuständen im Energieintervall W bis $W + \Delta W$

Speziell Elektronengas in Metallen:

$$A(T) = e^{-\frac{W_F}{kT}}$$

$$W_F = k\,T_F = \frac{h^2}{8\pi^2 m_e}(3\pi^2 n_e)^{2/3}$$

W_F maximale Energie, die irgend eines der Elektronen bei 0 K noch besitzt
T_F Fermitemperatur eines Metalls
m_e Elektronenmasse, h Planck-Konstante
n_e Elektronendichte (*Einheit*: 1 m^{-3})

Bose-Einstein-Verteilungsfunktion $f_B(W)$
für Elementarteilchen mit ganzzahligem Spin (Bosonen)

$$f_B(W) = \frac{1}{A(T)\,e^{\frac{W}{kT}} - 1}$$

$$f_B(W) = (\Delta N_W / \Delta N_0)_B$$

ΔN_W Anzahl der besetzten Zustände von ΔN_0 möglichen Zuständen zwischen W und $W + \Delta W$

8 Tabellen

Dezimale Vielfache und Teile von Einheiten

Y	Yotta-	10^{24}	G	Giga-	10^{9}	d	Dezi-	10^{-1}	p	Pico-	10^{-12}
Z	Zetta-	10^{21}	M	Mega-	10^{6}	c	Zenti-	10^{-2}	f	Femto-	10^{-15}
E	Exa-	10^{18}	k	Kilo-	10^{3}	m	Milli-	10^{-3}	a	Atto-	10^{-18}
P	Peta-	10^{15}	h	Hekto-	10^{2}	µ	Mikro-	10^{-6}	z	Zepto-	10^{-21}
T	Tera-	10^{12}	da	Deka-	10^{1}	n	Nano-	10^{-9}	y	Yocto-	10^{-24}

Tab. 1 Allgemeine Konstanten

Lichtgeschwindigkeit im Vakuum	$c_0 = 299\,792\,458$ m s^{-1} (*Definition*)
Magnetische Feldkonstante	$\mu_0 = 4\pi \cdot 10^{-7}$ H m^{-1} = 1,25663706 … $\cdot 10^{-6}$ H m^{-1} (*Definition*)
Elektrische Feldkonstante	ε_0 = 8,8541878 … $\cdot 10^{-12}$ F m^{-1}
Gravitationskonstante	$f = 6{,}6726 \cdot 10^{-11}$ m^3 kg^{-1} s^{-2}
Absoluter Nullpunkt der Temperatur	$\vartheta_0 = -273{,}15$ °C = 0 K (*Definition*)
Physikalischer Normdruck	p_n = 1013,25 hPa (*Definition*)
Universelle Gaskonstante	$R = 8{,}3145 \cdot 10^{3}$ JK^{-1} kmol^{-1}
Molares Normvolumen idealer Gase	$V_{m,n}$ = 22,414 m^3 kmol^{-1}
Avogadrokonstante	$N_A = 6{,}02214 \cdot 10^{26}$ kmol^{-1}
Boltzmannkonstante	$k = 1{,}3807 \cdot 10^{-23}$ JK^{-1}
Atomare Masseneinheit (Atommassenkonstante)	$u = 1{,}66054 \cdot 10^{-27}$ kg
Atomare Energieeinheit	$u\,c_0^2$ = 931,4944 MeV = $1{,}49242 \cdot 10^{-10}$ J
Faradaykonstante	$F = 9{,}64853 \cdot 10^{7}$ As kmol^{-1}
Planck-Konstante	$h = 6{,}62608 \cdot 10^{-34}$ Js = $4{,}13567 \cdot 10^{-15}$ eVs
Stefan-Boltzmann-Konstante	$\sigma = 5{,}6705 \cdot 10^{-8}$ W m^{-2} K^{-4}
Bohrsches Magneton	$\mu_B = 9{,}27402 \cdot 10^{-24}$ A m^2
Kernmagneton	$\mu_K = 5{,}05079 \cdot 10^{-27}$ A m^2

Tab. 2 Atome und Atombausteine

Elektron,	Ruhemasse	$m_{e,0} = 9{,}10939 \cdot 10^{-31}$ kg = $5{,}485799 \cdot 10^{-4}\,u$
	Ladung (Elementarladung)	$e = 1{,}602177 \cdot 10^{-19}$ As
	spezifische Ladung	$e/m_{e,0} = 1{,}758820 \cdot 10^{11}$ As kg^{-1}
	Radius (klassisch)	$r_e = 2{,}817941 \cdot 10^{-15}$ m
	Ruheenergie	$m_{e,0}\,c_0^2$ = 0,510999 MeV = $8{,}18711 \cdot 10^{-14}$ J
	magnetisches Moment	$\mu_e = 9{,}28477 \cdot 10^{-24}$ A m^2
	Compton-Wellenlänge	$\lambda_C = 2{,}426311 \cdot 10^{-12}$ m
Proton,	Ruhemasse	$m_{p,0} = 1{,}67262 \cdot 10^{-27}$ kg = $1{,}0072765\,u$
	Ruheenergie	$m_{p,0}\,c_0^2$ = 938,272 MeV = $1{,}503279 \cdot 10^{-10}$ J
	spezifische Ladung	$e/m_{p,0} = 9{,}57883 \cdot 10^{7}$ As kg^{-1}
	magnetisches Moment	$\mu_p = 1{,}410608 \cdot 10^{-26}$ A m^2
Neutron,	Ruhemasse	$m_{n,0} = 1{,}67493 \cdot 10^{-27}$ kg = $1{,}0086649\,u$
	Ruheenergie	$m_{n,0}\,c_0^2$ = 939,566 MeV = $1{,}505351 \cdot 10^{-10}$ J
	magnetisches Moment	$\mu_n = -9{,}66237 \cdot 10^{-27}$ A m^2
Deuteron,	Ruhemasse	$m_D = 3{,}34359 \cdot 10^{-27}$ kg = $2{,}0135532\,u$
α-Teilchen,	Ruhemasse	$m_\alpha = 6{,}6465 \cdot 10^{-27}$ kg = $4{,}00260\,u$
H 1-Atom,	Ruhemasse	$m_{H1} = 1{,}67356 \cdot 10^{-27}$ kg = $1{,}007825\,u$
	Bohrscher Radius	$r_B = 5{,}291772 \cdot 10^{-11}$ m
	Rydbergfrequenz	$R_\infty = 3{,}28984195 \cdot 10^{15}$ s^{-1}
	Rydbergkonstante	$R_\infty^* = 1{,}09737315 \cdot 10^{7}$ m^{-1}

J. Berber et al., *Physik in Formeln und Tabellen*

Tab. 3 Astronomische Daten

Erde	Mittlerer Radius	$r_E = 6{,}371 \cdot 10^6$ m
	Polradius	$r_{E,P} = 6{,}356912 \cdot 10^6$ m
	Normfallbeschleunigung	$g_{E,n} = 9{,}80665$ m/s²
Erdmond	Mittlerer Radius	$r_M = 1{,}738 \cdot 10^6$ m
	Masse	$m_M = 7{,}347 \cdot 10^{22}$ kg
	Umlaufszeit (siderisch)	$T_M = 2{,}36059 \cdot 10^6$ s
	Mittlere Entfernung Erde–Mond	$r_{E,M} = 3{,}847 \cdot 10^8$ m
	Mittlere Dichte	$\varrho_M = 3{,}342 \cdot 10^3$ kg/m³
	Fallbeschleunigung	$g_M = 1{,}6193$ m/s
	Fluchtgeschwindigkeit	$v_{F,M} = 2{,}4 \cdot 10^3$ m/s
Sonne	Mittlerer Radius	$r_S = 6{,}9635 \cdot 10^8$ m
	Mittlere Entfernung Erde–Sonne (astronomische Einheit AE)	$r_{E,S} = 1{,}496 \cdot 10^{11}$ m
	Masse	$m_S = 1{,}991 \cdot 10^{30}$ kg
	Mittlere Dichte	$\varrho_S = 1{,}409 \cdot 10^3$ kg/m³
	Fallbeschleunigung	$g_S = 2{,}737 \cdot 10^2$ m/s²
	Fluchtgeschwindigkeit	$v_{F,S} = 618 \cdot 10^3$ m/s
	Temperatur an der Oberfläche	$T_{S,O} = 5790$ K
	Temperatur im Sonnenkern	$T_{S,K} \approx 2 \cdot 10^7$ K
	Solarkonstante	$S = 1{,}395 \cdot 10^3$ J m^{-2} s^{-1} = 1,395 kW/m

Tab. 4 Planetendaten

Planet	Äquator-Radius in 10³ km	Masse in 10^{24} kg	Mittlere Dichte in kg/dm³	Fall-beschleunigung am Äquator in m/s²	Flucht-geschwindigkeit in km/s	Mittlere siderische Umlaufszeit	Albedo
Merkur	2,439	0,36	5,43	3,72	4,25	87,95 d	0,096
Venus	6,052	4,90	5,24	8,90	10,4	224,705 d	0,65
Erde	6,378	5,974	5,515	9,78	11,2	365,256 d	0,37
Mars	3,3972	0,66	3,94	3,72	5,02	686,973 d	0,15
Jupiter	71,492	1880	1,33	23,1	59,54	11,83 a	0,52
Saturn	60,268	568	0,70	9,0	35,5	29,5 a	0,47
Uranus	25,559	87	1,30	8,7	21,3	84,0 a	0,51
Neptun	24,791	102	1,76	11,0	23,7	164,8 a	0,41
Pluto	1,15	0,06	2,0	0,6	1,2	247,9 a	~ 0,3

Planet	Mittlerer Sonnenabstand in 10⁶ km	Erdabstand in 10⁶ km Min	Max	Bahnneigung zur Ekliptik	Siderische Rotations-periode	Zahl der Monde	Mittlere Bahn-geschwindigkeit in km/s
Merkur	57,9	79,3	219,9	7,1°	58,65 d	0	47,87
Venus	108,2	38,9	260,3	3,4°	243,0 d	0	35,02
Erde	149,6	–	–	–	23,93 h	1	29,79
Mars	227,9	55,4	399,4	1,85°	24,64 h	2	24,13
Jupiter	778,4	587,9	966,4	1,31°	9,81 h	63	13,1
Saturn	1426,7	1192,3	1657,5	2,48°	10,53 h	47	9,67
Uranus	2872	2589,5	3159,5	0,77°	17,2 d	27	6,84
Neptun	4498	4303,9	4688,4	1,77°	16,3 d	13	5,48
Pluto	5870	4275,5	7524,8	17,15°	6,39 d	3	4,75

Tab. 5 Fläche *A*, Volumen *V*, Schwerpunkt S, Flächenmoment 2. Grades *I* und Hauptträgheitsmoment *J*

Dreieck

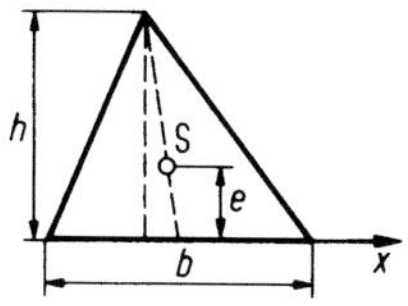

$A = \frac{1}{2} b h$

$e = \frac{1}{3} h$

$I_x = \frac{1}{12} b h^3$

Kreiszylinder

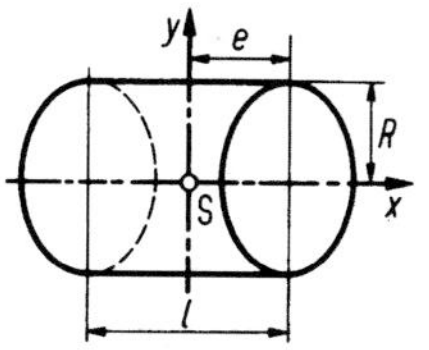

$V = \pi R^2 l$; $e = l/2$

$J_x = \frac{1}{2} m R^2$

$J_y = \frac{1}{12} m (l^2 + 3 R^2)$

Scheibe: $l \ll R$

Stab: $R \ll l$

Rechteck

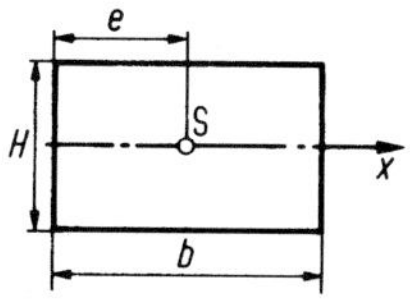

$A = b H$

$e = \frac{1}{2} b$

$I_x = \frac{1}{12} b H^3$

Kreishohlzylinder

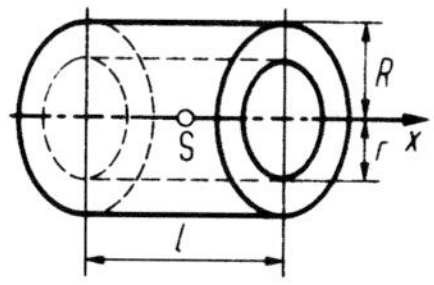

$V = \pi l (R^2 - r^2)$

$J_x = \frac{1}{2} m (R^2 + r^2)$

Dünnwandig: $R \approx r$

Trapez

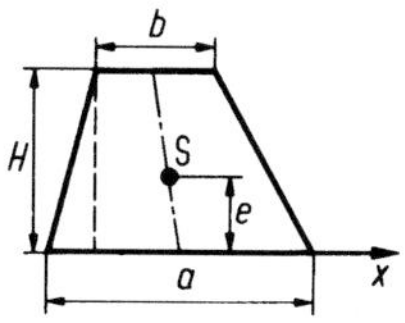

$A = \frac{1}{2} (a + b) H$

$e = \frac{1}{3} H \frac{a + 2b}{a + b}$

Kugel

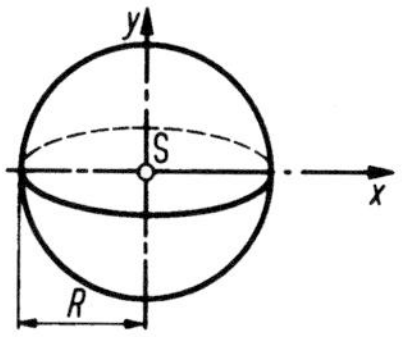

$V = \frac{4}{3} \pi R^3 = \frac{1}{6} \pi D^3$

$J_x = \frac{2}{5} m R^2$

Sechseck

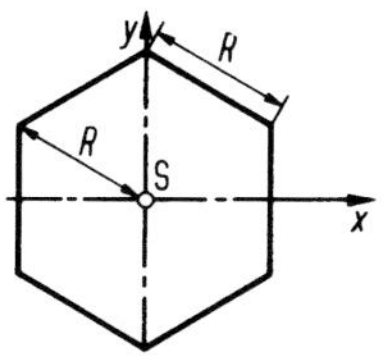

$A = \frac{3}{2} \sqrt{3} R^2$

$I_x = I_y = 0{,}541 R^4$

Kegel

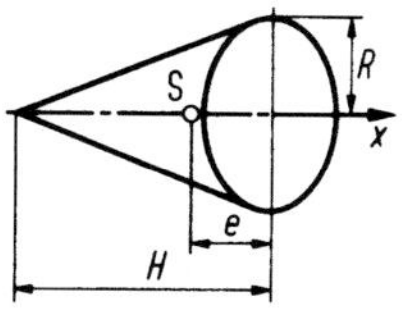

$V = \frac{1}{3} \pi R^2 H$

$e = \frac{1}{4} H$

$J_x = \frac{3}{10} m R^2$

Kreis

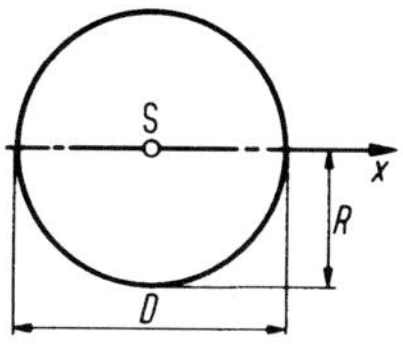

$A = \pi R^2 = \frac{1}{4} \pi D^2$

$I_x = \frac{1}{4} \pi R^4 = \frac{1}{64} \pi D^4$

Kegelstumpf

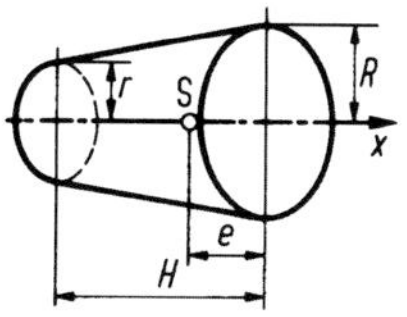

$V = \frac{1}{3} \pi H (R^2 + Rr + r^2)$

$e = \frac{R^2 + 2 Rr + 3 r^2}{R^2 + Rr + r^2} \cdot \frac{H}{4}$

$J_x = \frac{3}{10} m \frac{R^5 - r^5}{R^3 - r^3}$

Ellipse

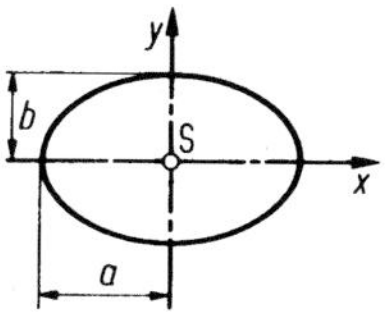

$A = \pi a b$

$I_x = \frac{1}{4} \pi a b^3$

$I_y = \frac{1}{4} \pi a^3 b$

Quader

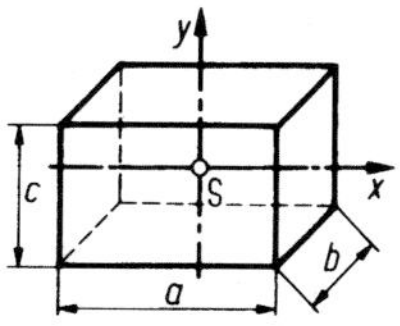

$V = a b c$

$J_x = \frac{1}{12} m (b^2 + c^2)$

$J_y = \frac{1}{12} m (a^2 + b^2)$

Platte: $a \ll b$

Quadr. Parabel

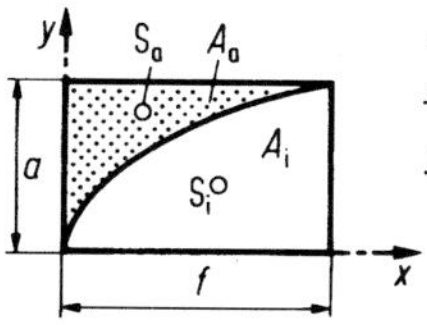

$A_i = \frac{2}{3} a f$; $A_a = \frac{1}{3} a f$

$x_{Si} = \frac{3}{5} f$; $x_{Sa} = \frac{3}{10} f$

$y_{Si} = \frac{3}{8} a$; $y_{Sa} = \frac{3}{4} a$

Kreisring

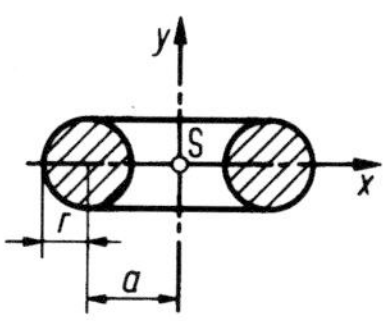

$V = 2 \pi^2 a r^2$

$J_y = \frac{1}{4} m (4 a^2 + 3 r^2)$

$J_x = \frac{1}{8} m (4 a^2 + 5 r^2)$

Tab. 6a Dichte ϱ in kg/dm³ fester Stoffe bei 20 °C (*Schüttdichte)

Aluminium (gewalzt)	2,7	Silber	10,40	Kalk (gebrannt)*	0,9 bis 1,2
Blei	11,34	Titan	4,5	Kies (trocken)*	1,9 bis 2,0
Bronze (gewöhnlich)	8,6	Uran	18,7	Sand (feucht)*	1,9 bis 2,1
Eisen	7,86	Wolfram	19,3	Sand (trocken)*	1,4 bis 1,6
Flußstahl	7,7 bis 7,86	Wolframstahl	9,0	Diamant	3,6
Gold	19,3	Zink (gewalzt)	7,15	Eis (0 °C)	0,92
Gußeisen	7,2 bis 7,6	Zinn (gegossen)	7,20	Kork	0,24
Konstantan	8,8	Platin	21,4	Kristallglas	2,9
Kupferdraht (hart)	8,96	Basalt	3,0	Quarzglas	2,2
Magnesium	1,74	Gips	2,3	Gummi	1,1
Messing	8,1 bis 8,6	Granit	2,5 bis 2,7	Balsaholz	0,08 bis 0,2
Natrium	0,97	Kalkstein	2,7	Buchenholz	0,6 bis 0,9
Nickeldraht (hart)	8,76	Gips*	1,6 bis 1,8		

Tab. 6b Dichte ϱ in kg/dm³ von Flüssigkeiten bei 20 °C

Ethanol	0,789	Petroleum	0,8 bis 0,82	Schwefelsäure (100%)	1,83
Benzin	0,70 bis 0,74	Quecksilber	13,55	Seewasser	1,02
Benzol	0,88	Salpetersäure (50%)	1,31	Spiritus	0,83
Diethylether	0,72	Salzsäure (25%)	1,1	Tetrachlorkohlenstoff	1,598
Dieselöl	0,85 bis 0,88	Salzsäure (40%)	1,195	Toluol	0,866
Glycerin	1,26	Schwefelkohlenstoff	1,26	Wasser (4 °C)	1,0000
Pentan	0,623	Schwefelsäure (50%)	1,40	Wasser (20 °C)	0,9982

Tab. 6c Dichte ϱ_n in kg/m³ von Gasen im Normzustand (S. 57)

Ammoniak	0,771	Kohlenmonoxid	1,250	Sauerstoff	1,429
Acethylen	1,171	Luft (trocken)	1,293	Schwefeldioxid	2,93
Chlor	3,23	Methan	0,717	Stadtgas	0,6
Helium	0,179	Ozon	2,22	Stickstoff	1,250
Kohlendioxid	1,977	Propan	2,0	Wasserstoff	0,090

Tab. 7 Elastizitätsmodul E in 10^{11} N/m², Kompressionsmodul K in 10^{11} N/m² und Poissonzahl μ fester Stoffe

Stoff	E	K	μ	Stoff	E	μ
Aluminium	0,73	0,72	0,34	Basalt	0,5 bis 1	
Blei	0,17	0,44	0,45	Beton	0,1 bis 0,4	0,17
Gußeisen	0,75	0,72	0,26	Granit	0,15 bis 0,7	
Kupfer	1,24	1,43	0,35	Kalkstein	0,25 bis 0,7	0,33
Magnesium	0,41	0,33	0,28	Marmor	0,42	0,30
Messing	1,03	1	0,35	Sandstein	0,04 bis 0,4	
Nickel	2,0	2	0,31	Ziegel	0,09	
Stahl (Cr/Ni)	2,1	1,6	0,3	Laborglas	0,65	0,25
Federstahl	2,2	0,53	0,29	Plexiglas	0,03	
Wolfram	3,55	3,3	0,29	Polystyrol	0,032	0,33
Uran	1,3		0,28	Porzellan	0,7	0,23
Zink	0,8	0,59	0,25	Quarzglas	0,6	0,20
Zinn	0,55	0,53	0,33	Gummi	0,005	

Tab. 8 Reibungszahlen μ' bzw. μ für Haft- bzw. Gleitreibung

Stoffpaar	Haftreibung trocken	Haftreibung naß bzw. geschmiert	Gleitreibung trocken	Gleitreibung naß bzw. geschmiert
Stahl auf Stahl	0,15	0,12 bis 0,11	0,09 bis 0,03	0,009
Stahl auf Holz	0,6 bis 0,5	0,1	0,5 bis 0,2	0,08 bis 0,02
Stahl auf Eis		0,027		0,014
Gummi auf Asphalt	0,9		0,85	0,45

Tab. 9 Rollreibungszahlen μ_R (bei üblichen Fahrzeugrädern)

Auto auf Asphalt	0,025	Stahlreifen auf Erde	0,05 bis 0,1
Auto auf Pflaster	0,04	Stahlreifen auf Pflaster	0,3
Eisenbahn	0,003	Stahlreifen auf Asphalt	0,02 bis 0,03

Tab. 10 Rollreibungslängen f in m

Stahl auf Stahl (Eisenbahn)	$5 \cdot 10^{-4}$	Gußeisen auf Gußeisen	$5 \cdot 10^{-5}$
Stahl auf Stahl (Kugellager)	$5 \cdot 10^{-6}$ bis 10^{-5}	Weichholz auf Weichholz	$1{,}5 \cdot 10^{-3}$

Tab. 11 Kompressionsmodul K von Flüssigkeiten in 10^8 N/m² bei 20 °C

Ethanol	8,55	Glycerin	45,1	Terpentin	12,4
Benzol	10,3	Pentan	4,04	Tetrachlorkohlenstoff	8,8
Diethylether	6,4	Quecksilber	257	Wasser	20

Tab. 12 Kapillaritätskonstante σ von Flüssigkeiten in 10^{-2} N/m gegen Luft bei 20 °C (Wasser siehe Tab. 14)

Ethanol	2,20	Glycerin	6,34	Quecksilber	46,5
Benzol	2,88	n-Pentan	1,37	Tetrachlorkohlenstoff	2,38

Tab. 13 Dynamische Viskosität η in 10^{-3} Pa s bei 20 °C (Wasser siehe Tab. 14)

Ethanol	1,20	Petroleum	1,46	Kohlendioxid	0,0147
Benzol	0,648	Quecksilber	1,554	Methan	0,0108
Diethylether	0,24	Schweres Wasser	1,26	Sauerstoff	0,0203
Glycerin	1480	Tetrachlorkohlenstoff	0,97	Stickstoff	0,0175
Methanol	0,587	Toluol	0,585	Wasserstoff	0,0088
Motoröl	20 bis 10^4	Ammoniak	0,0102	Luft	0,0171
Pech	$3 \cdot 10^{10}$	Helium	0,022		

Tab. 14 Eigenschaften von Wasser in Abhängigkeit von der Temperatur ϑ
σ Kapillaritätskonstante, η dynamische Viskosität, ϱ Dichte, p_s Dampfsättigungsdruck

ϑ in °C	0	10	20	30	40	50	60	70	80	90	100
ϱ in kg/dm³	0,99984	0,9997	0,9982	0,9957	0,9922	0,9881	0,9832	0,9778	0,9718	0,9653	0,9584
p_s in Pa	611	1228	2340	4244	7313	12332	19865	31197	47329	70127	101325
σ in 10^{-2} N/m	7,56	7,40	7,25	7,09	6,93	6,78	6,57	6,45	6,30	6,12	5,88
η in 10^{-3} Pa s	1,79	1,31	1,00	0,80	0,65	0,55	0,47	0,40	0,36	0,32	0,28

Tab. 15 Widerstandsbeiwerte (Richtwerte) c_W

			c_W
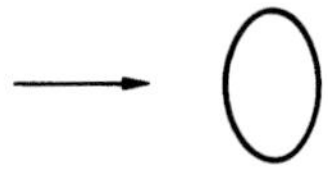	Kreisplatte	$Re < 2 \cdot 10^5$	1,11
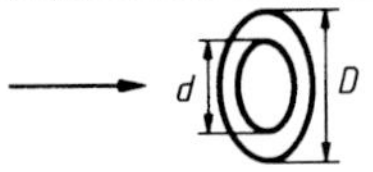	Kreisringplatte	$D:d=2$	1,22
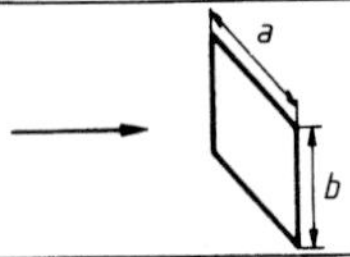	Rechteckplatte	$a:b=1$ $a:b=4$ $a:b=10$ $a:b=18$	1,10 1,19 1,29 1,40
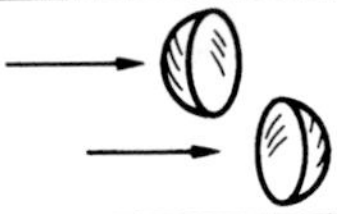	Halbkugel (ohne Boden)		0,34 1,33
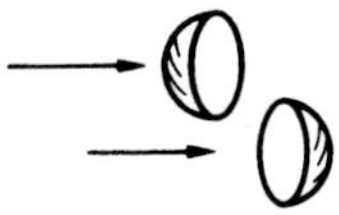	Halbkugel (mit Boden)		0,40 1,17
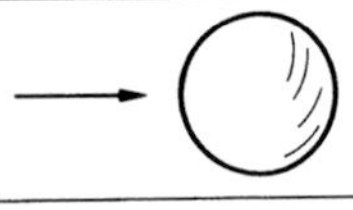	Kugel	$Re < 10^5$ $Re > 10^5$	0,47 0,13

			c_W
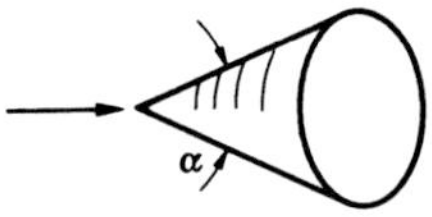	Kegel (mit Boden)	$\alpha=60°$ $\alpha=30°$	0,51 0,34
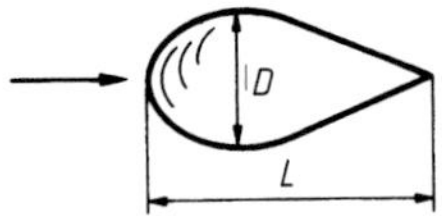	Stromlinienkörper	$Re \approx 10^5$ $L:D=2$ $L:D=5$ $L:D=10$ $L:D=20$	 0,2 0,06 0,083 0,094
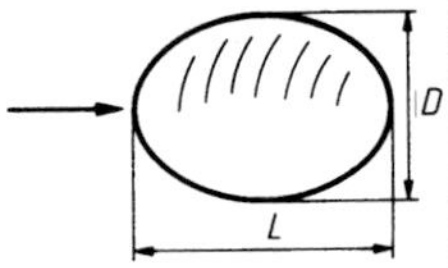	Ellipsoid $L:D=9:5$ $L:D=3:4$	 $Re > 10^5$ $Re < 4{,}5 \cdot 10^5$ $Re > 5{,}5 \cdot 10^5$	 0,1 0,6 0,2
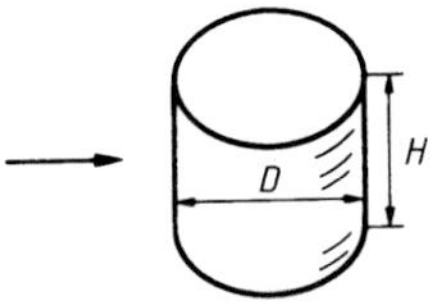	Zylinder	$Re \approx 8 \cdot 10^4$ $H:D=1$ $H:D=2$ $H:D=5$ $H:D=10$	 0,63 0,68 0,74 0,82

Tab. 16 Schallgeschwindigkeit c in m/s bei 20 °C

Luft	344	Kautschuk	50	Eis	4000
Kohlendioxid	278	Sand	200	Eichenholz	3400
Leuchtgas	453	Kork	540	Mauerwerk	3600
Petroleum	1451	Bleiplatte	700	Beton	4000
Quecksilber	1460	Bleistab	1250	Messingstab	3500
Wasser	1480	Blei	2400	Eisenstab	5170
Glycerin	1923	Glas	5200	Aluminium	5100

Tab. 17 Bewerteter Schallpegel $L_A = L + \Delta L$ in dB(A)

Frequenz in Hz	31,5	63	125	250	500	1000	2000	4000	8000	16000
ΔL in dB	−39,4	−26,2	−16,1	−8,6	−3,2	0	1,2	1	−1,1	−6,6

Tab. 18 Schallabsorptionsgrad α von Schallabsorbern

Frequenz in Hz	125	250	500	1000	2000	4000
Putz auf Mauerwerk	0,02	0,03	0,03	0,03	0,04	0,04
Mineralwolleputz 1 cm	0,07	0,09	0,27	0,52	0,74	0,76
Hochlochziegel 11,5 cm mit						
Mineralwolle in 6 cm Hohlraum	0,15	0,65	0,45	0,45	0,40	0,70
Bimsbeton	0,15	0,40	0,60	0,60	0,60	0,60
Vorhang glatt	0,05	0,10	0,25	0,30	0,40	0,50
Vorhang dick, faltig	0,25	0,30	0,40	0,50	0,60	0,70
Sperrholz 3 mm mit						
5 cm Abstand	0,25	0,34	0,18	0,10	0,10	0,06
2 cm Abstand	0,07		0,22		0,10	
0 cm Abstand	0,07		0,05		0,10	
Holztür	0,20	0,15	0,10	0,08	0,09	0,11
geschlossene Einfachfenster	0,10	0,04	0,03	0,02	0,02	0,02
Linoleum	0,02	0,02	0,03	0,03	0,04	0,04
Parkett aufgeklebt	0,04	0,04	0,06	0,12	0,10	0,15
Boucleteppich hart	0,02		0,05		0,18	
Velourteppich 5 mm	0,04	0,04	0,15	0,30	0,50	0,60
Holzgestühl	0,40	0,20	0,06	0,05	0,04	0,04
Stoffpolstergestühl	0,45	0,60	0,75	0,90	0,80	0,70
Fläche von Personen bei voller Besetzung	0,50	0,70	0,85	0,97	0,93	0,85

Tab. 19 Schallschluckung A' von Schallabsorbern in m²

Frequenz in Hz	125	250	500	1000	2000	4000
Holzklappstuhl	0,02	0,02	0,02	0,04	0,04	0,03
Stoffpolsterklappstuhl	0,15	0,30	0,30	0,40	0,40	0,40
Person auf Stuhl	0,15	0,30	0,45	0,45	0,45	0,45
Personen in großen und halligen Räumen	0,65	0,75	0,85	0,95	0,95	0,80

Tab. 20 Raumvolumen V und optimale Nachhallzeit T in s für 500 Hz

V in m³	Vortragssaal	Konzertsaal	Kirche	Frequenz in Hz	Nachhallzeitfaktor
200	0,7	1,0	1,3		
500	0,8	1,1	1,4	125	1,4
1000	0,9	1,2	1,5	250	1,15
2000	1,1	1,35	1,7	500	1
5000	1,2	1,5	1,9	1000	0,9
10000	1,4	1,8	2,2	2000	0,9
20000	1,7	2,1	2,6	4000	0,9

Tab. 21 Längenausdehnungskoeffizient α von festen Stoffen in $10^{-6} K^{-1}$ im Bereich von $-20\,°C$ bis $100\,°C$

Aluminium	23,8	Wolfram	4,5	Supremaxglas 56	3,7
Beryllium	13	Zink	26,3	Quarzglas	0,5
Blei	29,2	Zinn	27	Celluloid	100 bis 150
Bronze	17,5	Asphalt	170 bis 230	Pertinax	10 bis 30
Cadmium	29,4	Eis (0 °C)	37	Plexiglas	70 bis 100
Invar (Ni-Stahl)	0,9	Erde	≈2	Polyamid	100 bis 140
Konstantan	15	Granit	3 bis 8	Polyethylen	200
Kupfer	16,6	Graphit	7,9	Polystyrol	60 bis 100
Manganin	18	Holz, längs zur Faser	8	PVC	150 bis 200
Messing	18	Porzellan	3	Stahlbeton	10 bis 15
Natrium	71	Geräteglas 20	4,8	Gips	25
Silber	10,5	Duranglas 50	3,2	Kalkstein	7
Silicium	7,6	Suprax	3,9	Klinker	3
Stahl	9,5 bis 12	Normalglas 16	8,2	Mörtel, Putz	9
Titan	9	Thermometerglas	6,0	Zement	14
V2A-Stahl	16			Ziegel	5

Tab. 22 Volumenausdehnungskoeffizient γ von Flüssigkeiten in $10^{-4} K^{-1}$ bei $20\,°C$

Ethanol	11,2	Essigsäure	10,7	n-Pentan	16
Aceton	14,9	Glycerin	5,0	Quecksilber	1,818
Benzol	12,5	Heizöl	9 bis 10	Terpentinöl	9,7
Benzin	10,1 bis 10,6	n-Hexan	13,5	Tetrachlorkohlenstoff	12,3
Chloroform	12,8	Methanol	12	Toluol	11,1
Diethylether	16,2	Nitrobenzol	8,3	Wasser	1,8

Tab. 23 Sättigungsdruck p_S von Dämpfen in Pa bei $20\,°C$

Kohlendioxid	$5{,}73 \cdot 10^6$	Schwefelkohlenstoff	$3{,}996 \cdot 10^4$	Quecksilber	0,163
Freon 22 (CHF_2Cl)	$9{,}17 \cdot 10^5$	Trichlorethylen	$7{,}2 \cdot 10^4$	Ramsay-Fett	10^{-2} bis 10^{-3}
Freon 12 (CF_2Cl_2)	$5{,}67 \cdot 10^5$	Ethylalkohol	$5{,}87 \cdot 10^3$	Picein	4 bis $5 \cdot 10^{-2}$
Methylenchlorid	$4{,}61 \cdot 10^4$	Pumpenöl	>5	Hochvakuum-Siliconfett	$\approx 10^{-6}$

Tab. 24 Kritische Temperatur T_k und kritischer Druck p_k

	T_k/K	p_k/MPa		T_k/K	p_k/MPa		T_k/K	p_k/MPa
Ammoniak	405	11,3	Kohlendioxid	304	7,38	Sauerstoff	155	5,08
Argon	151	4,9	Kohlenmonoxid	133	3,50	Schwefeldioxid	431	7,88
Deuterium	38	1,67	Krypton	209	5,5	Schwefelwasserstoff	373	9,01
Chlor	417	7,7	Luft	132	3,78	Stickstoff	126	3,39
Diäthyläther	467	3,6	Methan	191	4,64	Wasserdampf	647	22,0
Helium	5	0,23	Propan	370	4,23	Wasserstoff	33	1,3

Tab. 25 Kalorimetrische Werte

c spez. Wärmekapazität; c_p spez. Wärmekapazität bei konstantem Druck; ϑ_s Erstarrungs- bzw. Schmelztemperatur, ϑ_b Siede- bzw. Kondensationstemperatur; q_s spez. Schmelz- bzw. Erstarrungswärme; q_b spez. Verdampfungs- bzw. Kondensationswärme; R_i individuelle Gaskonstante; λ Wärmeleitfähigkeit, $\varkappa$ Isentropenexponent

Feste Stoffe und Flüssigkeiten	c bei 20 °C in $10^3\,J\,kg^{-1}\,K^{-1}$	ϑ_s in °C	q_s in 10^3 J/kg	ϑ_b in °C	q_b in 10^6 J/kg	λ in W/(m K) bei 20 °C
Aluminium	0,91	660	397	2450	10,9	239
Blei	0,129	327,4	23	1750	8,6	34,8
Cadmium	0,231	320,9	56	765	0,89	93
Eisen (rein)	0,45	1535	277	2880	6,34	75
Gold (rein)	0,129	1063	64,5	2700	1,65	312
Graphit	0,836	3650		4350		160
Gußeisen	0,54	1150				50
Kupfer	0,383	1083	205	2590	4,79	395
Messing	0,381	920				112
Natrium	1,22	97,8	113	890	0,39	130
Platin (rein)	0,133	1769,3	111	4300	2,29	70,1
Silber	0,235	961	105	2200	2,35	428
Uran	0,115	1132	82,8	3900	1,73	25
Wolfram	0,134	3380	192	5500	4,35	177
Zinn	0,227	232	60	2960	2,45	65
Eis	2,09	0	333,7	–	–	2,2 (0 °C)
Ethanol	2,43	−114,5	108	78,3	0,84	0,130
Benzol	1,73	5,5	128	80,1	0,394	0,148
Diethylether	2,31	−116,3	101	34,5	0,384	0,130
Glycerin	2,39	− 18	201	290,5	0,882	0,285
n-Pentan	2,35	−129,7	116	36,1	0,36	0,116
Quecksilber	0,138	− 38,9	11,8	356,6	0,285	8,2
Seewasser	4,18	− 2,5				
Wasser, normal	4,18	0	333,7	100	2,256	0,6
Wasser, schwer	4,212	3,8	317,8	101,4	2,072	

Gase (Normdruck)	$\varkappa$ bei 20 °C	c_p bei 20 °C in $10^3\,J\,kg^{-1}\,K^{-1}$	ϑ_s in °C	q_s in 10^6 J/kg	ϑ_b in °C	q_b in 10^3 J/kg	R_i in $10^3\,J\,kg^{-1}\,K^{-1}$
Ammoniak	1,305	2,16	− 77,7	0,339	− 33,4	1370	0,488
Argon	1,648	0,523	−189,4		−185,9	163	0,2079
Deuterium		0,498	−254,4		−249,5	304	
Helium	1,63	5,23			−268,9	20,6	2,072
Kohlendioxid	1,293	0,837	− 56,6		− 78,5*)	136,8	0,1876
Krypton	1,69		−157,2		−153,4	108	
Luft	1,402	1,005			−191,4	192	0,2868
Methan	1,308	2,219	−182,5		−161,5	510	0,5180
Propan	1,13	1,595	−187,7		− 42,1	426	
Sauerstoff	1,398	0,918	−218,8	0,014	−183	213	0,2595
Stickstoff	1,401	1,038	−210	0,025	−195,8	198	0,296
Wasserstoff	1,41	14,32	−259,2	0,058	−252,8	454	4,121
Wasserdampf			—	—	100	2256	0,462

*) Sublimationstemperatur

Tab. 26 Baustoffkennwerte
Rohdichte ϱ; Rechenwert der Wärmeleitfähigkeit λ_R; Wasserdampf-Diffusionswiderstandszahl μ

	ϱ in kg/m³	λ_R in W/(m K)	μ
Wärmedämmender Putz	600	0,20	5/20
Kalkmörtel	1800	0,87	15/35
Zementmörtel, -estrich	2000	1,4	15/35
Gipsmörtel	1400	0,70	10
Normalbeton	2400	2,1	70/150
Gasbeton	400 bis 800	0,14 bis 0,23	5/10
Asbestzementplatten	2000	0,58	20/50
Gipskartonplatten	900	0,21	8
Vollklinker	2000	1,0	100
Ziegelmauerwerk	600 bis 2000	0,35 bis 1,0 [1])	5/10
Kalksandsteinmauerwerk	1000 bis 1400	0,50 bis 0,70 [1])	5/10
	1600 bis 2200	0,79 bis 1,3 [1])	15/25
Gasbetonmauerwerk	500 bis 800	0,22 bis 0,29 [1])	5/10
Polystyrol-Partikelschaum	≥30	0,025 bis 0,040	40/100
Polystyrol-Extruderschaum	≥25	0,025 bis 0,040	80/300
Polyurethan-Hartschaum	≥30	0,020 bis 0,035	30/100
Faserdämmstoffe	8 bis 500	0,035 bis 0,050	1
Holz (Fichte, Kiefer, Tanne)	600	0,14	40
Harte Holzfaserplatten	1000	0,17	70
Glas	2500	0,81	∞
Dachpappe	1200	0,17	15000/100000
PVC-Folie; 0,1 mm	–	–	20000/50000
Polyethylen-Folie; 0,1 mm	–	–	100000

[1]) −0,06 W/(mK) bei Verwendung von Leichtmauermörtel

Spezifische Wärmekapazität c in kJ/(kg K)

Anorganische Bau- und Dämmstoffe	1,0	Pflanzliche Fasern, Textilfasern	1,3
Holz und Holzwerkstoffe	2,1	Schaumkunststoffe, Kunststoffe	1,5

Wärmedehnungskoeffizient α in mm/(m K)

Aluminium	0,023	Leichtbetonsteine	0,010
Stahl	0,011	Kalksand-, Gasbetonsteine	0,008
Stahlbeton	0,010	Mauerziegel	0,006

Tab. 27 Wärmeübergangswiderstände $1/\alpha$ in m²K/W nach DIN 4108

An der Innenseite geschlossener Räume bei natürlicher Luftbewegung	
Wandflächen, Fenster	0,13
Fußböden und Decken bei Wärmebewegung von unten nach oben	0,13
von oben nach unten	0,17
An den Außenseiten bei einer mittleren Windegeschwindigkeit	0,04
in durchlüfteten Hohlräumen	0,08

Tab. 28 Wärmedurchlasswiderstand $1/\Lambda$ von Luftschichten

	Dicke s in cm	1	2	2,5	3	5	10	15
lotrecht	$1/\Lambda$ in m^2 K/W	0,14	0,16	0,17	0,17	0,18	0,17	0,16
waagrecht, Wärmestrom ↑		0,14	0,15	0,16	0,16	0,16	0,16	0,16
waagrecht, Wärmestrom ↓		0,15	0,18	0,19	0,20	0,21	0,21	0,21

Tab. 29 Emissionsgrad ε (Gesamtstrahlung) von Oberflächen bei der Temperatur ϑ
(ε_n senkrechte Abstrahlung, ε Abstrahlung in den Halbraum)

	ϑ	ε_n	ε		ϑ	ε_n	ε
Aluminium blank	100	0,04	0,05 bis 0,08	Kupfer oxidiert	20	0,78	0,7
Aluminiumbronze	100	0,2 bis 0,4	0,55	Lack schwarz	80	0,97	
Asbestpappe	20		0,88 bis 0,95	Messing blank	20		0,05
Beton	20		0,88	Platin poliert	100		0,05
Chrom poliert	150	0,06	0,07 bis 0,08	Ruß	20		0,95
Eisenblech verzinnt	20	0,06	0,08	Schamotte	20		0,88
Eisen gerostet	20	0,6	0,65	Silber blank	20	0,02	0,02
Emaille, Lacke	20	0,85 bis 0,95		Wasser		0,67	
Kupfer blank	20	0,03	0,04	Ziegel, Dachpappe	20	0,93	0,93

Tab. 30 Absorptionsgrad α von Baustoffen und Anstrichen

Temperatur der Strahlungsquelle	6000 K	1000 K	300 K	Temperatur der Strahlungsquelle	6000 K	1000 K	300 K
Aluminium poliert	0,30	0,14	0,07	Dachpappe, Schiefer	0,90	0,89	0,93
Aluminium eloxiert	0,16	0,37	0,80	Holz glatt	0,35	0,75	0,90
Aluminiumfarbe	0,20	0,30	0,42	Gipsputz	0,26	0,76	0,88
Asbestschiefer	0,80	0,92	0,96	Weißlack auf Holz	0,21	0,87	0,95
Beton	0,60	0,86	0,88				

Tab. 31 Sättigungsdruck (-dichte) p_s (ϱ_s) von Wasserdampf in Abhängigkeit von der Temperatur ϑ

ϑ in °C	−20	−19	−18	−17	−16	−15	−14	−13	−12	−11	−10
p_s in Pa	103	114	125	137	150	165	181	198	217	237	260
ϱ_s in g/m³	0,88	0,97	1,06	1,16	1,27	1,39	1,52	1,66	1,81	1,97	2,14
ϑ in °C	−9	−8	−7	−6	−5	−4	−3	−2	−1	0	1
p_s in Pa	284	310	337	368	401	437	476	517	562	611	657
ϱ_s in g/m³	2,33	2,53	2,75	2,99	3,25	3,52	3,82	4,14	4,49	4,85	5,20
ϑ in °C	2	3	4	5	6	7	8	9	10	11	12
p_s in Pa	705	759	813	872	935	1002	1073	1148	1228	1312	1403
ϱ_s in g/m³	5,57	5,96	6,37	6,80	7,27	7,76	8,28	8,83	9,41	10,03	10,68
ϑ in °C	13	14	15	16	17	18	19	20	21	22	23
p_s in Pa	1498	1599	1706	1818	1937	2065	2197	2340	2487	2645	2810
ϱ_s in g/m³	11,37	12,09	12,85	13,65	14,50	15,40	16,33	17,31	18,35	19,45	20,60
ϑ in °C	24	25	26	27	28	29	30	31	32	33	34
p_s in Pa	2985	3169	3362	3566	3781	4006	4244	4492	4755	5030	5320
ϱ_s in g/m³	21,80	23,07	24,40	25,80	27,27	28,80	30,40	32,07	33,82	35,66	37,58

Tab. 32 Permittivitätszahl ε_r bei 20 °C

Bakelit	3 bis 5	Kabelisolation	4,3	Tempa X	30
Barium-, Titanoxid	10^3 bis 10^4	Kerafar R	80	Toluol	2,4
Bariumtitanat	ca. 3000	Kerakonstant	ca. 3000	Trafoöl	2,2 bis 2,5
Benzol	2,3	Nitrobenzol	36	Wasser	81,6
Bernstein	2,3 bis 2,9	Papier ungetränkt	1,6	Gase bei 0 °C; 1013 hPa	
Calit	6,5	Papier getränkt	4,3		
Condensa C u. F	80	Paraffin	2,0 bis 2,4	Ammoniak	1,0072
Condensa N	40	Polyethylen	2,5	Kohlendioxid	1,00096
Glas	3 bis 15	Polystyrol	2,6	Helium	1,000074
Glimmer	4,5 bis 8	Quarz	3,8 bis 4,3	Luft	1,000594
Hartpapier	5	Siliconöl	2,2 bis 2,8	Sauerstoff	1,00055
Hartgewebe	5 bis 6	Steatit	5,5 bis 6,5	Stickstoff	1,00061
Hartporzellan	5,5 bis 6,5	Tempa S	14	Wasserstoff	1,00026

Tab. 33 Spezifischer Widerstand ϱ und Temperaturkoeffizient α bei 20° C

	ϱ in Ω m	α in K^{-1}
Aluminium	$2{,}69 \cdot 10^{-8}$	$3{,}8 \cdot 10^{-3}$
Blei	$21 \cdot 10^{-8}$	$4{,}2 \cdot 10^{-3}$
Eisen	$9{,}8 \cdot 10^{-8}$	$6{,}6 \cdot 10^{-3}$
Gold	$2{,}20 \cdot 10^{-8}$	$4{,}0 \cdot 10^{-3}$
Kalium	$7 \cdot 10^{-8}$	$5{,}4 \cdot 10^{-3}$
Kupfer	$1{,}67 \cdot 10^{-8}$	$3{,}9 \cdot 10^{-3}$
Nickel	$7 \cdot 10^{-8}$	$6{,}8 \cdot 10^{-3}$
Platin	$10{,}5 \cdot 10^{-8}$	$3{,}9 \cdot 10^{-3}$
Quecksilber	$96 \cdot 10^{-8}$	$0{,}9 \cdot 10^{-3}$
Silber	$1{,}6 \cdot 10^{-8}$	$3{,}6 \cdot 10^{-3}$
Wismut	$12 \cdot 10^{-7}$	$4{,}2 \cdot 10^{-3}$
Zink	$6{,}3 \cdot 10^{-8}$	$3{,}7 \cdot 10^{-3}$
Zinn	$11 \cdot 10^{-8}$	$4{,}2 \cdot 10^{-3}$
Chromnickel	$11 \cdot 10^{-7}$	$2{,}0 \cdot 10^{-4}$
Konstantan	$5 \cdot 10^{-7}$	$-3{,}0 \cdot 10^{-5}$
Manganin	$4{,}3 \cdot 10^{-7}$	$1{,}0 \cdot 10^{-5}$
Nickelin	$4{,}3 \cdot 10^{-7}$	$2{,}0 \cdot 10^{-4}$
Lampenkohle	$6 \cdot 10^{-4}$	$-0{,}5 \cdot 10^{-3}$
Wasser dest.	$3 \cdot 10^4$	
Erde	$3 \cdot 10^3$	

	ϱ in Ω m
Salzsäure 10 %	$2{,}5 \cdot 10^{-2}$
NaCl-Lösung 10 %	$7{,}9 \cdot 10^{-2}$
$AgNO_3$-Lösung 10 %	$2{,}1 \cdot 10^{-1}$
$CuSO_4$-Lösung 10 %	$3{,}0 \cdot 10^{-1}$
Bernstein	10^{20}
Glimmer	$5 \cdot 10^{14}$
Hartporzellan	$3 \cdot 10^{12}$
Lupolen	10^{15}
Marmor	10^8
Plexiglas	10^{13}
Polypropylen	10^{16}
PVC	10^{13}
Quarz	$3 \cdot 10^{14}$
Quarzglas	$5 \cdot 10^{16}$
Silikatglas	$5 \cdot 10^{11}$
Teflon	10^{13}
Trolitul	10^{17}
Germanium (27 °C)	0,46
Selen	10^{13}
Silicium	$2{,}3 \cdot 10^3$

Tab. 34 Dichtebezogene magnetische Suszeptibilität $\varkappa_m$ in $10^{-9}\,m^3\,kg^{-1}$ bei 20 °C von para- bzw. diamagnetischen Stoffen

Paramagnetische Stoffe				Diamagnetische Stoffe			
Aluminium	7,7	Mangan	121	Al_2O_3	−3,5	Kupfer	−1,08
Eisen (800 °C)	18 900	Platin	12	Argon	−6,1	Stickstoff	−5
Kobalt (1200 °C)	3 800	Sauerstoff	1 300	Benzol	−8,9	Quecksilber	−2,1
Luft	2 707	Titan	40	Chlor	−7,4	Wasser	−9,05
Magnesium	10			Helium	−5,9	Wismut	−16

Tab. 35 Daten einiger Thermoelemente

Thermoelement	Thermokraft in µV/K (zugehöriger Temperatur-Bereich in °C)		ungefähre obere Grenze der Anwendungs-Temperatur in °C
Kupfer/Konstantan	42,5	(0 bis 100)	400
Eisen/Konstantan	53,7	(0 bis 200)	700
Nickel/Chromnickel	41,3	(0 bis 1000)	1000
Platin/Platin-Rhodium	9,6	(0 bis 1000)	1300
Iridium/Iridium-Rhenium	17	(0 bis 2000)	2000

Tab. 36 Ionenbeweglichkeit b_+ bzw. b_- in stark verdünnter wäßriger Lösung bei 18 °C in $10^{-8} m^2 V^{-1} s^{-1}$

H^+	33	Ag^+	5,7	$(OH)^-$	18,2	J^-	6,95
Na^+	4,6	NH_4^+	6,7	Cl^-	6,85	$(MnO_4)^-$	5,6
K^+	6,75	Fe^{3+}	4,8	Br^-	7,0	$(SO_4)^{2-}$	7,2

Tab. 37 Hall-Konstante R_H in $10^{-11} m^3/C$

Cadmium	+5,89	Zink	+6,3	InSb	$-3 \cdot 10^7$
Gold	−7,24	Wismut	ca. -10^4	InAs	-10^7
Kupfer	−4,92	Arsen	+ 450		
Silber	−8,97	Antimon	+2000		

Tab. 38 Mengenkonstante A_r und Austrittsarbeit ΔW_A der thermischen Elektronenemission

	A_r in $A\,cm^{-2}K^{-2}$	ΔW_A in eV		A_r in $A\,cm^{-2}K^{-2}$	ΔW_A in eV
Molybdän	115	4,29	Bariumoxid	10^{-3} bis 10^{-1}	1,0 bis 1,5
Platin	32	5,30	Bariumoxid/Strontiumoxid	10^{-3} bis 10^{-1}	0,9 bis 1,3
Wolfram	72	4,50	Thoriumoxid	3 bis 8	2,6
Wolfram/Barium	1	1,5 bis 2,1			
Wolfram/Cäsium	3	1,4			
Wolfram/Thorium	5 bis 16	2,8			

Tab. 39 Brechzahl n (bezogen auf Luft von 20 °C und 1013 hPa) und Abbezahl ν für verschiedene Wellenlängen λ_L

λ_L in nm	n_C 656,3	n_D 589,3	n_F 486,1	ν	λ_L in nm	n_C 656,3	n_D 589,3	n_F 486,1	ν
Benzol	1,49633	1,50132	1,51338	29,214	Quarzglas	1,4563	1,4584	1,4631	67,411
Diethylether	1,3508	1,3529	1,3572	55,141	CS_2	1,61816	1,62796	1,65230	18,394
Diamant		2,4173			Wasser	1,33115	1,33299	1,33712	55,777
Kalkspat (o)	1,65441	1,65838	1,66786	48,950					
Kalkspat (ao)	1,48462	1,48643	1,49080	78,710	Flintglas (F3)	1,60805	1,61279	1,62464	36,937
Quarz (o)	1,54187	1,54422	1,54966	69,063	Schwerflint (SF4)	1,74728	1,75496	1,77471	27,523
Quarz (ao)	1,55089	1,55332	1,55896	68,565	Schwerflint (SFS1)	1,91038	1,92250	1,95250	20,918
					Kronglas (K3)	1,51554	1,51814	1,52433	58,946

Tab. 40 Grenzwinkel ε_G der Totalreflexion für $\lambda_D = 589{,}3$ nm

Diamant/Luft	24° 26′	Quarzglas/Luft	43° 17′	Schwerflintglas (SF4)/Wasser	49° 25′
Flintglas (F3)/Luft	38° 19′	CS_2/Luft	37° 54′	Kronglas (K3)/Wasser	61° 24′
Kronglas (K3)/Luft	41° 12′	CCl_4/Luft	43° 12′		
Schwerflint (SF4)/Luft	34° 44′	Flintglas (F3)/Wasser	35° 44′		

Tab. 41 Spektrale Hellempfindlichkeit $V(\lambda_L)$ des menschlichen Auges für Tagsehen

λ_L in nm	$V(\lambda_L)$	λ_L in nm	$V(\lambda_L)$	λ_L in nm	$V(\lambda_L)$	λ_L in nm	$V(\lambda_L)$
380	0,0000	480	0,139	580	0,870	680	0,017
390	0,0001	490	0,208	590	0,757	690	0,0082
400	0,0004	500	0,323	600	0,631	700	0,0041
410	0,0012	510	0,503	610	0,503	710	0,0021
420	0,0040	520	0,710	620	0,381	720	0,00105
430	0,0116	530	0,862	630	0,265	730	0,00052
440	0,023	540	0,954	640	0,175	740	0,00025
450	0,038	550	0,995	650	0,107	750	0,00012
460	0,060	560	0,995	660	0,061	760	0,00006
470	0,091	570	0,952	670	0,032	770	0,00003

Tab. 42 Schwächungskoeffizient μ in cm^{-1} für Photonenstrahlung

Material	Dichte in g/cm^3	Energie in MeV 0,1	0,5	1	1,5	2	5
Wasser	1	0,167	0,0966	0,0706	0,0575	0,0494	0,0301
Aluminium	2,7	0,435	0,227	0,166	0,135	0,117	0,076
Eisen	7,86	2,7	0,648	0,468	0,381	0,333	0,246
Beton	2,3	0,389	0,200	0,146	0,119	0,102	0,066
Kupfer	8,9	3,8	0,73	0,521	0,424	0,372	0,281
Blei	11,3	59,78	1,64	0,73	0,579	0,516	0,418

Tab. 43 γ-Dosiskonstante K_γ für Punktquellen in 10^{-13} Sv m^2 h^{-1} Bq^{-1}

Na 22	3,13	Kr 85	0,00316	J 131	0,545	Ra 226 und Folgeprodukte mit 0,5 mm Pt	2,14
Na 24	4,72	Co 60	3,36	Cs 137	0,847		
K 42	0,325	Cu 64	0,3	Cs 134	2,34		
Fe 59	1,63	Tc 99^m	0,156	Au 198	0,595		

Tab. 44 Bewertungsfaktor q der Äquivalentdosis

Elektronen, Positronen Röntgenstrahlung, γ-Strahlen	1	Protonen	1 MeV 10 MeV	6 10
Thermische Neutronen Neutronen 1 MeV	3 bis 5 10	α-Teilchen α-Teilchen	1 MeV 10 MeV	20 11

Tab. 45 Auswahl an Radionukliden (* natürliches Radionuklid)

Nuklid (Isotopenhäufigkeit)	Umwandlungsart	relative Atommasse A_r	maximale kinetische Energie eines Teilchens bzw. Energie eines Quants in MeV (Teilchenhäufigkeit bei den Umwandlungen)	Halbwertszeit $T_{1/2}$
H 3	β^-	3,016049286	0,018 (kein γ)	12,33 a
C 14	β^-	14,003241993	0,156 (kein γ)	5730 a
Na 22	β^+; ε [1)]	21,9944348	1,82 (0,05 %); 0,55 (99,95 %)	2,602 a
	γ		1,275 (99,95 %)	
K 40*	β^-	39,9639988	1,312 (89,33 %)	$1{,}278 \cdot 10^9$ a
	$\beta^+ + \varepsilon$		0,483 (10,67 %)	
(0,0117 %)	γ		1,461 (10,67 %)	
Co 60	β^-	59,9338202	0,32; 1,48 (0,15 %)	5,271 a
	γ		1,173 (99,90 %); 1,333 (99,98 %)	
Kr 85	β^-	84,9125371	0,672 (99,6 %); 0,15 (0,4 %)	10,72 a
	γ		0,514 (0,434 %)	
Sr 89	β^-	88,907458	1,492	50,55 d
	γ		0,909 (0,01 %)	
Sr 90	β^-	89,907746	0,546 (kein γ)	28,5 a
Y 90	β^-	89,9071599	2,281 (99,9 %)	2,671 d
J 131	β^-	130,906119	0,606 (81,2 %); 0,334 (7,27 %); 0,248 (1,8 %)	8,040 d
	γ		0,364 (81,2 %); 0,637 (7,27 %); 0,723 (1,8 %)	
Cs 134	β^-	133,906700	0,658; 0,415; 0,089	2,062 a
	γ		0,563 (8,4 %); 0,569 (15,4 %); 0,605 (97,6 %)	
			0,796 (85,4 %); 0,802 (8,7 %)	
Cs 137	β^-	136,907075	1,175 (4,8 %); 0,512 (85 %)	30,0 a
	γ		0,6617 (85,2 %)	
Au 198	β^-	197,968233	0,962 (95,5 %); 0,29 (1,4 %)	2,7 d
	γ		0,412 (95,5 %); 0,676 (0,8 %)	
Tl 204	β^-; ε	203,973856	0,763 (98 %) (kein γ)	3,78 a
Pb 210*	β^-	209,984178	0,062 (96 %); 0,017 (4 %)	22,3 a
	γ		0,0465 (4 %)	
Po 210*	α	209,982864	5,305 (100 %)	138,376 d
Rn 220*	α	220,011378	6,288 (99,93 %); 5,747 (0,07 %)	55,6 s
	γ		0,55 (0,07 %)	
Rn 222*	α	222,0175738	5,490 (99,92 %); 4,987 (0,08 %)	3,825 d
	γ		0,510 (0,08 %)	
Ra 226*	α	226,025406	4,784 (94,45 %); 4,601 (5,55 %)	1600 a
	γ		0,186 (3,28 %)	
Th 232*	α	232,0380538	4,010 (77 %); 3,952 (23 %); 3,83 (0,2 %)	$1{,}405 \cdot 10^{10}$ a
(100 %)	γ		0,059 (0,2 %)	
U 233	α	233,0396293	4,825 (84,4 %); 4,783 (13,2 %); 4,729 (1,6 %)	$1{,}592 \cdot 10^5$ a
	γ		0,042 (0,06 %); 0,097 (0,02 %)	
U 234*	α	234,0409474	4,776 (72,5 %); 4,724 (27,5 %)	$2{,}454 \cdot 10^5$ a
(0,0056 %)	γ		0,053 (0,12 %)	
U 235*	α	235,0439252	4,597 (5 %); 4,556 (4,2 %); 4,395 (55 %); 4,370 (6 %)	$7{,}037 \cdot 10^8$ a
(0,72 %)			4,364 (11 %); 4,324 (4,6 %); 4,216 (5,7 %)	
	γ		0,186 (53 %); 0,144 (10,5 %); 0,163 (4,7 %); 0,205 (4,7 %)	
U 238*	α	238,0507858	4,196 (77 %); 4,147 (23 %)	$4{,}468 \cdot 10^9$ a
(99,275 %)	γ		0,0496 (0,07 %); 0,1105 (0,02 %)	
Pu 239	α	239,0521578	5,155 (73,2 %); 5,143 (15,1 %); 5,105 (10,6 %)	$2{,}411 \cdot 10^4$ a
	γ		0,052 (0,02 %)	
Am 241	α	241,0568246	5,544 (0,34 %); 5,486 (85,2 %); 5,443 (12,8 %); 5,388 (1,4 %)	432,7 a
	γ		0,0595 (35,7 %)	
Cm 244	α	244,0627477	5,805 (76,4 %); 5,763 (23,6 %); 5,666 (0,02 %)	18,11 a
	γ		0,043 (0,02 %)	

1) Elektroneneinfang, meistens aus der K-Schale

Tab. 46 Natürliche Umwandlungsreihen

Thorium-Reihe			Uran-Radium-Reihe			Uran-Actinium-Reihe		
Nuklid		Halbwerts-zeit	Nuklid		Halbwerts-zeit	Nuklid		Halbwerts-zeit
Th 232	α	$1{,}405 \cdot 10^{10}$a	U 238	α	$4{,}468 \cdot 10^{9}$a	U 235	α	$7{,}037 \cdot 10^{8}$a
Ra 228	β^-	5,75 a	Th 234	β	24,1 d	Th 231	β^-	25,52 h
Ac 228	β^-	6,13 h	Pa 234 m	β, γ	1,17 min	Pa 231	α	32760 a
Th 228	α	1,913 a	Pa 234	β	6,70 h	Ac 227	α, β^-	21,77 a
Ra 224	α	3,66 d	U 234	α	$2{,}45 \cdot 10^{5}$ a	Th 227	α	18,72 d
Rn 220	α	55,6 s	Th 230	α	75400 a	Fr 223	α, β^-	21,8 min
Po 216	α	0,15 s	Ra 226	α	1600 a	Ra 223	α	11,43 d
Pb 212	β^-	10,64 h	Rn 222	α	3,83 d	At 219	α, β^-	54 s
Bi 212	α, β^-	60,55 min	Po 218	α, β	3,11 min	Rn 219	α	3,96 s
Po 212	α	0,298 µs	Pb 214	β	26,8 min	Bi 215	β^-	7 min
Tl 208	β^-	3,07 min	At 218	α	1,6 s	Po 215	α, β^-	$1{,}78 \cdot 10^{-3}$ s
Pb 208	–	∞	Bi 214	α, β	19,8 min	Pb 211	β^-	36,1 min
			Po 214	α	$1{,}64 \cdot 10^{-7}$ s	At 215	α	10^{-4} s
			Tl 210	β	1,32 min	Bi 211	α, β^-	2,14 min
			Pb 210	α, β	22,3 a	Po 211	α	0,516 s
			Hg 206	β	8,15 min	Tl 207	β^-	4,77 min
			Bi 210	α, β	5,012 d	Pb 207	–	∞
			Tl 206	β	4,2 min			
			Po 210	α	138,38 d			
			Pb 206	–	∞			

Tab. 47 Auswahl an Teilchen und Antiteilchen

Name der Gruppe	des Teilchens	Symbol des Teilchens	Antiteilchens	Elektrische Ladung in e	Spinquantenzahl s	Relative Ruhemasse A_r	Mittlere Lebensdauer τ in s	Häufige Zerfallsart des Teilchens
	Photon	γ		0	1	0	∞	stabil
Leptonen	Elektron-Neutrino	ν_e	$\bar{\nu}_e$	0	1/2	0?	∞	stabil
	Myon-Neutrino	ν_μ	$\bar{\nu}_\mu$	0	1/2	0?	∞	stabil
	Elektron	e^-	e^+	– 1; + 1	1/2	0,0005486	∞	stabil
	Myon	μ^-	μ^+	– 1; + 1	1/2	0,11343	$2{,}2 \cdot 10^{-6}$	$e^- + \bar{\nu}_e + \nu_\mu$
Mesonen	Pi +	π^+	π^-	+ 1; – 1	0	0,14985	$2{,}6 \cdot 10^{-8}$	$\mu^+ + \nu_\mu$
	Pi 0		π°	0	0	0,14491	$0{,}89 \cdot 10^{-16}$	$\gamma + \gamma$
	Ka +	K^+	K^-	+ 1; – 1	0	0,5301	$1{,}24 \cdot 10^{-8}$	$\mu^+ + \nu_\mu$
	Ka 0	K°	$\overline{K^\circ}$	0	0	0,5344	K_1^0: $0{,}86 \cdot 10^{-10}$ K_2^0: $5{,}4 \cdot 10^{-8}$	$\pi^+ + \pi^-$ $\pi^0 + \pi^0 + \pi^0$
Baryonen	Proton	p	$\bar{p}$	+ 1, – 1	1/2	1,007276	∞?	stabil?
	Neutron	n	$\bar{n}$	0	1/2	1,008665	932	$p + e^- + \bar{\nu}_e$
	Lambda 0	Λ°	$\overline{\Lambda^\circ}$	0	1/2	1,1977	$2{,}5 \cdot 10^{-10}$	$p + \pi^-$
	Sigma +	Σ^+	$\overline{\Sigma^-}$	+ 1; – 1	1/2	1,2769	$0{,}80 \cdot 10^{-10}$	$p + \pi^0$
	Sigma 0	Σ°	$\overline{\Sigma^\circ}$	0	1/2	1,2802	$\approx 10^{-20}$	$\Lambda^0 + \gamma$
	Sigma –	Σ^-	$\overline{\Sigma^+}$	– 1; + 1	1/2	1,2854	$1{,}5 \cdot 10^{-10}$	$n + \pi^-$
	Xi 0	Ξ°	$\overline{\Xi^\circ}$	0	1/2	1,4114	$3{,}0 \cdot 10^{-10}$	$\Lambda^0 + \pi^0$
	Xi –	Ξ^-	$\overline{\Xi^+}$	– 1; + 1	1/2	1,4185	$1{,}7 \cdot 10^{-10}$	$\Lambda^0 + \pi^-$
	Omega –	Ω^-	$\overline{\Omega^+}$	– 1; + 1	3/2	1,7955	$1{,}3 \cdot 10^{-10}$	$\Xi^0 + \pi^-$

Periodensystem der Elemente

(aus W. Walcher, Praktikum der Physik)

Z	**82**	4 + {4}	ζ
ϱ_n	11340	S 7, 19	S, F
AZ	fest		
T_s	**600,5**		
T_b	2023	**Pb**	
		Blei	
A_r	**207,2**		
A	204; 206; 207; *208*; {210; 211; 212; 214}		A

Z Ordnungszahl = Kennzahl = Protonenzahl.
ϱ_n = Dichte in kgm^{-3} unter den Normalbedingungen $\rho_n = 1013{,}25$ hPa, $T_n = 273{,}15$ K.
AZ Aggregatzustand unter Normbedingungen.
α. β. γ: Phasen.
T_s Schmelztemperatur in K, T_b Siedetemperatur in K, beide beim Normdruck $\rho_n = 1013{,}25$ hPa; Fettdruck: Thermometrische Fixpunkte der Internationalen Praktischen Temperaturskala.
A_r Relative Atommasse des natürlichen Isotopengemisches, ^{12}C-Skala, Werte 1975 der Internationalen Atomgewichtskommission, Unsicherheit ±1, bei gesternten Werten ± 3 Einheiten der letzten Ziffer; Werte 1985 liegen innerhalb dieser Grenzen. [ ] A_r des wichtigsten Nuklids, i. A. desjenigen mit größter Halbwertszeit. Bei Elementen, die im terrestrischen Material erhebliche Abweichungen im Isotopenmischungsverhältnis aufweisen, sind im Zahlenwert von A_r entsprechend weniger Stellen angegeben (s. z. B. Schwefel).
A Nukleonenzahl.
ζ Anzahl isotoper Nuklide, bei den künstlich hergestellten nur die Anzahl der wichtigsten; bei $Z > 106$: A bzw. A-Bereich der letzteren. Bei den Tansactinoiden 104 bis 118 die bis 2003 nachgewiesenen; 114, 118 Oktober 2003 noch sehr vorläufig.
Zu A und ζ: ohne Klammer = stabile Nuklide; ( ) = langlebige natürliche Nuklide; [ ] = die wichtigeren (meist diejenigen mit der größten Halbwertszeit) künstlich hergestellten Nuklide; Angaben nur dann, wenn keine natürlichen Nuklide vorhanden. Daher Tritium und Carbon 14 nicht enthalten; { } = Glieder der natürlichen radioaktiven Reihen (für $Z > 80$); {( )} = Muttersubstanzen der natürlichen radioaktiven Reihen. Kursive Ziffern: Häufigstes Isotop.
S Supraleiter mit Übergangstermperatur in K.
F Ferromagnetisch mit Curietemperatur in K.
Symbole der Elemente, die nicht in der Natur vorkommen – weder stabil noch radioaktiv – sind im Magerdruck gegeben. Elementnamen: International empfohlen: Hydrogen, Carbon, Nitrogen, Oxygen, Sulfur, Bismut, Lanthanoide, (Trans-)Actinoide. Die Namen der Trans-Fermium-Elemente 101 bis 111 sind (Stand Juli 2005) endgültig angenommen worden.

J. Berber et al., *Physik in Formeln und Tabellen*

- Metalle bei $Z \gtrsim 96$ meist unsicher oder offen
- Metalle, supraleitend
- Metalle, supraleitend bei hohen Drücken 25 bis 150 kbar
- Metalle, ferromagnetisch Bei Tb bis Er Übergang von Ferro- zu Antiferromagnetismus

Gruppe

1	2	3	4	5	6	7	8	9
1 2 0,08988 (H_2) gasf. 13,95 20,38 **H** Hydrogen Wasserstoff 1,0079 *1*; 2								
3 2 534 fest 453 1603 **Li** Lithium 6,941* 6; 7	**4** 1 1870 fest 1556 2753 **Be** Beryllium 9,01218 *9*							
11 1 970 fest 370,95 1163,5 **Na** Natrium 22,98977 23	**12** 3 1739 fest 923 1393 **Mg** Magnesium 24,306 *24*; 25; 26							
19 2 + (1) 860 fest 336,7 1027 **K** Kalium 39,0983 *39*; (40); 41	**20** 6 1550 fest 1123 1760 **Ca** Calcium 40,08 *40*; 42; 43; 44; 46; 48	**21** 1 2990 fest 1811 3003 **Sc** Scandium 44,9559 *45*	**22** 5 4520 S 0,39 fest 1943 3503 **Ti** Titan 47,90* 46; 47; *48*; 49; 50	**23** 1 + (1) 5960 S 5,30 fest 2003 3673 **V** Vanadium 50,9414* (50); *51*	**24** 4 6930 fest 2173 2913 **Cr** Chrom 51,996 50; *52*; 53; 54	**25** 1 7200 fest 1517 3363 **Mn** Mangan 54,9380 55	**26** 4 7860 F 1043 fest 1808 3008 **Fe** Eisen 55,847* 54; *56*; 57; 58	**27** 1 8900 F 1404 fest 1765 3153 **Co** Cobalt 58,9332 59
37 1 + (1) 1532 fest 311,85 973 **Rb** Rubidium 85,4678 *85*; (87)	**38** 4 2600 fest 1043 1643 **Sr** Strontium 87,82 *84*; 86; 87; *88*	**39** 1 4500 S ~ 2 fest 1773 2903 **Y** Yttrium 88,9059 89	**40** 5 6500 S 0,55 fest 2128 ~ 3900 **Zr** Zirconium 91,22 *90*; 91; 92; 94; 96	**41** 1 8550 S 9,46 fest 2773 5173 **Nb** Niob 92,9064 93	**42** 7 10210 S 0,92 fest 2893 5073 **Mo** Molybdaen 95,94 92; 94; 95; 96; 97; *98*; 100	**43** [3] 11500 S 7,81 fest 2520 (4900) **Tc** Technetium [96,906] [97]; [98]; [99]	**44** 7 12600 S 0,49 fest 2773 4373 **Ru** Ruthenium 101,07 96; 98; 99; 100; 101; *102*; 104	**45** 1 12400 fest 2233 4233 **Rh** Rhodium 102,9055 103
55 1 1873 S 1,5 fest 301, 79 958 **Cs** Caesium 132,9054 133	**56** 7 3500 S 5,1 fest 983 1910 **Ba** Barium 137,33 130; 132; 134; 135; 136; 137; *138*	**57** 1 + (1) 6180 Sα ~ 5,0 fest β 5,91 1193 3743 **La** Larthan 138,9055* (138); *139*	**72** 5 + (1) 13360 S 0,13 fest β 5,91 2495 ~ 5420 **Hf** Hafnium 178,49* (174); 176; 177; 178; 179; *180*	**73** 1 + (1) 16600 S 4,48 fest 3270 5670 **Ta** Tantal 180,9479+ (180); *181*	**74** 5 19300 S 0,011 fest 3650 5770 **W** Wolfram 185,85* 180; 182; 183; *184*; 186	**75** 1 + (1) 20530 S 1,70 fest 3453 5870 **Re** Rhenium 186,207 185; (*187*)	**76** 6 22480 S 0,65 fest 2970 4670 **Os** Osmium 190,2 184; 186; 187; 188; 189; *190*	**77** 2 22420 S 0,14 fest 2716 4620 **Ir** Iridium 192,22* 191; *193*
87 {1} — fest/flüssig 298 593 **Fr** Francium {223,0198} {223}	**88** {4} 5000 fest 973 1800 **Ra** Radium {226,0254} {223; 224; 226; 228}	**89** {2} — fest 1470 3600 **Ac** Actinium {227,028} {227; 228}	**104** [10] **Rf** Rutherfordium [253 … 262]	**105** {7} **Db** Dubnium [256 … 263]	**106** [8] **Sg** Seaborgium [258 … 269]	**107** [5] **Bh** Bohrium [261 … 267]	**108** [6] **Hs** Hassium [264 … 277]	**109** [5] **Mt** Meitnerium — [266, 268, 270, 275, 276]

Lanthanoide:
Ce bis Lu
alle Gruppe 3

86
→
*

58 3 + (1) 6700 S 1,7 fest β5,91 1070 3743 **Ce** Cer 140,12 136; 138; *140*; (142)	**59** 1 6700 fest 1208 3290 **Pr** Praseodym 140,9077 147	**60** 6 + (1) 6900 fest 1297 3483 **Nd** Neodym 144,24* *142*; 143; (144); 145;146;148;150	**61** [4] — fest 1308 3473 **Pm** Promethium [144,913] [144; 145; 146; 147]	**62** 4 + (3) 7500 fest 1345 1943 **Sm** Samarium 150,4 144; (147); (148); (149);150;*152*;154	**63** 2 5245 fest 1099 1703 **Eu** Europium 151,96 151; *153*

Actinoide: Th bis Lr
alle Gruppe 3

Transactinoide: Rf … 118 …
Gruppe 4, 5, 6 ff

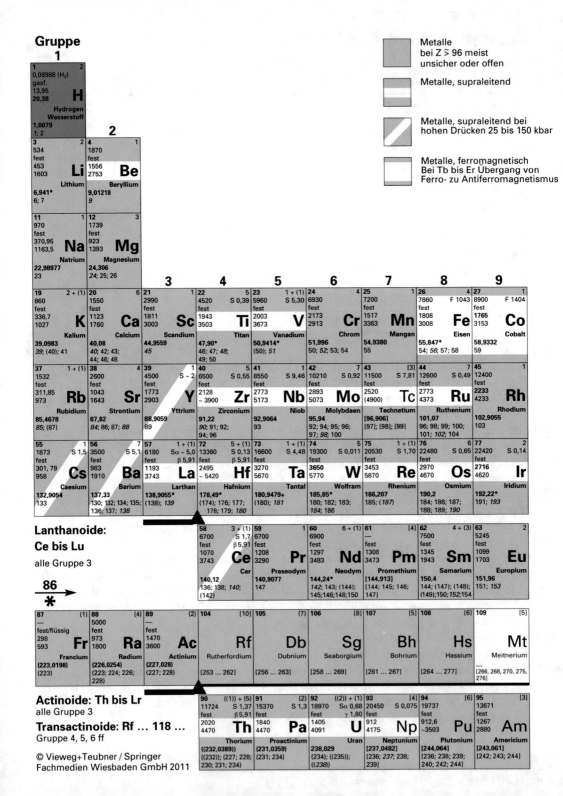

90 {(1)} + {5} 11724 S 1,37 fest β5,91 2020 4470 **Th** Thorium {(232,0389)} {(232)}; {227; 228; 230; 231; 234}	**91** {2} 15370 S 1,3 fest 1840 4470 **Pa** Proactinium {231,0359} {231; 234}	**92** {(2)} + {1} 18970 Sα 0,68 fest γ 1,80 1405 4091 **U** Uran 238,029 {234}; {(235)}; {(*238*)}	**93** [4] 20450 S 0,075 fest 912 4175 **Np** Neptunium [237,0482] [236; *237*; 238; 239]	**94** [6] 19737 fest 912,6 ~3503 **Pu** Plutonium [244,064] [236; 238; 239; 240; 242; 244]	**95** [3] 13671 fest 1267 2880 **Am** Americium [243,061] [242; 243; 244]

Legende	
(dunkelgrau)	Halbleiter
(grau, weiß schraffiert)	Metalle, supraleitend
(hellgrau, weiß schraffiert)	Halbmetalle, supraleitend bei hohen Drücken 25 bis 150 kbar
(dunkelgrau)	Gase

10	11	12	13	14	15	16	17	18
								2 2 0,1785 gasf. — 4,22 **He** Helium 4,00260 3; *4*
			5 2 2340 fest 2303 4173 **B** Bor 10,81 10; *11*	6 2 2240 Graphit 2220 Diamant fest 3923G 3773D **C** Carbon Kohlenst. 4623G 4473D 12,011; *12*; 13	7 2 1,2505 (N_2) gasf. 63,15 77,35 **N** Nitrogen Stickstoff 14,0067 *14*; 15	8 3 1,42895 (O_2) gasf. 54,36 90,18 **O** Oxygen Sauerstoff 15,9994* *16*; 17; 18	9 1 1,696 (F_2) gasf. 53,55 85,05 **F** Fluor 18,998403 19	10 3 0,9002 gasf. 24,54 27,07 **Ne** Neon 20,179* *20*; *21*; *22*
			13 1 2702 S 1,18 fest 933,3 2723 **Al** Aluminium 26,98154 27	14 3 2420 fest 1693 2628 **Si** Silicium 28,0855* *28*; 29; 30	15 1 1820 fest (weiß) 317,2 553,2 **P** Phosphor 30,97376 31	16 4 1960 fest (monokl.) 392,2 717,75 **S** Sulfur Stickstoff 32,06 *32*; 33; 34; 36	17 2 3,214 (Cl_2) gasf. 172,2 239,1 **Cl** Chlor 35,453 35; 37	18 3 1,784 gasf. 83,77 87,29 **Ar** Argon 39,948 36; 38; *40*
28 5 8900 F 631 fest 1726 3073 **Ni** Nickel 58,70 *58*; 60; 61; 62; 64	29 2 8920 fest 1356 2863 **Cu** Kupfer 63,546 *63*; 65	30 5 7140 S 0,85 fest 692,66 1180,2 **Zn** Zink 65,38 *64*; 66; 67; 68; 70	31 2 5910 S 1,09 fest 302,93 2503 **Ga** Gallium 69,72 *69*; 71	32 5 5350 S 5,4 fest 1232 3103 **Ge** Germanium 72,59* 70; 72; 73; *74*; 76	33 1 5720 S 0,5 fest Subl: 889 **As** Arsen 74,9216 75	34 6 4820 S 6,9 fest 490,6 958 **Se** Selen 78,96* 74; 76; 77; 78; *80*; 82	35 2 3120 flüssig 265,95 331,93 **Br** Brom 79,904 *79*; 81	36 6 3,744 gasf. 115,98 119,75 **Kr** Krypton 83,80 78; 80; 82; 83; *84*; 86
46 6 11400 fest 1825 3473 **Pd** Palladium 106,4 102; 104; 105; *106*; 108; 110	47 2 10500 fest 1234,0 2473 **Ag** Silber 107,868 *107*; 109	48 8 8650 S 0,54 fest 594,18 1038 **Cd** Cadmium 112,41 106;108;110;111; 112;113;*114*;116	49 2 7362 S 3,40 fest 429,76 2323 **In** Indium 114,82 113; (*115*)	50 10 α 5750; β7280 fest (weiß) S3,75 505,06 2963 **Sn** Zinn 118,69* 112;114;115;116; 117;118;119;*120*; 122; 124	51 2 6690 S 3,6 fest 903,7 1910 **Sb** Antimon 121,75* *121*; 123	52 8 6250 S 4,5 fest 723 1263 **Te** Tellur 127,60 120;122;123;124; 125;126;128;*130*	53 1 4930 fest 386,8 456,0 **I** Iod 126,9045 127	54 9 5,897 gasf. 161,4 165,03 **Xe** Xenon 131,30 124; 126; 128; 129; 130; 131; *132*; 134, 136
78 5 + (1) 21450 fest 2042,5 4570 **Pt** Platin 195,09* (190); 192; 194; *195*; 196; 198	79 1 19290 fest 1336,2 2970 **Au** Gold 196,9665 197	80 7 13546 Sα 4,15 flüssig β 3,95 234,28 629,73 **Hg** Quecksilber 200,59* 196;198;199;200; 201; *202*; 204	81 2 + {4} 11850 S 2,39 fest 576,7 1731 **Tl** Thallium 204,37* 203; 205; {206; 207; 208; 210}	82 4 + {4} 11340 S 7,19 fest 600,5 2023 **Pb** Blei 207,2 204;206;207;*208*; {210;211;212;214}	83 1 + {5} 9800 S 4...8 fest 544,4 1833 **Bi** Bismut 208,9804 209; {210; 211; 212; 214; 215}	84 {7} — fest 527 1235 **Po** Polonium {208,982} {210; 211; 212: 214;215;216;218}	85 {3} — fest 570 650 **At** Astat {209,987} {215; 218; 219}	86 {4} — gasf. 202 211 **Rn** Radon {222,018} {218; 219; 220; 222}

64 6 + (1) 7960 F 289 fest 1585 3070 **Gd** Gadolinium 127,25* (152); 154; 155; 156;157;*158*;160	65 1 8250 F 219 fest 1629 2750 **Tb** Terbium 158,9254* 159	66 6 + (1) 8450 F 85 fest 1680 2600 **Dy** Dysprosium 162,50* (156); 158; 160; 161;162;163;*164*	67 1 8760 F~20 fest 1734 2760 **Ho** Holmium 164,9304 165	68 6 9050 F~20 fest 1770 2690 **Er** Erbium 167,26* 162; 164; *166*; 167; 168; 170	69 1 9290 fest 1818 1990 **Tm** Thulium 168,9342 169	70 6 7000 fest 1097 1590 **Yb** Ytterbium 173,04* 168; 170; 171; 172; 173; *174*	71 1 + (1) 9820 S 0,1...0,7 fest 1925 3270 **Lu** Lutetium 174,97 *175*; (176)	* ← 87 83 Bi s. Anm.
110 [8] **Ds** Darmstadtium — [276, 269, 270, 271, 273, 279, 281, 282]	111 [4] **Rg** Roentgenium — [272, 274, 279, 280]	112 [1] **Cn** Copernicium — [277 ... 286]	113 [1] **113** 0	114 [1] **114** — [285 ... 289]	115 [1] **115** 0	116 [1] **116** — [289]	117 [1] **117** 0	118 [1] **118** [293]
96 [5] 13510 fest 1610 — **Cm** Curium [247,070] [242; 244; 246; 247; 248]	97 [2] **Bk** Berkelium [247,070] [247; 249]	98 [10] **Cf** Californium [251,080] [246; 249; 250; 251 252; 254]	99 [9] **Es** Einsteinium [254,088] [246; 252; 253; 254]	100 [11] **Fm** Fermium [257,095] [250; 253; 254; 255; 256; 257]	101 [11] **Md** Mendelevium — [247... 260]	102 [11] **No** Nobelium — [251... 262]	103 [10] **Lr** Lawrencium — [253... 262]	→

Fort-setzung s. nächste Seite →

Element	Ord- nungs- zahl **Z**	Bekannte Nuklide[1)] (durch Kernprozesse erzeugt) Massen-(Nuklid-)Zahl **A** Stand 05.2006	ges. An- zahl ζ

Schwerste Actinoide (Fortsetzung)
(Z = Ordnungszahl, A = Massenzahl = Nuklidzahl, ζ gesamte Anzahl)

Element	**Z**	**A**	ζ
Es	99	241 ... 246, 252, 253, 254, 257	17
Fm	100	242 ... 250, 253, 254, 255, 256 ... 259	18
Md	101	245 ... 247 ... 260	16
No	102	250 ... 251 ... 262	12
Lr	103	251 ... 253 ... 262	10

Alle Actinoide sind chemisch schon recht gut bekannt, Überraschungen sind nicht zu erwarten (s. Tabelle Elektronenkonfigurationen).

Transactinoide

Element	**Z**	**A**	ζ
Rf	104	253, 254 ... 260, 261, 263, 268	12
Db	105	255, 256, 257, 258 ... 263, 267, 268	11
Sg	106	258, 259, 260, 261, 262, 265, 266	8
Bh	107	261, 262, 264, 266, 276, 271, 272	8
Hs	108	264, 265, 266, 267, 269, 270, 277	7
Mt	109	266, 268, 270, 275, 276	5
Ds[1)]	110	276, 269, 270, 271, 273, 279, 281, 282	8
Rg[1)]	111	272, 274, 279, 280	4
112	112	277, 282, 283, 284, 285, 286	6
Cn	113	178, 283, 284	3
114	114	286, 287, 288, 289, 290	5
115	115	287, 288	2
116	116	290, 291, 293	3
117	117	0	0
118	118	294	1

[1]) Element 110 und 111 haben auf Vorschlag der Erzeuger (Ges. für Schwerionenforschung, GSI, Darmstadt) die Namen Darmstadtium DS und Roentgenium Rg (offizieller IUPAC- und IUPAP-Beschluss).

Elektronenkonfigurationen

1	**H**		$1s^1$				$^2S_{1/2}$
2	**He**		$1s^2$				$^1S_0$
3	**Li**	[He]	$2s^1$				$^2S_{1/2}$
4	**Be**	[He]	$2s^2$				$^2S_0$
5	**B**	[He]	$2s^2$	$2p^1$			$^2P_{1/2}$
6	**C**	[He]	$2s^2$	$2p^2$			$^3P_0$
7	**N**	[He]	$2s^2$	$2p^3$			$^2P_{1/2}$
8	**O**	[He]	$2s^2$	$2p^4$			$^3P_2$
9	**F**	[He]	$2s^2$	$2p^5$			$^2P_{3/2}$
10	**Ne**	[He]	$2s^2$	$2p^6$			$^1S_0$
11	**Na**	[Ne]	$3s^1$				$^2S_{1/2}$
12	**Mg**	[Ne]	$3s^2$				$^1S_0$
13	**Al**	[Ne]	$3s^2$	$3p^1$			$^2P_{1/2}$
14	**Si**	[Ne]	$3s^2$	$3p^2$			$^3P_0$
15	**P**	[Ne]	$3s^2$	$3p^3$			$^4S_{3/2}$
16	**S**	[Ne]	$3s^2$	$3p^4$			$^3P_2$
17	**Cl**	[Ne]	$3s^2$	$3p^5$			$^2P_{3/2}$
18	**Ar**	[Ne]	$3s^2$	$3p^6$			$^1S_0$
19	**K**	[Ar]	$4s^1$				$^2S_{1/2}$
20	**Ca**	[Ar]	$4s^2$				$^1S_0$
21	**Sc**	[Ar]	$3d^1$	$4s^2$			$^2D_{3/2}$
22	**Ti**	[Ar]	$3d^2$	$4s^2$			$^3F_2$
23	**V**	[Ar]	$3d^3$	$4s^2$			$^4F_{3/2}$
24	**Cr**	[Ar]	$3d^5$	$4s^1$			$^7S_3$
25	**Mn**	[Ar]	$3d^5$	$4s^2$			$^6S_{5/2}$
26	**Fe**	[Ar]	$3d^6$	$4s^2$			$^5D_4$
27	**Co**	[Ar]	$3d^7$	$4s^2$			$^4F_{9/2}$
28	**Ni**	[Ar]	$3d^8$	$4s^2$			$^3F_4$
29	**Cu**	[Ar]	$3d^{10}$	$4s^1$			$^2S_{1/2}$
30	**Zn**	[Ar]	$3d^{10}$	$4s^2$			$^1S_0$
31	**Ga**	[Ar]	$3d^{10}$	$4s^2$	$4p^1$		$^2P_{1/2}$
32	**Ge**	[Ar]	$3d^{10}$	$4s^2$	$4p^2$		$^3P_0$
33	**As**	[Ar]	$3d^{10}$	$4s^2$	$4p^3$		$^4S_{3/2}$
34	**Se**	[Ar]	$3d^{10}$	$4s^2$	$4p^4$		$^3P_2$
35	**Br**	[Ar]	$3d^{10}$	$4s^2$	$4p^5$		$^3P_{3/2}$
36	**Kr**	[Ar]	$3d^{10}$	$4s^2$	$4p^6$		$^1S_0$
37	**Rb**	[Kr]	$5s^1$				$^2S_{1/2}$
38	**Sr**	[Kr]	$5s^2$				$^1S_0$
39	**Y**	[Kr]	$4d^1$	$5s^2$			$^2D_{3/2}$
40	**Zr**	[Kr]	$4d^2$	$5s^2$			$^3F_2$
41	**Nb**	[Kr]	$4d^4$	$5s^1$			$^6D_{1/2}$
42	**Mo**	[Kr]	$4d^5$	$5s^1$			$^7S_3$
43	**Tc**	[Kr]	$4d^5$	$5s^2$			$^6S_{5/2}$
44	**Ru**	[Kr]	$4d^7$	$5s^1$			$^5F_5$
45	**Rh**	[Kr]	$4d^8$	$5s^1$			$^4F_{9/2}$
46	**Pd**	[Kr]	$4d^{10}$				$^1S_0$
47	**Ag**	[Kr]	$4d^{10}$	$5s^1$			$^2S_{1/2}$
48	**Cd**	[Kr]	$4d^{10}$	$5s^2$			$^1S_0$
49	**In**	[Kr]	$4d^{10}$	$5s^2$	$5p^1$		$^2P_{1/2}$
50	**Sn**	[Kr]	$4d^{10}$	$5s^2$	$5p^2$		$^3P_0$
51	**Sb**	[Kr]	$4d^{10}$	$5s^2$	$5p^3$		$^4S_{3/2}$
52	**Te**	[Kr]	$4d^{10}$	$5s^2$	$5p^4$		$^3P_2$
53	**I**	[Kr]	$4d^{10}$	$5s^2$	$5p^5$		$^2P_{3/2}$
54	**Xe**	[Kr]	$4d^{10}$	$5s^2$	$5p^6$		$^1S_0$
55	**Cs**	[Xe]	$6s^1$				$^2S_{1/2}$
56	**Ba**	[Xe]	$6s^2$				$^1S_0$
57	**La**	[Xe]	$5d^1$	$6s^2$			$^2D_{3/2}$
58	**Ce**	[Xe]	$4f^1$	$5d^1$	$6s^2$		$^1G_4$
59	**Pr**	[Xe]	$4f^3$	$6s^2$			$^4I_{9/2}$
60	**Nd**	[Xe]	$4f^4$	$6s^2$			$^5I_4$
61	**Pm**	[Xe]	$4f^5$	$6s^2$			$^6H_{5/2}$
62	**Sm**	[Xe]	$4f^6$	$6s^2$			$^7F_0$
63	**Eu**	[Xe]	$4f^7$	$6s^2$			$^8S_{7/2}$
64	**Gd**	[Xe]	$4f^7$	$5d^1$	$6s^2$		$^9D_2$
65	**Tb**	[Xe]	$4f^9$	$6s^2$			$^6H_{15/2}$
66	**Dy**	[Xe]	$4f^{10}$	$6s^2$			$^5I_8$
67	**Ho**	[Xe]	$4f^{11}$	$6s^2$			$^4I_{15/2}$
68	**Er**	[Xe]	$4f^{12}$	$6s^2$			$^3H_6$
69	**Tm**	[Xe]	$4f^{13}$	$6s^2$			$^2F_{7/2}$
70	**Yb**	[Xe]	$4f^{14}$	$6s^2$			$^1S_0$
71	**Lu**	[Xe]	$4f^{14}$	$5d^1$	$6s^2$		$^2D_{3/2}$
72	**Hf**	[Xe]	$4f^{14}$	$5d^2$	$6s^2$		$^3F_2$
73	**Ta**	[Xe]	$4f^{14}$	$5d^3$	$6s^2$		$^4F_{3/2}$
74	**W**	[Xe]	$4f^{14}$	$5d^4$	$6s^2$		$^5D_0$
75	**Re**	[Xe]	$4f^{14}$	$5d^5$	$6s^2$		$^6S_{5/2}$
76	**Os**	[Xe]	$4f^{14}$	$5d^6$	$6s^2$		$^5D_4$
77	**Ir**	[Xe]	$4f^{14}$	$5d^7$	$6s^2$		$^4F_{9/2}$
78	**Pt**	[Xe]	$4f^{14}$	$5d^9$	$6s^1$		$^3D_3$
79	**Au**	[Xe]	$4f^{14}$	$5d^{10}$	$6s^1$		$^2S_{1/2}$
80	**Hg**	[Xe]	$4f^{14}$	$5d^{10}$	$6s^2$		$^1S_0$
81	**Tl**	[Xe]	$4f^{14}$	$5d^{10}$	$6s^2$	$6p^1$	$^1S_0$
82	**Pb**	[Xe]	$4f^{14}$	$5d^{10}$	$6s^2$	$6p^2$	$^3P_0$

83	**Bi**	[Xe]	4 f^{14}	5 d^{10}	6 s^2	6 p^3	$^4S_{3/2}$	Fortsetzung von 90 Th bis 103 Lr
84	**Po**	[Xe]	4 f^{14}	5 d^{10}	6 s^2	6 p^4	$^3P_2$	
85	**At**	[Xe]	4 f^{14}	5 d^{10}	6 s^2	6 p^5	$^2P_{3/2}$	
86	**Rn**	[Xe]	4 f^{14}	5 d^{10}	6 s^2	6 p^6	$^1S_0$	
87	**Fr**	[Rn]	7 s^1				$^2S_{1/2}$	
88	**Ra**	[Rn]	7 s^2				$^1S_0$	
89	**Ac**	[Rn]	6 d^1	7 s^2			$^2D_{3/2}$	
90	**Th**	[Rn]	6 d^2	7 s^2			$^3F_2$	Actinoide
91	**Pa**	[Rn]	5 f^2	6 d^1	7 s^2		$^4K_{11/2}$	
92	**U**	[Rn]	5 f^3	6 d^1	7 s^2		$^5L_6$	
93	**Np**	[Rn]	5 f^4	6 d^1	7 s^2		$^6L_{11/2}$	
94	**Pu**	[Rn]	5 f^6	7 s^2			$^7F_0$	
95	**Am**	[Rn]	5 f^7	7 s^2			$^8S_{7/2}$	
96	**Cm**	[Rn]	5 f^7	6 d^1	7 s^2		$^9D_2$	
97	**Bk**	[Rn]	5 f^9	7 s^2			$^6H_{15/2}$	
98	**Cf**	[Rn]	5 f^{10}	7 s^2			$^5I_8$	
99	**Es**	[Rn]	5 f^{11}	7 s^2			$^4I_{15/2}$	
100	**Fm**	[Rn]	5 f^{12}	7 s^2			$^3H_6$	
101	**Md**	[Rn]	5 f^{13}	7 s^2			$^2F_{7/2}$	
102	**No**	[Rn]	5 f^{14}	7 s^2			$^1S_0$	
103	**Lr**	[Rn]	5 f^{14}		7 s^2	7 p^1	$^2P_{1/2}$	
104	**Rf**	[Rn]	5 f^{14}	6 d^2	7 s^2		$^3F_2$	Transactinoide
105	**Db**	[Rn]	5 f^{14}	6 d^3	7 s^2		$^4F_{3/2}$	
106	**Sg**	[Rn]	5 f^{14}	6 d^4	7 s^2		$^5D_0$	
107	**Bh**	[Rn]	5 f^{14}	6 d^5	7 s^2		$^6S_{5/2}$	
108	**Hs**	[Rn]	5 f^{14}	6 d^6	7 s^2		$^5D_4$	
109	**Mt**	[Rn]	5 f^{14}	6 d^7	7 s^2		$^4F_{9/2}$	
110	**Ds**			6 d^8			$^3F_4$	
111	**Rg**			6 d^9			$^2D_{5/2}$	
112	**Cn**			6 d^{10}			$^1S_0$	
113	**—**					7 p^1	$^2F_{1/2}$	
114	**—**					7 p^2	$^3P_0$	
115	**—**	[Rn]	5 f^{14}	6 d^{10}	7 s^2	7 p^3	$^4S_{3/2}$	
116	**—**					7 p^4	$^3P_2$	
117	**—**					7 p^5	$^2P_{3/2}$	
118	**—**					7 p^6	$^1S_0$	

Die Elektronenkonfiguration der natürlichen Elemente und die der in genügender Menge durch Kernprozesse im Reaktor erzeugten Transuran-Elemente „niederiger" Ordnungszahlen entstammt „allermeist" spektroskopischen, gelegentlich auch chemischen Daten. Die Transuran-Elemente „höherer" Ordnungszahl (Ende 2003 bis Z = 118) entstehen in Kernfusionsprozessen mit hochbeschleunigten Ionen als *einzelne Teilchen*, deren Z aus den auf die Entstehung folgenden an niedrigen Z endenden radioaktiven (meist α-)Zerfallsreihen bestimmt und auf diese Weise in das Periodensystem eingeordnet werden. Die so entstehende Zuordnung zu einer „Gruppe" homologer Elemente würde Schlüsse auf die Elektronen-Konfiguration und das chemische Verhalten erlauben, wenn nicht wegen der hohen Kernladung Z dieser Elemente und deren elektrisches Feld relativistische Effekte Veränderungen der Elektronenkonfiguration zur Folge haben können. Chemische Untersuchungen an den Elementen 104 Rf und 105 Db haben ergeben, dass sie in die Gruppen 4 und 5 einzuordnen, also Transactinoide sind, ausführlichere Experimente mit 106 Sg hat dessen Platz zurecht in der Gruppe 6 erhalten. Bohrium und Hassium wurden chemisch eindeutig als 107 Bh und 108 Hs erkannt. Schließlich zeigten alle experimentellen chemischen Ergebnisse an 103 Lr, dass die Actinoid-Serie bei Z = 103 endet und mit 104 Rf eine neue Übergangsserie beginnt. Für andere und Transactinoide bleiben Vermutungen und nicht sichere theoretische Schätzungen.

Anmerkungen zum Periodensystem der Elemente

Der Aufbau der Atomkerne aus p und n und die Instabilität (Radioaktivität) der schwersten in der Natur vorkommenden Kerne lassen vermuten, dass es noch weitere schwerere Kerne gibt.

Die Tröpfchen-(Doppelt-)Schalenmodelle der Kerne legen sogar ausgedehnte Gebiete von (nicht stabilen) Kernen außerhalb des stabilen Bereiches der Elemente nahe, mit sehr kleinen, aber auch sehr großen Halbwertszeiten ($^{287}_{106}$ Db 73 min, $^{267}_{104}$Rf 2,3 Std.). Unter den quasistabilen spielt der Kern 114 eine zentrale Rolle, um den sich eine „Insel der Stabilität" schart.

Seit es Schwerionen-Hochenergie-Beschleuniger gibt, lassen sich diese superschweren erzeugen durch den Beschuss passender stabiler ruhender Kerne (Target) mit mehr oder weniger hochenergetischen Ionen stabiler Elemente, wobei – je nach Projektilenergie – durch Fusion „warme" oder „heiße" Fusionskerne entstehen. Die dem α-Zerfall des Fusionskerns folgende α-Zerfallskette bis hin zu einem stabilen Nuklid gestattet die Messung der Daten (Z, N, A, τ) des superschweren Kerns. Sie stimmen mit den theoretischen Werten des Schalenmodells hervorragend überein. Die Nuklid-Tabelle zeigt die gegenwärtigen Ergebnisse derTransactinoid-Forschung.

Am Aufbau schwerer Nuklida arbeiten derzeit in verschiedenen Ländern mehrere Schwerionenbeschleuniger, in Deutschland der von der „Gesellschaft für Schwerionenforschung" (GSI) betriebene UNILAC UNIVERSAL-LINEAR-ACCELERATOR), dessen Beiträge im Zusammenhang mit der Nuklid-Tabelle besprochen werden.

Ein Nuklid gilt als entdeckt, wenn es in verschiedenen Laboratorien nachgewiesen wurde; es wird dann von der IUPAC (International Union for Applied Chemistry) und der IUPAP (International Union for Applied Physics) öffentlich bekannt gemacht.

Das (theoretische) Gebiet der quasistabilen Kerne, in das die „Insel der Stabilität" mit unserem Zentrum Z =114 eingebettet ist, dehnt sich zusammenhängend bis etwa Z =118 aus. Die Elemente 114 bis 118 sind bisher nicht bestätigt, weil sie nicht durch Beobachtung von nuklearen α-Zerfallsketten an das Gebiet der bekannten Nuklide angebunden sind (gelten also s. o. als nicht entdeckt).

Element 110 wurde von der GSI-Gruppe zuerst aufgefunden und in den folgenden Jahren von anderen Laboratorien bestätigt. Es erhielt aufVorschlag der „Finder" den Namen Darmstadtium (ehem. Symbol Ds). Das Gleiche gilt für Element 111, für das die Darmstädter den namen Roentgenium (Symbol Rg) vorgeschlagen haben.

Im Einzelnen ist zuTabelle 6 noch zu bemerken:

Die Elemente 114 bis 118 – obwohl beobachtet – sind im obigen Sinn noch nicht bestätigt, sie gelten daher als „nicht entdeckt".

Die Situation ist etwas anders beim Element 113, das unzweifelhaft von der Gruppe des RIKEN-Laboratoriums in Japan beobachtet wurde, einschließlich der Anbindung an eine Zerfallskette eines bekannten Gebietes; die offizielle Anerkennung durch IUPAP und IUPAC steht noch aus.

Die Namen derTransfermiden-Elemente sind (Juli 2005) endgültig aufgenommen worden.

Im Periodensystem ist ab 104 Rf eine Anpassung der dort aufgeführten „bekannten" Massen an die Tabelle derTransactinoide erforderlich.

Anmerkung zum Element 83 Bi:
83Bi (Gruppe 15) galt bisher als schwerstes natürlich vorkommendes stabiles Nuklid (ein stabiles Nuklid A = 209). 2003 wurde seine α-Aktivität (E_α = 3,077 MeV, $T_{1/2}$ = (1,9 ± 02). 10^{19}a entdeckt. Im Feld 83 des Periodensystems sind im unteren Teil an der Stelle A (Legende) zu ergänzen: (209); [184; 186]; {210; 211; 212; 214; 215}. 184 und 186 sind mittlerweile durch Kernreaktionen gefunden. An der Stelle ζ (1) + {5} + [2].

Sachwortverzeichnis

Abbe-Zahl 103, Tab. 39
Abbildungsgleichung, hauptpunktbezogene 105, 106
–, scheitelbezogene 104, 106, 107
Abbildungsmaßstab 104f.
Abklingkoeffizient 41 ff., 91
Abkühlungsgesetz von Newton 68
Ablenkkondensator 97
Ablenkungswinkel 103
Absorptionsfläche, äquivalente 53
Absorptionsgrad 53, 115
Achse, optische 104
Additionstheorem der Geschwindigkeiten 30
Admittanz 87
Ähnlichkeitsgesetz für Strömungen 38
Aktivität, optische 111
–, spezifische 123
Akzeptoren 99
d'Alembert, Prinzip von 19
Ampere 76
Amplitude 39, 42f.
Anlaufstrom 101
Anregungskreisfrequenz 42, 92
Apertur, numerische 112
Aphel 28
Apogäum 28
Äquipotentialflächen 26, 71
Äquivalent, elektrochemisches 99
Äquivalentdosis 127
Äquivalentdosisrate 127
Äquivalenzprinzip 31
Arbeit, mechanische 20
Arbeitspunkt 100
Archimedes, Gesetz von 35
Atommasse, relative 121
Aufbaufaktor 125
Aufenthaltswahrscheinlichkeit 117, 120
Auflösungsvermögen 112
Auftriebsbeiwert 38
Auftriebskraft 35
Ausbreitungsgeschwindigkeit 46f., 93
Ausbreitungsvektor 93
Ausdehnung, isobare 56
–, isochore 57
–, isotherme 33
Ausfluß aus Gefäßen 38
Ausflußgeschwindigkeit 38
Ausflußzahl 38
Ausgangsleitwert 101
Auslenkung 39, 41f.
Außenwiderstand 79
Ausstrahlung, spezifische 67, 113
Ausströmgeschwindigkeit 22f.
Austrittsarbeit, thermische 100, Tab. 38
Avogadro, Satz von 58
Avogadrokonstante 58, Tab. 1

Bahndrehimpuls 119
Bandbreite 93
bar 33
Barkhausen, Formel von 101
barn 125
barometrische Höhenformel 35
Basis 101
Basislänge 112
Becquerel 123
Beleuchtungsstärke 114
Belichtung 114
Benetzung 34
Bernoulli, Gesetz von 36, 38
Beschleunigung 15, 40
Beschleunigungsamplitude 40, 44
Beschleunigungsresonanz 44
Bestrahlung 114
Beugung am Doppelspalt 110
– – Gitter 110
– – Raumgitter 111
– – Spalt 110
– an kreisförmiger Öffnung 111
– – Kristallen 111
Beugungswinkel 110
Beweglichkeit 65, 98
Bewegung, geradlinige 15
Bewegungsgröße 19
Bewertungsfaktor 127
Bezugssystem, beschleunigtes 29
Biegesteife 50, 55
Biegewelle 50
Biegung 13
Bild, reelles 104
–, virtuelles 104
Bildgröße 104
Bildkonstruktion 104f.
Bildweite 104f.
Bindungsenergie 118, 122
Biot-Savart-Laplace, Gesetz von 80
Blendenzahl 112
Blindleistung 88, 90
Blindleitwert 87
Blindwiderstand 87
Bohr, Postulat von 118f.
Boltzmannfaktor 64
Boltzmann-Konstante 58
Boltzmannsche Beziehung 60
Bose-Einstein-Verteilung 128
Bosonen 128
Boyle-Mariotte, Gesetz von 35, 63
Bragg, Gesetz von 111
Brechkraft 105
Brechungsgesetz 102
Brechungswinkel 102
Brechzahl 102, Tab. 39
Bremsweg 16
Bremswinkel 18
Bremszeit 16, 18
Brennpunkt 104
Brennschlußzeit 22
Brennweite 104ff.
Brewsterscher Winkel 111
de Broglie, Gesetz von 117

Candela 113
Carnot-Prozeß 60
Celsius-Temperatur 56
Clausius-Clapeyron, Gesetz von 62
Compton-Effekt 116
Comptonwellenlänge 116
Coriolisbeschleunigung 30
Corioliskraft 30
Coulomb 71
–, Gesetz von 73
Coulombfeld 97
Curie 123

Dalton, Gesetz von 59
Dampfsättigungsdruck 33
Dämpfung 91f.
Dämpfungsgrad 41f.
Dämpfungskonstante 41, 43
Dämpfungskraft 41
Dämpfungsverhältnis 42
Dehnwelle 49
Dekrement, logarithmisches 41f.
Depressionshöhe 34
Deviationsmomente 24
Dezibel 52
Dichte 9
Dichteänderung 56
Dichtewelle 49
Dielektrizitätskonstante 72
Dielektrizitätszahl 72, Tab. 32
Diffusion, stationäre 65
Diffusionskoeffizient 65, 99
Diffusionslänge 99
Diffusionsspannung 99
Diffusionsstrom 99
Diffusionsstromdichte 70
Dioptrie 105
Dipol, magnetischer 81
Dipolfeld, elektrisches 74
Dipolmoment, elektrisches 74
–, magnetisches 81
Dispersion 103
Dissipationskonstante 52
Donatoren 99
Doppler-Effekt 49, 111
Dosiskonstante 127
Drall 24
Drehbewegung 17, 24
Drehimpuls 23ff.
Drehimpulserhaltungssatz 25
Drehleistung 25
Drehmoment 9, 24, 81
Drehschwingungen 45
Drehstoß 25
Drehstromleistung 90
Drehwinkel 111
Drehzahl 17
Dreieckschaltung 90
Dreiphasensystem 90
Driftgeschwindigkeit 98
Druck 33
–, dynamischer 36
–, hydraulischer 35
–, hydrostatischer 34
–, kritischer 59, Tab. 24
–, osmotischer 65
–, statischer 36
Druckänderung 57
Druckkraft 33, 34
Druckmittelpunkt 34
Druckwelle 50
Durchbruchspannung 101
Durchflutungsgesetz 80
Durchgriff 101
Durchlaßrichtung 101
dyn 9

Ebene, schiefe 14
Effekt, glühelektrischer 100
Effektivwerte 86
Eigenfrequenz 48, 95
Eigenkreisfrequenz 39, 92
Eigenlänge 31
Eigenzeit 31
Eindringgrad 103
Einfallswinkel 102
Eingangsleitwert 101
Einschnürzahl 38
Einstein, Äquivalenzprinzip von 31
Eintrittspupille 112
Elastizitätsmodul 11, 49
Elektrolyt 99
Elektronenemission 100
Elektronengas 128
Elektronenkonfiguration 120, PSE
Elektronenschalen 120
Elektronenspin 119
Elementarladung 71, 129

J. Berber et al., *Physik in Formeln und Tabellen*

Elementarstrahler 115
Ellipsenbahnen 119
Elongation 39, 41f.
Elongationsresonanz 43
Emissionsgrad 67
Emissionsrate 123
Emitter 101
Energie, elektrische 73
–, innere 59
–, kinetische 20, 31f.
–, magnetische 82
–, mechanische 20
–, potentielle 27, 71, 97
Energie, thermische eines Moleküles 63
Energiedichte 51, 115
–, elektrische 73, 94
–, magnetische 82, 94
Energieerhaltungssatz 21, 32
Energiedosis 127
Energiedosisrate 127
Energiefluenz 123
Energieflußdichte 123
Energielücke 99
Energieskalen 118
Energiestromdichte 93, 94
Energiezuwachs 32, 96
Entartungstemperatur 128
Entfernungsfaktor 27f.
Enthalpie 60
Entropie 60
erg 20
Erregung, magnetische 80
Erstarrungstemperatur Tab. 25
Erstarrungswärme, spezifische 62, Tab. 25

Fadenpendel 40
Fahrenheit-Temperatur 56
Fall, aperiodischer 92
–, freier 16
–, periodischer 92
Fallbeschleunigung 16, 28
Faraday, Gesetze von 99
Faradaykonstante 99
Federkonstante 13
Federschaltungen 13
Feld, homogenes 27
Felder, elektrische 73
–, magnetische 82
Feldkonstante, elektrische 72
–, magnetische 80
Feldstärke, elektrische 71, 84
–, magnetische 80
Feldstrom 99
Fermat, Prinzip von 103
Fermi-Dirac-Verteilung 128
Fermionen 128
Fermittemperatur 128
Fernrohr 107, 112
Feuchtegehalt 70
Feuchtegrad 69
Fick, 1. Gesetz von 65
Flächenänderung 56
Flächenladungsdichte 71
Flächenmoment 2. Grades 12
Flächenträgheitsmoment 12
Flaschenzug 15
Fliehkrafterregung 42
Fluß, elektrischer 72, 94
–, magnetischer 81, 83, 94
Flußdichte, elektrische 72
–, magnetische 80
Flüssigkeitsschwingung 40
Fourier, Gleichung von 68
Fraunhofersche Beugungserscheinungen 110f.
Freiheitsgrade der Energiespeicherung 64
Frequenz 39, 116, 117
Frequenzskala 54
Fresnelsche Formeln 103
Führungsbeschleunigung 30
Führungsgeschwindigkeit 30
Fundamentalschwingungen 46

Galilei-Transformation 29
Gangunterschied 108f.
Gas, ideales 58
–, reales 59
Gasgemisch 59
Gaskonstante, individuelle 58
–, universelle 58
Gasschwingung 40
Gauß 80
Gay-Lussac, Gesetz von 62
Gebrauchsvergrößerung 112
Gesamtdruck 36
Gesamtenergie 31
Geschwindigkeit 15, 29f., 32
–, erste kosmische 28
–, häufigste 64
–, kritische 38
–, mittlere 64
–, wahrscheinlichste 64
–, zweite kosmische 29
Geschwindigkeitsamplitude 40, 43
Geschwindigkeitsdruck 36
Geschwindigkeitsquadrat, mittleres 64
Geschwindigkeitsresonanz 43
Gewichtskraft 19, 28
Gilbert 80
Gitter 110, 112
Gitterkonstante 110
Glanzwinkel 111
Gleichgewichte, radioaktive 124
Gleichgewichtsbedingungen 10
Gleitwinkel 38
Gleitzahl 38
Gravitationsbeschleunigung 27
Gravitationsfeldstärke 26f.
Gravitationsgesetz 26
Gravitationskonstante 26f., Tab. 1
Gravitationskraft 26
Gray 127
Grenzfall, aperiodischer 42, 92
Grenzflächenspannung 34
Grenzfrequenz 55, 116
Grenzschichtdicke 37
Grenzwinkel der Totalreflexion 102
Grundgesetz, dynamisches 19, 23, 25
Gruppengeschwindigkeit 47, 93
Gütefaktor 43, 92

Haftspannung 34
Hagen-Poiseuille, Gesetz von 37
Halbleiter 99
Halbleiterdiode 101
Halbwertsbreite, relative 43
Halbwertsschichtdicke 125
Halbwertszeit 122
Hallkonstante 100, Tab. 37
Hallradius 54
Hallspannung 100
Hangabtriebskraft 14
Hauptebenen 105
Hauptpunkte 105
Hauptsatz, erster 60
–, zweiter 60
Hebelarm 9
Hebelgesetz 10
Hellempfindlichkeit 113
Helmholtzresonator 53
Helmholtz-Spulenpaar 83
Henry 84
Hertz 39
Hintereinanderschaltung 75, 78, 85
Hohlspiegel 104
Hooke, Gesetz von 11, 13

Impedanz 87
Impuls 19, 31, 116
–, relativistischer 96
Impulserhaltungssatz 19, 21
Induktion 80
Induktionsgesetz 83
Induktionskonstante 80
Induktionsspule 84, 87
Induktivität 84, 85
Inertialsystem 29
Innenwiderstand 78f., 101
Intensität 51
Interferenz 47
–, durch Reflexion 109f.
Intrinsicdichte 99
Ionendosis 127
Ionendosisrate 127
Isentropenexponent 61

Jahr, siderisches Tab. 4
Joule 20, 79

Kältemaschine 60
Kamera 112
Kapazität 72, 74
Kapillarität 34
Kapillaritätsgesetz 34
Kapillaritätskonstante 33
kcal 59
Keil 14
Kelvin-Temperatur 56
Kennkreisfrequenz 39ff., 42, 91
Kepler, Gesetze von 28f.
Kernladungszahl 118, 121
Kernradius 122
Kilopond 9
Kirchhoff, Gesetz von 68
–, Regeln von 77
Klemmenspannung 79
Knotenpunktregel 77
Kohärenzbedingung 109
Kohärenzlänge 108
Kohärenzwinkel 109
Kohärenzzeit 108
Kohäsionsdruck 33
Koinzidenzbedingung 108
Kollektor 101
Kompressibilität 33
Kompressionsmodul 12, 33
Kondensator 74f., 88
Kondensationstemperatur Tab. 25
Kondensationswärme, spezifische 62, Tab. 25
Konduktanz 87
Konkavspiegel 104
Konstanten, van der Waalssche 59
Kontakttemperatur 68
Kontinuitätsgleichung 36
Konvexspiegel 104
Kopplungsgrad 46
Kraft 9, 31
Kraftstoß 19
Kreisbahnradius 97
Kreisbewegung 18, 23
Kreisel 26
Kreisfrequenz 18, 39
Kreisrepetenz 46, 93
Kreiswellenzahl 46
Kreiszylinderspule 83, 85
Kriechfall 42, 92
Krümmungsmittelpunkt 104
Krümmungsradius 104, 105
Kugelkondensator 74
Kugelkonduktor 74
Kugelwellen 52
Kurzschlußstrom 79
Kurzschlußstromverstärkung 101
k-Wert 66

Ladung 71, 76
–, influenzierte 72
Lambert, Gesetz von 67, 114
Lambert-Strahler 113f.
Längenänderung 56
Längenausdehnungskoeffizient 56, Tab. 21
Längenkontraktion 31
Längsschwingung 39, 41f.
Laplace, Formel von 50
Lautstärkepegel 52
Lebensdauer, mittlere 99
Lechersystem 95
Leerlaufspannung 79
Leistung 21
– eines Senders 51
Leistungsfaktor 88

Leistungszahl 60
Leiter, gerader zylindrischer 85
Leiter-Ebene-System 74
Leitfähigkeit, elektrische 77, 98ff.
Leitfähigkeitsband 99
Leitwert 77
Lenz, Regel von 83
Leuchtdichte 114
Lichtstärke 113
Lichtstrom 113
Linse 106f.
Linsensysteme 106
Lorentzkraft 96
Lorentztransformation 30
Luftdruck 35
Luftfeuchte 69
Luftkraft 38
Luftschalldämmaß 54
Luftschichtdicke, diffusionsäquivalente 70
Lumen 113
Lupe 112
Lux 114

Mach-Zahl 49
Magnetfelder 80, 82, 85f.
Magnetisierung 80
Maschenregel 77
Maschinen, einfache 14
Masse 9
–, dynamische 31, 116
– einer Gasmenge 57
– eines Moleküles 63
–, flächenbezogene 50
–, molare 60
Massendefekt 122
Masseneinheit, atomare 121
Massengesetz 55
Massenreichweite 126
Massenschichtdicke 125
Massenstrom 22, 36
Massenverhältnis 23
Massenzuwachs 32
Materialfeuchte 70
Materiewellenlänge 117
Maxwell 81
Maxwellsche Geschwindigkeitsverteilung 64
Maxwellsche Gleichungen 94
Meniskus 33
Meßbereichserweiterung 78
Mikroskop 107, 112
Mischung idealer Gase 59
Mischungsgleichung 61
Mischungsregel 61
Mittelungspegel 52
Mittelwerte 86
Mittenfrequenz 54
Molekülmasse, relative 57, 59, 63
Molekülzahldichte 58
Molwärme 61
Moment, magnetisches 81, 119
Momentensatz 11
Moseley, Gesetz von 121
Mündungskorrektur 53

Nachhallzeit 54
Naßdampf 59
Nebenwiderstand 78
Netzebenen 111
Neutronenaktivierung 127
Newton 9
–, Formel von 49
Newtonsche Ringe 110
Normalspannung 9, 11f.
Normdichte 58, Tab. 6c
Normdruck 57
Normfallbeschleunigung 28
Normtemperatur 57
Norm-Trittschallpegel 55
Normvolumen 57
–, molares 57
Normzustand 57
Nukleonenzahl 121
Nuklide 121
–, isobare 121
–, isotone 121
–, isotope 121
Nuklidumwandlungen 124
Nullphasenwinkel 39, 42

Oberflächenspannung 33
Objektiv 107
Objektivöffnung, relative 112
Objektweite 104f.
Oersted 80
Ohm 76
–, Gesetz von 76, 88, 98
Oktavband 54
Okular 107
Ortshöhe 36
Ortskoordinate 30
Ortsvektor 29
Oszillator, harmonischer 117

Paarbildungseffekt 116
Parallelleitung 74, 85, 95
Parallelschaltung 75, 78, 85, 89
Partialdichte 59
Partialdruck 59
Pascal 9, 33
Pauli-Prinzip 120
Pendel, mathematisches 40
–, physikalisches 45
Perigäum 28
Perihel 28
Periodendauer 39
Periodensystem der Elemente 120
Permeabilität 80
Permeabilitätszahl 80
Permittivität 72
Permittivitätszahl 72, Tab. 32
Phase 39
Phasendifferenz 108
Phasengeschwindigkeit 46, 47 50, 93, 95, 117
Phasenverschiebung 42f.
Phasenverschiebungswinkel 43, 86
Phasenwinkel 39, 86
phon 52
Photoeffekt 116
Photon 116

Planck, Strahlungsgesetz von 67
Planck-Konstante 116
Planetendaten Tab. 4
Platte, planparallele 103
Plattenkondensator 73f.
Plattenmasse, flächenbezogene 50
pn-Übergang 99
Poise 37
Poisson, Gleichungen von 63
Poissonzahl 11
Polarisation, elektrische 72
–, magnetische 80
– von Licht 111
Polstärke 81
Polytropenexponent 61
Porosität 55
Potential 26, 27, 71
Potentiometer 78
Poyntingscher Vektor 93
Präzisionsbewegung 26
Prandtl-Rohr 36
Prisma 103, 112
Prozeß, irreversibler 60
–, reversibler 60
Punktauflösungsvermögen 112

Quaderraum 48
Qualitätsfaktor 127
Quantenzahl 117ff.
Quellenspannung 78
Quellstärke 123
Querkontraktionszahl 11

rad 127
Radialfeld 27, 73
Radiant 9
Radius, Bohrscher 118
Rakete 22f.
Randwinkel 34
Raumladungsdichte 71, 98
Raumladungsstrom 101
Raumwinkel 113
Raumzeitkoordinate 30
Reaktanz 87
Reflexionsgrad 53, 103, 114
Reflexionsoszillator 117
Reflexionswinkel 102
Reibung 14
Reibungskraft 14, 37
Reichweite 126
rém 127
Repetenz 46, 108, 119
Resistanz 87
Resonanzkreisfrequenz 44, 93
Resonanzschärfe 43, 92
Resonanzüberhöhung 93
Reversionspendel 45
Reynolds-Zahl 38
Richardson, Gesetz von 100
Richtgröße 13, 39
Ringspule 83, 85
Röhrendiode 101
Röhrentriode 101
Rohrströmung 38
Rolle 15
Röntgen 127

Röntgenstrahlung, Bremsstrahlung 121
–, charakteristische 121
Rotationsenergie 20, 23, 25
Ruheenergie 31
Ruhelänge 31
Ruhemasse 31f.
Rydbergfrequenz 118
Rydbergkonstante 119

Sabine, Formel von 54
Sammellinse 105, 106
Satellitenbewegung 28f.
Sättigungsdruck 59, Tab. 14, 23, 31
Sättigungsstrom 101
Schalen, Besetzungszahlen 120
–, Bezeichnung 120
Schalldruck 50
Schallkennimpedanz 51
Schallpegel 52
Schallschnelle 51
Schallstrahlungsdruck 51
Schallwellenwiderstand 51
Schaltelemente, nichtlineare 100f.
Scheinleistung 88, 90
Scheinleitwert 87
Scheinwiderstand 87
Scheitelpunkt 104
Schluckgrad 53
Schmelztemperatur Tab. 25
Schmelzwärme, spezifische 62, Tab. 25
Schottky-Langmuir, Gesetz von 101
Schraube 14
Schraubenregel 80
Schrödinger-Gleichung 117, 120
Schubmodul 12, 49
Schubkraft 22
Schubspannung 9
Schubwelle 49
Schwächungskoeffizient 125f.
Schwebung 44
Schwebungswelle 47
Schweredruck 34
Schwerpunkt 11
Schwimmen 35
Schwingung, erzwungene im Serienschwingkreis 92
–, mechanische, elliptische 45
–, erzwungene 42
–, freie 41, 91f.
–, gekoppelte 46
–, Lissajous- 45
–, Überlagerung 44
Schwingungsdauer 39, 42, 45, 91
Schwingungsenergie 39f.
–, elektromagnetische 91
Seebeck-Effekt 100
Sehweite, deutliche 112
Sehwinkel 112
Selbstinduktionsspannung 84
Serienschaltung 15, 77f., 88
Serienschwingkreis 91f.
Siedetemperatur Tab. 25

Siemens 77
Sievert 127
Sinuswelle 46f.
Snellius, Brechungsgesetz von 102
Solarkonstante Tab. 3
Solenoid 83
Spannung am Kondensator 90
– – Verbraucherwiderstand 90
– an der Spule 90
–, elektrische 71
–, induzierte 83f.
–, magnetische 80
Spannungsresonanz 93
Spannungsstoß, induzierter 84
Spannungsteilerschaltung 78
Spektralserien 119
Sperrichtung 101
Sperrkreis 89
Sperrsättigungsstrom 101
Spiegel 104
Spin 119
Spinmoment, magnetisches 120
Spule 81, 83, 85
Stabmagnet 81
Standardvergrößerung 112
Staudruck 36
Stefan-Boltzmann, Gesetz von 67
Steifigkeit, dynamische 55
Steighöhe 16, 34
Steigzeit 16
Steilheit 101
Steiner, Satz von 12, 24
Steradiant 113
Sternschaltung 90
Stoffe, ferroelektrische 72
–, parelektrische 72
Stoffmenge 57
Stokes 37
–, Gesetz von 37
Stoß, zentraler 21f.
Stoßhäufigkeit 64
Strahldichte 67, 114
Strahlstärke 110
Strahlungsaustauschkonstante 68
Strahlungsdruck 51, 115
Strahlungsgrößen 113
Streckenlast 13
Stromarbeit 79
Stromdichte 98
Stromleistung 79
Stromleiter, gerader 82
–, kreisförmiger 82
Stromleitung in Metallen und Legierungen 100
Stromquellen 76, 78f.
Stromresonanz 93
Stromrichtung 76
Stromstärke 76, 98
–, induzierte 83
–, selbstinduzierte 85, 86
Stromstoß 76
Strömung, laminare 37
–, turbulente 38
Strömungswiderstand 53
Strömungswiderstandskraft 38
Stromwärme 79
Stufenscheibe 15
Supraleitung 100
Suszeptanz 87
Suszeptibilität, elektrische 72
–, magnetische 80, Tab. 34

Tangentialbeschleunigung 18, 30
Tangentialspannung 9
Tauperiode 70
Taupunkttemperatur 69
Teilchenfluenz 123
Teilchenflußdichte 123
Teilchenmasse, relative 57
Teilchenzahldichte 58
Telegraphengleichung 95
Temperatur, absolute 56
–, kritische 59, Tab. 24
–, thermodynamische 56
Temperaturfaktor 68
Temperaturkoeffizient 77, Tab. 33
Temperaturleitfähigkeit 68
Temperaturspannung 99
Terzrandfrequenzen 54
Tesla 80
Thermokraft 100
Thermospannung 100
Tonne 9
Toroid 83, 85
Torr 33
Torsionsmodul 12
Torsionspendel 45
Torsionswelle 49
Totalreflexion 103
Trägheitsellipse 13
Trägheitsellipsoid 24
Trägheitskraft 19
Trägheitsmoment 23f., Tab. 5
Trägheitsradius 24, 45
Transformator 89
Translationsenergie 20
– eines idealen Gases 64
Transistor, pnp- 101
Transmissionsgrad 54, 101, 114
Transversalwellen 50
Triode 101
Tubuslänge, optische 107, 112

Überführungsarbeit 27, 71, 96
Übersetzungsverhältnis 89
Umdrehungsdauer 17
Umlaufdauer 18, 28f., 97
Umschlingung 15
Umspanner 89
Umwandlungskonstante 122
Umwandlungsrate 123
Umwandlungsreihen 124
Unschärferelation 117
U-Rohr 40

Valenzband 99
Venturi-Rohr 36
Verbraucherwiderstand 76, 79, 87
Verdampfungswärme spezifische 62, Tab. 25
Verdunstungsperiode 70
Vergrößerung 112
Vergütung, optische 109
Verlustfaktor 43
Verschiebungsregeln 122
Verteilungsfunktion 128
Viskosität, dynamische 37, 65
–, kinematische 37
Volt 71
Volumen 9, Tab. 5
–, molares 57
–, spezifisches 57
Volumenänderung 56
Volumenänderungsarbeit 59
Volumenausdehnungskoeffizient 56, Tab. 22
–, relativer 56
Volumenstrom 36f.
Vorwiderstand 78

Waage, hydrostatische 35
Wände, ebene 66
–, zylindrische 66
Wärmedurchgangskoeffizient 66
Wärmedurchgangswiderstand 66, 69
Wärmedurchlaßwiderstand 66, 69
Wärmeeindringkoeffizient 68
Wärmeenergie 59
Wärmekapazität, molare 61
–, spezifische 61, Tab. 25
Wärmekraftmaschine 60
Wärmeleitfähigkeit 65, Tab. 25; 26
Wärmemenge 59
Wärmepumpe 60
Wärmespannungsänderung 57
Wärmestrom 65
Wärmestromdichte 65, 68
Wärmeübergangskoefffizient 65
Wasserdampfdiffusions-durchlaßwiderstand 69, 70
Wasserdampfdiffusions-stromdichte 70
Wasserdampfdiffusions-widerstandszahl 69, Tab. 26
Wasserdampfteildruck 69
Watt 21, 79
Weber 81
Wechselstromleistung 88
Weg 15
–, optischer 103, 108
Weglänge, freie 64
Weizsäcker-Formel 122
Welle, ebene harmonische 47, 94
–, fortlaufende 47, 93f.
–, stehende 48, 95
Wellengleichung 47, 95, 117
Wellenlänge 46, 108
Wellenwiderstand 94, 95
Wellenzahl 46, 108, 119
Wellrad 15
Wheatstonesche Brücke 78
Widerstand 76
–, differentieller 100
–, spezifischer 77, Tab. 33
Widerstandsbeiwert 38
Wiedemann-Franz, Gesetz von 100
Wien, Verschiebungsgesetz von 67
Winkelauflösungsvermögen 112
Winkelbeschleunigung 17
Winkelelongation 39
Winkelgeschwindigkeit 17
Winkelrichtgröße 13, 39, 45
Wirkleistung 88, 90
Wirkleitwert 87
Wirkungsgrad 21, 60
Wirkungsquantum 116
Wirkungsquerschnitt 125f.
Wirkwiderstand 87, 89
Wölbspiegel 104
Wurf 16

Zähigkeit 65, Tab. 13, 14
Zehntelwertschichtdicke 125
Zeitdilatation 31
Zeitkonstante 75, 85
Zeitkoordinate 30
Zenerspannung 101
Zentrifugalbeschleunigung 18, 30
Zentrifugalkraft 23
Zentrifugalmomente 24
Zentripetalbeschleunigung 18
Zerfallskonstante 122
Zerstreuungslinse 105, 106
Zustand, kritischer 59, Tab. 24
Zustandsänderung, isentrope (adiabatische) 63
–, isobare 62
–, isochore 62
–, isotherme 63
–, polytrope 63
Zustandsfunktion 117
Zustandsgleichungen idealer Gase 58f., 64f.
Zyklotronkreisfrequenz 97
Zylinderfeld 74
Zylinderkondensator 74
Zylinderwellen 52

Printed in the United States
By Bookmasters